COURS ÉLÉMENTAIRE

DE

BOTANIQUE

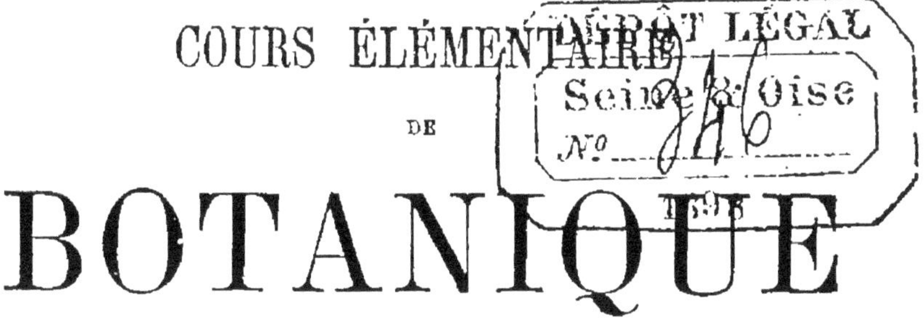

COURS ÉLÉMENTAIRE

DE

BOTANIQUE

A L'USAGE DE L'ENSEIGNEMENT SECONDAIRE

DESCRIPTION DES FAMILLES ET DES ESPÈCES UTILES

ANATOMIE ET PHYSIOLOGIE VÉGÉTALES

PAR

M. J. GOSSELET

PROFESSEUR A LA FACULTÉ DES SCIENCES DE LILLE

QUATORZIÈME ÉDITION

PARIS

LIBRAIRIE CLASSIQUE EUGÈNE BELIN

BELIN FRÈRES

RUE DE VAUGIRARD, 52

1898

SAINT-CLOUD. — IMPRIMERIE BELIN FRÈRES.

PRÉFACE

Contrairement à la géologie, la botanique est la partie des sciences naturelles la plus facile à enseigner aux enfants. Si elle excite moins leur curiosité que la zoologie, elle les habitue mieux à l'observation de la nature, parce que les plantes et les fleurs se trouvent partout à leur disposition. Les jardins dans les villes, les prairies et les champs du voisinage fournissent tous les éléments de l'étude. Sans doute, il est quelques fleurs qui sont plus rares et qui sont néanmoins nécessaires à connaître; aussi serait-il à souhaiter que chaque établissement eût son jardin botanique, ou du moins pût mettre quelques carrés à la disposition du professeur pour y faire semer les plantes qu'il ne pourrait pas se procurer autrement en suffisante quantité. Il est très important, en effet, lorsqu'on étudie les caractères d'une famille, que chaque élève ait une fleur en main afin de suivre plus attentivement l'examen qu'en fait le professeur; il est bon aussi qu'on apporte plusieurs fois des types d'une même famille, afin d'exercer les élèves à les déterminer. C'est la meilleure manière de leur en fixer les caractères dans la mémoire. Je ne puis recommander au même titre les herborisations, les herbiers, les analyses de fleurs par la méthode dichotomique ou autres; sauf pour quelques individualités, ces travaux pratiques ne produisent pas de résultats en rapport avec le temps qu'ils exigent et les autres inconvénients qu'ils peuvent occasionner dans un établissement nombreux.

Du reste, il ne s'agit pas dans l'enseignement secondaire de faire des botanistes; tout ce que l'on peut espérer, c'est d'inspirer à quelques-uns le goût de la science et de donner à tous les notions élémentaires qui peuvent leur être utiles dans le cours de leur vie. Ce doit être surtout le caractère des études dans l'enseignement spécial et sous ce rapport le programme de botanique me paraît moins bien inspiré que celui de la zoologie, et tenir moins compte des aptitudes de l'élève. Les populations des campagnes, qui forment les trois quarts de la population française, sont celles qui fournissent le plus grand nombre d'enfants à cet ordre d'enseignement. Peut-on parler de cellules, de vaisseaux, de la structure du bois à ces jeunes intelligences, sortant à peine dégrossies de leur village. Ils ne comprendront pas et prendront en aversion une science qui se présente à eux sous un tel aspect. Qu'on les entretienne au contraire des végétaux qu'ils ont vus tous les jours, qu'on cultive dans leurs champs, dans leurs jardins, ils s'y intéresseront, et après s'être occupés pendant quelque temps des formes extérieures et des propriétés des plantes, ils acquerront le désir de pénétrer plus avant dans leur structure intime; en même temps leur intelligence s'étant développée, le professeur pourra arriver à leur faire comprendre tout l'intérêt et toute l'importance des études microscopiques. Il devra aussi alors les faire pénétrer dans le monde des cryptogames, monde si vaste, où il reste encore tant d'incertain, et cependant si indispensable à enseigner aux jeunes générations d'agriculteurs. La première condition pour vaincre ses ennemis, c'est de les connaître, de ne point s'en faire une fausse idée. Donc le devoir de ceux qui ont à instruire nos jeunes cultivateurs est de leur apprendre quels sont les adversaires contre lesquels ils doivent lutter pendant toute leur vie, l'oïdium, la maladie de la pomme de terre, la rouille du blé et tant d'autres qui sont peut-être à venir. C'est cette pensée qui m'a engagé à entrer dans quelques développements, un peu scientifiques, mais nécessaires, sur ces champignons parasites.

Je conseille donc au professeur de passer rapidement en première et en seconde année sur les parties du programme de botanique trop élevées pour ses élèves et de les remplacer par l'étude de quelques familles choisies parmi les plus simples et les plus communes, en les prenant non point dans un ordre scientifique, mais au fur et à mesure qu'elles fleurissent ; il déchargera ainsi le programme de troisième année, et pourra alors reprendre pendant ce cours les parties qu'il avait négligées les années précédentes. Pour plusieurs groupes, tels que les solanées, les crucifères, les rosacées, les liliacées, j'ai montré comment on pouvait, sans presque aucune notion préliminaire, introduire immédiatement l'élève dans l'étude des familles. C'est pour développer cette idée, que j'ai interverti l'ordre ordinaire suivi dans les livres, en plaçant l'anatomie et la physiologie après l'étude des familles.

J'ai donné des indications sur toutes les familles mentionnées dans le programme général; mais comme il est presque impossible de traiter toutes ces questions en classe, on devra de préférence faire porter l'étude sur les espèces et les groupes importants pour le pays.

On a déjà fait bien des tentatives pour introduire l'histoire naturelle dans l'enseignement secondaire; si l'expérience n'a pas toujours réussi, cela tient à des causes multiples. Il en est que je ne puis mentionner ici. Peut-être quelques programmes ont-ils excédé ce que peut donner un jeune élève qui n'a que quelques heures par semaine à consacrer à cette étude. Tout le monde s'accorde sur ce qu'il faut entendre par mathématiques élémentaires ou par physique élémentaire ; mais pour l'histoire naturelle élémentaire, ses limites sont encore à tracer.

Toutefois je suis convaincu que la cause principale qui a empêché l'acclimatation des sciences naturelles dans les études secondaires, tient à ce que souvent l'enseignement, mal conçu ou mal appliqué, n'a pas pris pour base l'observation de la nature et l'application de la science à l'agriculture.

NOTA. — *On a marqué d'un astérisque (*) les paragraphes les plus difficiles, dont l'étude peut sans inconvénient être reportée à la fin du cours.*

COURS ÉLÉMENTAIRE
DE BOTANIQUE

PREMIÈRE PARTIE

DESCRIPTION DES FAMILLES ET DES ESPÈCES UTILES

1. — On connaît aujourd'hui près de cent mille espèces de plantes. Il serait impossible de les distinguer les unes des autres si on ne les classait.

Pour les végétaux, comme pour toute autre collection d'êtres, d'objets ou d'idées, il y a deux modes de classifications, l'un naturel, l'autre artificiel.

2. Classifications naturelles. — Les classifications naturelles ont pour objet de réunir dans un même groupe les êtres qui se rapprochent par l'ensemble de leur organisation et d'éloigner ceux au contraire qui ont de grandes différences. Toute classification naturelle présente une série de divisions étagées de telle manière que chaque division de premier ordre comprend un certain nombre de divisions de second ordre, chacune de celles-ci un certain nombre de divisions de troisième ordre, et ainsi de suite. De même dans un arbre, le tronc se divise en branches maîtresses, celles-ci en rameaux et les rameaux en ramilles. Ainsi le règne végétal se divise en embranchements, chaque embranchement en classes, la classe en ordres, l'ordre en familles, la famille en genres, le genre en espèces [1].

Dans les classifications naturelles on commence par former les groupes inférieurs, les genres. Puis on met ensemble pour constituer une famille les genres qui ont un grand nombre de

1. Cette subordination de mots, qui a été établie par l'habitude, ne doit pas être intervertie; les noms d'embranchement, classe, ordre, famille, genre, espèce, ont donc une acception déterminée que l'on ne peut modifier sans commettre une faute grave. Il est important d'attirer l'attention de l'élève sur ce point.

caractères communs ; on groupe ensuite, pour en faire un ordre, les familles qui se ressemblent par un certain nombre de traits caractéristiques ; les ordres, qui dans l'ensemble de leur organisation reproduisent un même type plus ou moins modifié, sont placés dans la même classe ; enfin la réunion des classes qui ont quelque grand trait commun constitue un embranchement.

De cette manière, le degré de la division qui renferme deux êtres indique le degré de leur ressemblance. Ainsi deux plantes appartenant au même genre ont entre elles plus d'analogie que deux plantes de la même famille, mais séparées dans deux genres différents.

La classification naturelle des végétaux, déjà ébauchée par Tournefort [1], Adanson [2] et Bernard de Jussieu [3], a été nettement exposée par Antoine-Laurent de Jussieu [4]. Elle a été perfectionnée et est encore perfectionnée tous les jours par les botanistes modernes, car, il est de l'essence même d'une telle classification de se modifier à mesure que l'on connaît plus exactement et plus complétement la structure des végétaux.

3. Classifications artificielles. — Les classifications artificielles sont celles qui sont basées sur un petit nombre de caractères, et, en particulier chez les êtres vivants, sur la structure d'un ou de deux organes. Selon que ces organes ont plus ou moins d'importance, selon que les modifications qu'ils éprouvent, réagissent davantage sur l'ensemble de l'être, la classification artificielle se rapproche de la classification naturelle.

Dans les classifications artificielles, les cadres sont faits d'avance et on range ensuite chaque espèce dans le compartiment qui lui convient. Donc deux êtres du même groupe peuvent être très-différents pourvu qu'ils présentent l'un et l'autre l'unique caractère affecté au groupe où ils sont placés. Malgré cette imperfection, les classifications artificielles rendent de grands services dans le début d'une science, et souvent, sont alors les seules possibles.

4. Système de Linné [5]. — Une classification artifi-

1. Botaniste français mort en 1708. — 2. Botaniste français mort en 1806. — 3. Botaniste français mort en 1777. — 4. Neveu du précédent, mort en 1836. — 5. Botaniste suédois mort en 1778.

cielle, le système de Linné, a jouit longtemps d'une grande faveur auprès des botanistes. Il est bon de la connaître.

ÉTAMINES ET PISTIL.	ÉTAMINES.		NOMS DES CLASSES.	EXEMPLES.
1° réunis sur une même fleur,	1° libres et égales,	1 étamine,	1. MONANDRIE.	*Centranthe (valériane rouge)*, § 69.
		2 —	2. DIANDRIE.	*Véronique.*
		3 —	3. TRIANDRIE.	*Iris*, § 212.
		4 —	4. TÉTRANDRIE.	*Houx*, § 158, *Gratteron*, § 45.
		5 —	5. PENTANDRIE.	*Lin*, § 136, *Bourrache*, § 24.
		6 —	6. HEXANDRIE.	*Lis*, § 202, *Patience*, § 162.
		7 —	7. HEPTANDRIE.	*Marronnier d'Inde*, § 146.
		8 —	8. OCTANDRIE.	*Epilobe*, *Bruyère*, § 42.
		9 —	9. ENNÉANDRIE.	*Laurier*, § 170, *Rhubarbe*, § 164.
		10 —	10. DÉCANDRIE.	*Nielle*, § 137.
		11 à 19 étamines,	11. DODÉCANDRIE.	*Euphorbe*, § 175.
		20 ou plus adhérentes au calice,	12. ICOSANDRIE.	*Prunier*, § 76, *Fraisier*, § 89, *Framboisier*, § 91.
		20 à 100 étamines,	13. POLYANDRIE.	*Coquelicot*, § 122, *Renoncule*, § 99.
	2° libres et inégales,	2 grandes et 2 petites,	14. DIDYNAMIE.	*Mufflier*, § 18, *Lamier*, § 25.
		4 grandes et 2 petites,	15. TÉTRADYNAMIE	*Giroflier*, § 95.
	3° soudées entre elles, *a* par le filet,	en 1 corps,	16. MONADELPHIE.	*Mauve*, § 139.
		en 2 corps,	17. DIADELPHIE.	*Pois*, § 105.
		en plusieurs corps,	18. POLYADELPHIE	*Oranger*, § 98, *Millepertuis.*
	b par les anthères,		19. SYNGÉNÉSIE.	*Chrysanthème*, § 50, *Chicorée*, § 56.
	4° soudées au pistil,		20. GYNANDRIE.	*Orchis*, § 222.
2° dans des fleurs différentes.	1° sur un même pied,		21. MONOECIE.	*Maïs*, § 232, *Noisetier*, § 193.
	2° sur des pieds différents,		22. DIOECIE.	*Saule*, § 197, *Chanvre*, § 180.
3° tantôt réunis, tantôt séparés, sur un ou deux pieds			23. POLYGAMIE.	*Erable*, § 145, *Figuier*, § 185.
4° invisibles.			24. CRYPTOGAMIE.	*Fougères*, § 255, *Champignons*, § 267.

5. Nomenclature binaire. — Si chaque espèce végétale avait dû porter un nom spécial, les botanistes auraient eu de grandes difficultés à inventer et à retenir cette multitude de noms. On doit à Linné d'avoir simplifié la nomenclature en désignant chaque espèce par deux mots, dont le premier appartient à toutes les plantes du même genre, tandis que le second est propre à l'espèce. Ainsi il y a plusieurs végétaux très-voisins du Chêne de nos forêts; toutes portent le nom générique de Chêne, *Quercus*; une épithète ajoutée à ce nom désigne chaque espèce : *Quercus pedunculata, Quercus sessiliflora, Quercus ilex,* etc.

6*. Tableau des grandes divisions du règne végétal :

Embranchements.	*Classes.*
PHANÉROGAMES...	DICOTYLÉDONÉES, MONOCOTYLÉDONÉES, GYMNOSPERMES.
CRYPTOGAMES....	CRYPTOGAMES VASCULAIRES, ANOPHYTES, CHAMPIGNONS, ALGUES.

EMBRANCHEMENT DES PHANÉROGAMES

7*. — Reproduction par le moyen d'ovules et de pollen. Au contact des prolongements émanés du grain de pollen, il se forme dans l'ovule un embryon organisé, composé de plusieurs cellules et de parties distinctes.

CLASSE DES DICOTYLÉDONÉES.

8*. Caractères essentiels. — Embryon composé d'une gemmule, d'une radicule et de deux cotylédons (*fig.* 1).

Tige composée d'une partie cellulaire centrale (la moelle), d'un corps ligneux ou bois qui renferme des vaisseaux, trachées et fausses trachées, et de l'écorce qui contient des vaisseaux propres. Ces diverses parties sont disposées *régulièrement* autour de la moelle. Lorsque la tige persiste plusieurs années, le bois est formé de zones concentriques et s'accroît chaque année d'une nouvelle zone venant s'interposer entre lui et l'écorce (*fig.* 218.)

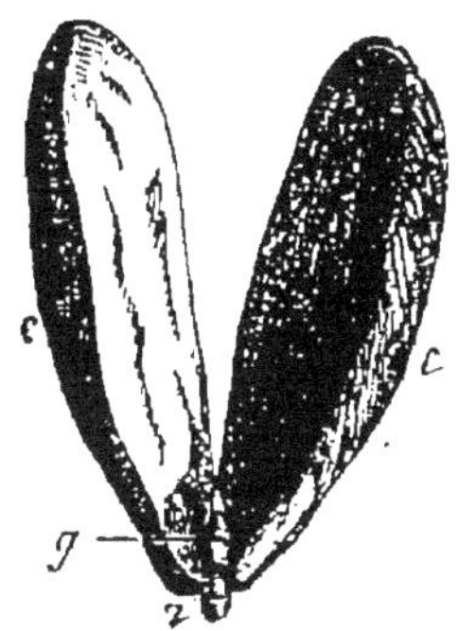

Fig. 1. — Embryon de dicotylédonée.

Feuilles ayant des nervures fibro-vasculaires ramifiées et disposées en un réseau dans les mailles duquel se trouve le parenchyme.

Fleurs présentant fréquemment deux enveloppes florales, dont l'une est colorée et l'autre verte comme les feuilles. Symétrie pentamère (type 5) dominante.

9. Classification. — Pour la classification des Dicotylédonées, Laurent de Jussieu, le créateur de la méthode naturelle en botanique, attachait une grande importance à l'insertion[1] des étamines sous l'ovaire (*hypogyne*), autour de l'ovaire (*périgyne*) ou sur l'ovaire (*épigyne*), et à la disposition des pétales qui peuvent être libres (fleurs *polypétales*), soudés (fleurs *monopétales* ou *gamopétales*), ou nuls (fleurs *apétales*). C'est sur ces deux caractères qu'il fondait ses classes. Mais, sous ce rapport, sa méthode a été modifiée par ses successeurs. On conserve cependant la division en Polypétales, Gamopétales et Apétales, sans y attacher l'idée de division naturelle.

Fig. 2. — Dicotylédonée germant et produisant des feuilles et une racine pivotante. C, cotylédons.

10. Caractères généraux. — Un végétal dicotylédoné présente en général des racines, une tige et des feuilles.

Les racines ne sont quelquefois formées que d'un pivot conique portant quelques fibrilles, comme la carotte et le pissenlit; d'autres fois elles présentent un grand nombre de ramifications. Mais, quelle que soit leur forme définitive, elles commencent toujours, lorsque la plante germe, par être pivotantes (*fig.* 2).

1. L'insertion des étamines est le point où le filet est attaché à la fleur.

Les racines ont pour rôle de faire adhérer la plante à la terre et de puiser dans le sol l'eau et les substances qui doivent l'alimenter. Lorsque les racines sont renflées, on les dit *tuberculeuses*.

La tige, contrairement à la racine, se dirige en haut; elle est tendre et *herbacée*, ou bien dure et *ligneuse*. Sa solidité est due à des filaments résistants désignés sous le nom de *faisceaux fibro-vasculaires*, qui sont toujours disposés d'une manière régulière autour d'une partie centrale purement cellulaire, la *moelle*. La tige peut manquer; alors les feuilles semblent sortir de la racine et la plante est dite *acaule*. Ex. : Pissenlit.

Les feuilles sont les organes de respiration du végétal. Pendant le jour, elles absorbent l'acide carbonique de l'air et rejettent de l'oxygène. Penpant la nuit, elles agissent d'une manière inverse, absorbent de l'oxygène et rejettent de l'acide carbonique. Les feuilles sont des lames minces soutenues par une queue, nommée *pédoncule* ou *pétiole*; du pédoncule partent des lignes saillantes, les *nervures*, qui se ramifient dans toute la feuille et forment un réseau plus ou moins serré, dont les mailles sont remplies de tissu cellulaire. La forme des feuilles est variable. Il en est qui n'ont pas de pédoncule; on les dit *sessiles*. Le limbe ou la lame mince qui constitue la feuille proprement dite peut être *entière* (Lilas), ou *dentée* sur les bords (Ortie), ou *découpée* (Chêne, Persil). Parfois la feuille est *composée*, c'est-à-dire formée de petites folioles réunies sur un pétiole commun (Trèfle, Acacia).

Les fleurs sont des organes destinés à former la graine qui doit reproduire la plante.

La plupart des fleurs montrent une première enveloppe extérieure formée de petites feuilles vertes : c'est le *calice*, et chacune de ces petites feuilles est un *sépale*; vient ensuite une seconde enveloppe diversement colorée, qui constitue essentiellement la fleur des jardiniers, et que l'on nomme corolle; ses folioles sont les *pétales*. Dans l'intérieur de la corolle, il y a un certain nombre de filaments nommés *étamines*. Ils se composent d'une petite tige (le *filet*) terminée par une double boîte (l'*anthère*) qui contient une poussière jaune (le *pollen*). Outre les étamines, on voit encore au centre de la fleur une petite colonne renflée à la base et souvent aussi au sommet : c'est le *pistil*. Le fût de la colonnette porte le nom de *style*, le renflement du sommet est le *stigmate*. Quant au renflement de la base, qui est beaucoup plus gros et qui occupe le fond de la fleur, on le nomme *ovaire*. Si on le coupe transversalement, on voit qu'il est rempli de grains transparents ovalaires, semblables à de très-petits œufs : on les nomme *ovules*. L'ovaire peut être divisé par des cloisons en plusieurs chambres qui contiennent chacune un ou plusieurs ovules.

Dans un certain nombre de plantes, l'ovaire, au lieu d'occuper le fond du calice, se trouve sous la fleur ; il paraît au premier abord n'être que le renflement du pédoncule floral. On dit alors que l'ovaire est *infère*.

Afin de pouvoir comparer les fleurs différentes, il est bon d'en faire le plan, de manière à noter le nombre et les positions des divers organes. Ces plans portent le nom de *diagramme*. Dans les diagrammes suivants, les sépales seront représentés par des croissants noirs, les pétales par des croissants blancs, les étamines par une double boucle, et l'ovaire par un cercle ou un ovale.

Dans beaucoup de dicotylédonées, le nombre des sépales, des pétales, des étamines et des loges de l'ovaire est cinq ou un multiple de cinq. On dit que ces fleurs sont construites sur le type quinaire ; d'autres ont un type quaternaire, ou plus rarement un type ternaire.

Lorsque la fleur est bien épanouie, les anthères s'ouvrent par une fente longitudinale ou par un trou pour livrer passage au pollen. Un grain de cette poussière vient-il à tomber sur le stigmate ou à y être porté, soit par le vent, soit par un insecte, il s'y gonfle, envoie un prolongement qui pénètre à travers les tissus du style jusque dans l'ovaire et arrive au contact de l'ovule, qu'il féconde.

Par suite de la fécondation, l'ovule et l'ovaire se développent; le premier devient une *graine*, et le second un *fruit*.

Le fruit est *sec* (haricot), ou *charnu* (prune) ; il contient une ou plusieurs graines. Lorsque le fruit est sec et qu'il renferme plusieurs graines, il s'ouvre pour que les graines se disséminent; car si elles venaient à tomber au même point, les jeunes végétaux s'étoufferaient l'un l'autre en poussant.

La graine des dicotylédonées est formée d'une pellicule enveloppante, d'une masse cellulaire (*endosperme*) destinée à la nourriture de la jeune plante et d'un *embryon*. L'endosperme peut manquer. L'embryon est un petit végétal en miniature; il présente une petite masse conique (la *radicule*), qui deviendra la racine, une petite tige ou plutôt un petit bourgeon (la *gemmule*), qui est le point de départ de la tige, et deux grosses feuilles (les *cotylédons*), qui sont gorgées de suc et servent à la nourriture du jeune végétal. La présence constante des deux cotylédons est l'origine du nom de dicotylédonées. Lors de la germination, la gemmule s'élève hors de la terre et produit la tige; la radicule s'enfonce dans le sol et devient l'axe de la racine.

1re Division. — Gamopétales ou Monopétales.

Famille des Solanées.

11. — La **pomme de terre** (*fig.* 3) peut être considérée comme le type de la famille[1]. Ce végétal a une tige herbacée qui donne naissance à des sortes de branches garnies de petites feuilles inégales, les unes grandes, les autres petites. Ce ne sont pas précisément des feuilles dans le sens scientifique du mot, mais des folioles, et l'ensemble de la petite branche constitue une feuille composée.

Au sommet de la tige pousse un bouquet de fleurs bleues ou blanches. Le calice est formé de cinq sépales étroits qui correspondent aux échancrures de la corolle. Celle-ci est *gamopétale,* c'est-à-dire d'une seule pièce; mais son contour est divisé en cinq lobes terminés chacun par une petite pointe. Au centre de la fleur est un cône de couleur jaune

1. Cette plante fleurit de juin en septembre. On pourra la remplacer pour l'étude des Solanées par la **douce-amère,** petit arbrisseau à fleurs violettes et à fruits rouges, qui grimpe dans les haies et qui fleurit tout l'été.

formé par les cinq étamines, qui sont juxtaposées et serrées les unes contre les autres, sans toutefois adhérer ensemble. Elles sont fixées sur la corolle et par conséquent se détachent avec elle lorsque la fleur tombe. Chaque étamine est formée d'un pédoncule très-court, nommé *filet*, qui porte deux petites boîtes allongées ou *anthères*, soudées latéralement

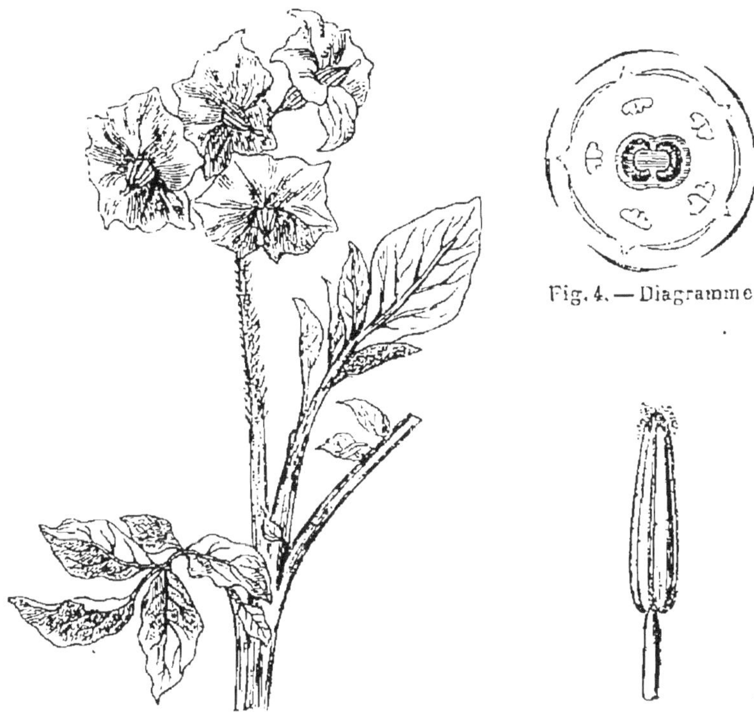

Fig. 4. — Diagramme.

Fig. 3. — Feuilles et fleurs (1/3 gr. nat.). Pomme de terre.

Fig. 5. — Etamine.

et terminées chacune au sommet par un petit trou ovalaire (*fig.* 5). C'est par là que sort la poussière jaune nommée *pollen* qui remplit l'anthère. Au milieu du cône formé par les étamines passe le *style*, filament terminé en haut par un léger renflement qui est le *stigmate*. Le style est porté sur une petite boule que l'on voit très-bien au fond de la fleur lorsqu'on a enlevé la corolle et les étamines. C'est l'ovaire qui, en se développant, produira le fruit. Si on le coupe transversalement, on y distingue deux chambres ou loges, et dans chacune d'elles, sur la paroi qui les sépare, un gros renflement dont la surface est couverte de tout petits corps ronds, les *ovules*.

Après la floraison, l'ovaire grossit beaucoup et se transforme en une *baie*, c'est-à-dire en un fruit charnu contenant plusieurs graines. Celles-ci sont le résultat de la maturation des ovules.

Les feuilles et les fruits de la pomme de terre contiennent un poison narcotique; aussi ne peut-on pas les manger; il n'en est pas de même des tubercules, qui constituent un aliment de première importance.

12. — Les tubercules de la pomme de terre ne sont pas, comme on pourrait le croire au premier abord, des portions de racines. Ils prennent naissance sur des branches souterraines de la grosseur de tuyaux de plume. La preuve que ce sont bien des renflements de la tige, c'est qu'ils portent des bourgeons, circonstance qui ne se présente jamais chez les racines. Lorsqu'on met un tubercule en terre, ces bourgeons se développent, donnent naissance à des rameaux souterrains qui à leur tour produisent d'autres tubercules (*fig.* 6). C'est le moyen qu'emploient ordinairement les jardiniers pour multiplier ce légume; mais on peut aussi semer les graines.

Fig. 6. — Tubercules de la pomme de terre. A, ancien tubercule ayant donné naissance à la tige. B, tubercules nouveaux issus de la tige.

13. — La pomme de terre est originaire de l'Amérique; elle fut introduite en Europe par le célèbre navigateur anglais Drake en 1586; mais elle ne fut d'abord admise qu'à titre de plante d'agrément. Les Anglais paraissent avoir été les premiers à s'en servir pour l'alimentation. En France, l'emploi de la pomme de terre comme nourriture rencontra les plus vives résistances. En vain en servit-on sur la table de Louis XIII dès 1616 ; en vain, un siècle et demi plus tard, Louis XVI donnait l'exemple en en mangeant à tous les repas : le peuple refusait de s'en servir. Parmentier, savant pharmacien de l'époque, célèbre surtout par son apostolat en faveur du nouveau tubercule, eut l'idée de faire planter des champs de pommes de terre et, au moment de la maturité, de les faire garder par des soldats. Tout le monde voulut goûter d'un légume qui paraissait si précieux. Grâce à la négligence intentionnelle des gardes, de nombreux maraudeurs purent ravager les champs, et beaucoup de personnes se convainquirent des qualités de la pomme de terre. Néanmoins cette alimentation fit des progrès très-lents, elle ne s'imposa d'une manière générale aux populations que par suite des disettes des années 1816 et 1817.

Depuis 1845, la pomme de terre souffre d'une maladie qui cause à nos récoltes un tort grave (§ 280).

14. — Le genre *Solanum* auquel appartient la pomme de terre comprend encore :

La **tomate** dont le fruit rouge sert à faire des assaisonnements et se mange aussi cru ou cuit ; elle est originaire du Mexique ; en France, on la cultive en pleine terre jusqu'à Paris et plus au nord sur couches ;

L'**aubergine,** originaire des Indes, cultivée dans le midi de la France. On mange ses fruits lorsqu'ils sont bien mûrs et que leur principe vénéneux s'est détruit par décomposition.

15. — Du reste, la famille des Solanées comprend un grand nombre de plantes vénéneuses : la **belladone,** la **morelle,** la **jusquiame,** la **mandragore,** la **stramoine** ou **pomme-épineuse.** Toutes ces plantes ont un feuillage d'un vert sombre et une odeur repoussante qui semble nous avertir de leurs propriétés dangereuses. Le beau fruit noir de la belladone tente bien des enfants ; et le fruit sec de la jusquiame cause souvent des empoisonnements dans la volaille. On doit donc arracher ces plantes lorsqu'elles croissent dans le voisinage des habitations.

16. Tabac. — Par l'énergie du poison qu'il renferme, sa saveur brûlante, son odeur nauséabonde, le tabac possède bien les caractères de la famille des Solanées (*fig*. 7). On les retrouve aussi dans sa fleur qui ne diffère guère de celle de la pomme de terre; la corolle a les cinq lobes bien marqués et se termine inférieurement en un long entonnoir (*fig*. 8). Le fruit reste sec; c'est une *capsule*[1] qui s'ouvre au sommet en quatre parties pour laisser sortir les graines. On cultive le

Fig. 7. — Tabac (1/20 gr. nat.).

Fig. 8. — Fleur de tabac (1/2 gr. n.).

tabac en France, en Belgique, en Allemagne; mais il ne vient pas plus au nord.

Il est originaire d'Amérique. Lorsque les Espagnols arrivèrent aux Antilles, ils trouvèrent le tabac employé par les Caraïbes sous les noms de *tabaco* ou de *petun*, selon qu'on le fumait ou qu'on le prisait. On le regardait comme un remède pour tous les maux. Les premiers navigateurs apportèrent cette panacée en Europe, et Jean Nicot, ambassadeur de France à Lisbonne, envoya une petite boîte de tabac à priser à Catherine de Médicis. La reine y prit goût;

1. Une *capsule* est un fruit sec, déhiscent, contenant plusieurs graines.

les courtisans l'imitèrent, et la plante se répandit sous le nom d'herbe à la reine. Le tabac valait alors 10 francs la livre. Son usage ne tarda pas à se propager malgré la résistance de beaucoup de souverains. Jacques Ier, roi d'Angleterre, fit arracher tous les pieds de tabac qui avaient été semés dans ses Etats; le pape Urbain VIII excommunia ceux qui prisaient dans les églises, et le sultan Amurat IV faisait couper le nez et les lèvres à ceux qui se servaient de tabac. De nos jours, les gouvernements ont changé d'avis; car le tabac constitue dans beaucoup de pays un des plus beaux revenus du fisc[1]. C'est du reste son seul mérite; car il est reconnu que, loin de posséder les qualités merveilleuses que lui attribuaient les Indiens, il n'a d'autre effet que d'émousser la sensibilité et d'engourdir l'intelligence.

Il existe plusieurs variétés de tabac : les plus importantes sont le tabac à larges feuilles, le plus généralement cultivé en France, et le tabac de Virginie à feuilles étroites, moins productif et plus exigeant.

17. — Le **piment** ou *poivre de Guinée* est le fruit d'une plante de la famille des Solanées, originaire de l'Inde et de l'Afrique, mais que l'on peut, avec certaines précautions, cultiver dans nos jardins. Le nord de la France fait peu usage de piment; le midi s'en sert davantage; mais c'est surtout l'appétit anglais qui aime à être excité par ce violent condiment.

Famille des Personées.

18. Muflier. — Les Personées ne sont que des Solanées irrégulières. On peut prendre comme type le **muflier** (*fig.* 9) ou *gueule de lion*, si abondant dans les jardins[2]. La corolle, d'un beau rouge, présente cinq lobes; les deux supérieurs se relèvent en haut et sont séparés par une large fente des trois lobes inférieurs. Ceux-ci sont également repliés sur eux-mêmes vers le bas. Quand on compare la fleur à la gueule d'un animal, ce sont ces trois lobes qui forment la lèvre

1. L'impôt sur le tabac produit en France 240 millions par an.
2. Juin à septembre.

supérieure, tandis que les deux lobes supérieurs des botanistes représentent la mâchoire inférieure. Les étamines sont réduites à quatre (*fig.* 11) : celle qui correspond à l'étamine su-

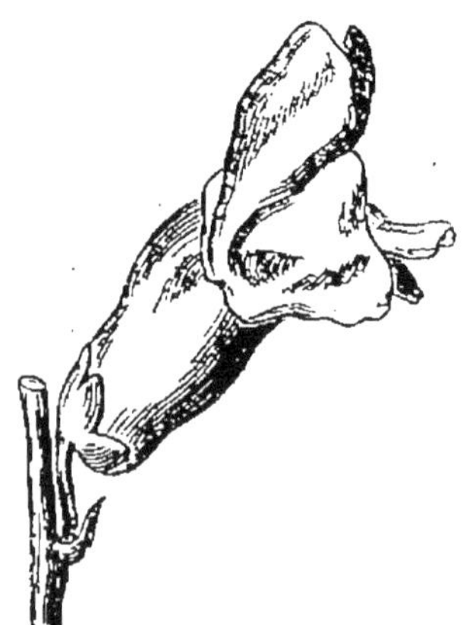

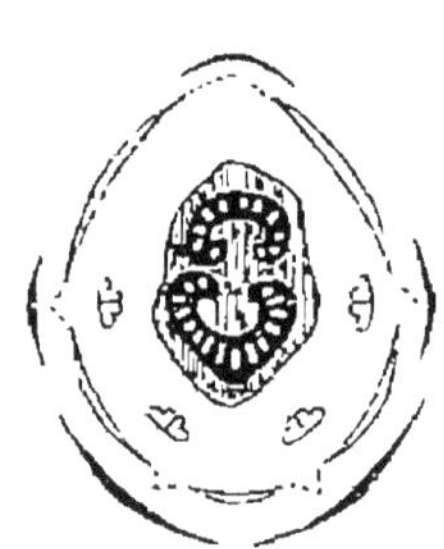

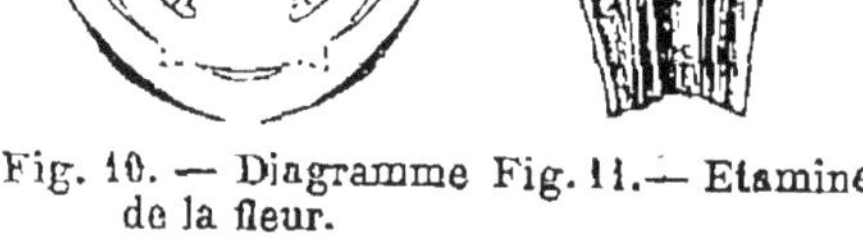

Fig. 9. — Fleur. Fig. 10. — Diagramme de la fleur. Fig. 11. — Etamines.

Muflier.

périeure des Solanées a disparu complétement ou n'est plus que rudimentaire ; les deux étamines latérales sont elles-mêmes plus petites que les deux inférieures. Le pistil ne présente pas d'autre irrégularité qu'un développement plus considérable de la loge inférieure de l'ovaire.

19. — Parmi les autres plantes de la famille des Personées, on peut citer la **digitale**, également cultivée dans les jardins, quoiqu'elle soit vénéneuse, et le **mélampyre** ou *rougeole,* que l'on trouve en abondance dans les champs de blé. Sa fleur ressemble assez à celle du muflier ; mais sa graine à l'inconvénient de communiquer au pain une couleur violette et une certaine amertume ; on doit donc la sarcler avec soin. D'après quelques botanistes, le mélampyre serait parasite ; il enfoncerait sa racine dans le tissu des graminées et vivrait aux dépens des sucs absorbés par ces plantes.

20. — Les **orobanches** (famille des **Orobanchiées**) (*fig.* 12) présentent la même disposition de fleurs que les Personées ; mais leur aspect est différent ; leurs feuilles sont des écailles brunâtres ; on dirait des plantes desséchées. Elles vivent en parasites comme les mélampyres, en enfonçant leurs racines dans le tissu d'autres plantes : le tabac, le chanvre, le trèfle, ont particulièrement à souffrir de leurs atteintes. Du reste, la présence des orobanches indique l'épuisement de la terre ; le meilleur moyen de les combattre est de renouveler la culture.

Fig. 12. — Orobanche sur un pied de chanvre (1/5 gr. nat.). — A, chanvre ; B, C, orobanches croissant sur les racines du chanvre.

21. — On peut rapprocher des Personées, pour la structure des fleurs, le **catalpa** et le **técoma,** ou jasmin de Virginie, arbres de la famille des **Bignoniacées,** originaires de l'Amérique boréale et introduits dans nos jardins; le **sésame,** de la famille des **Sésamées,** herbe qui pousse dans l'Inde, d'où on l'a transplantée en Egypte, en Italie et en Amérique. Sa graine produit de l'huile qui, bien faite, pourrait servir à l'alimentation, mais qui n'est guère employée que pour la fabrication du savon.

Famille des Convolvulacées.

22. — Les **liserons**, dont trois espèces sont très-répandues : le *grand liseron blanc des haies* [1], le *liseron des champs* [2], à jolies petites fleurs blanches et roses, et le *liseron tricolore des jardins* [3], ont, comme les Solanées, la corolle d'une seule

1 et 2. Été.
3. Mai et juin. On le nomme aussi *belle de jour* parce que ses fleurs se ferment le soir.

pièce à cinq lobes à peine marqués (*fig.* 13), cinq étamines alternant avec les lobes de la corolle et un ovaire à deux loges. Chacune de ces loges, au lieu de contenir, comme chez les Solanées, un très-grand nombre d'ovules, n'en renferme plus que deux ou même un seul.

Fig. 13.
Corolle du liseron.

La tige des liserons renferme un suc laiteux de nature résineuse, jouissant de propriétés purgatives, faibles pour les espèces de nos climats, mais plus puissantes chez les espèces des climats chauds. Le **jalap** et la **scammonée** sont des résines de liserons qui viennent la première d'Amérique, la seconde de Syrie.

La **patate** est un tubercule analogue à la pomme de terre qui pousse sur les tiges souterraines d'une convolvulacée d'Amérique. On a tenté de l'introduire dans la culture française, mais les essais n'ont pas encore complétement réussi. Elle ne peut, du reste, être cultivée en grand que dans le midi, car elle ne supporte pas en pleine campagne le climat du nord; ajoutons qu'elle est peu riche en azote.

Fig. 14.
Cuscute sur une tige de trèfle (1/2 gr. nat.).

23. — On peut ranger dans la famille des Convolvulacées la **cuscute** (*fig.* 14), plante parasite qui n'a ni feuilles ni racines. Ses tiges, semblables à de petits filaments, portent des suçoirs qui s'implantent sur la surface d'une autre plante, en sucent la séve et finissent par l'épuiser. Le houblon, le lin, le trèfle, la luzerne, sont les plantes cultivées le plus souvent attaquées par la cuscute. Lorsqu'elle envahit un champ, il devient très-difficile de s'en débarrasser. On est quelquefois réduit à brûler toute une récolte pour anéantir les graines de cuscute. Aussi ce parasite est très-redouté des cultivateurs, qui le nomment *bourreau du lin, cheveux du diable*, etc.

Famille des Borraginées.

24.— La **bourrache**[1], qui donne son nom à la famille, est une herbe couverte de poils raides. Les fleurs (*fig.* 15) for-

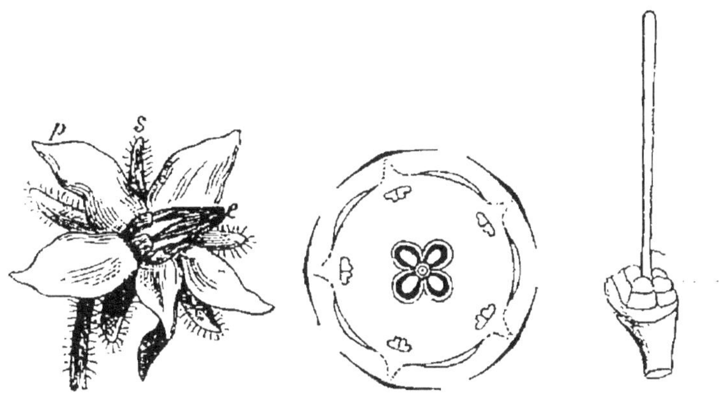

Fig. 15. — Fleur. Fig. 16. — Diagramme. Fig. 17. — Pistil.
Bourrache.

ment des grappes un peu lâches, enroulées comme une crosse d'évêque. La corolle, d'un beau bleu, peut s'enlever d'une seule pièce, mais elle est profondément divisée en cinq lobes étalés en roue et terminés en pointe. A l'extérieur de la corolle, on voit un calice vert composé de cinq lanières étroites hérissées de poils, situées devant les échancrures de la corolle. Au centre de la fleur est un cône noirâtre formé par les cinq étamines qui sont fixées sur la corolle en face des échancrures, et par conséquent en face des sépales du calice. Les anthères sont noires, portées par un filet très-court et doublées à l'intérieur d'un petit appendice violet en forme de languette, qui

1. Été.

n'est pas autre chose qu'un prolongement de la substance même du filet. Le plan de la fleur ressemble donc complétement au plan de la fleur de pomme de terre; mais l'ovaire est différent : il est formé par quatre petites loges sphériques, au milieu desquelles le style prend naissance (*fig.* 17), et dont chacune loge un ovule. Lors de la fructification, les loges de l'ovaire se séparent l'une de l'autre et deviennent autant de petits fruits noirs, secs, indéhiscents, renfermant une seule graine. Ces sortes de fruits se nomment *akènes*.

En Italie on mange les jeunes pousses de bourrache en salade; mais en France cette plante ne sert qu'en médecine. Avec les sommités fleuries on fait une infusion qui facilite la transpiration. Presque toutes les plantes de la famille des Borraginées jouissent des mêmes propriétés sudorifiques. On les reconnaît à première vue aux poils raides dont elles sont couvertes. Parmi les Borraginées cultivées dans les jardins on peut citer la **pulmonaire** et le **myosotis.** Les racines de l'**orcanette,** plante de la même famille qui croît dans les Alpes et les Pyrénées, servent à teindre en jaune.

Famille des Labiées.

25. — Cette famille est aux Borraginées ce que les Personées sont aux Solanées. Comme dans les Borraginées, l'o-

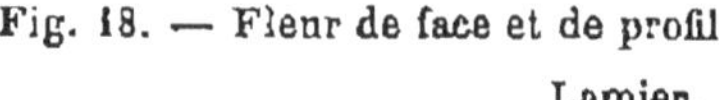

Fig. 18. — Fleur de face et de profil. Lamier.

Fig. 19. — Diagramme.

vaire est à quatre loges profondément divisées à l'extérieur, et le style part d'un enfoncement au centre de ces loges. Les fruits, au nombre de quatre pour chaque fleur, ressemblent à de petites graines; mais ce sont de véritables fruits ayant une coque sèche et contenant dans l'intérieur une seule graine. La fleur est irrégulière et bilabiée, comme dans les Personées. On peut prendre pour exemple, soit le **lamier blanc**, (*fig.* 18), ou *ortie blanche,* si commun dans le nord de la France[1], soit le **stachys**, ou *ortie puante*[2]. Le calice est à cinq dents. La corolle est divisée en deux lèvres : la supérieure, en forme de capuchon, est due à la soudure de deux pétales; l'inférieure est composée de trois pétales, celui du milieu grand et échancré, les deux latéraux plus petits, réduits même dans le lamier à deux petites pointes. Les étamines, au nombre de quatre, sont *didynames,* c'est-à-dire qu'il y en a deux grandes et deux petites. Comme dans le muflier, ce sont les étamines inférieures qui sont les plus grandes, les étamines latérales ont une taille moindre, et l'étamine supérieure manque.

26. — Dans le **romarin** et quelques autres Labiées il n'y a plus que deux étamines (*fig.* 20), parce que les deux étamines latérales avortent comme la supérieure. Il en est de

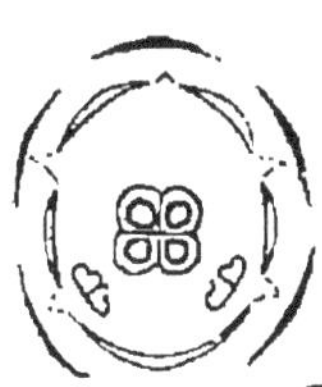

Fig. 20. — Romarin. Diagramme.

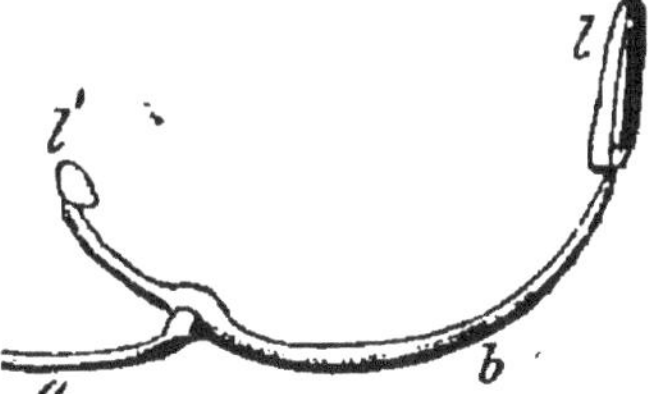

Fig. 21. — Etamine de la Sauge. *a*, filet; *b*, connectif; *l*, loge fertile; *l'*, loge stérile.

même chez la **sauge**[3]; mais dans cette fleur il y a une irrégularité de plus : les deux anthères de chacune des étamines persistantes sont séparées l'une de l'autre et portées aux deux extrémités d'un long connectif en arc de cercle (*fig.* 21). Souvent même l'une de ces loges, celle qui est au bout de la pe-

1. Mai à septembre.
2. Mai à septembre.
3. Eté.

tite branche, ne renferme pas de pollen et avorte en partie.

27. — Les Labiées sont des herbes à tige carrée, couverte de poils; leurs feuilles sont opposées et souvent dentées en scie, comme celles de l'ortie; aussi le vulgaire a-t-il donné le nom d'ortie à beaucoup de Labiées qui croissent dans les haies et sur le bord des chemins.

28. — Les plantes de cette famille possèdent presque toutes des principes stimulants dus à ce qu'elles renferment une huile volatile très-aromatique. Plusieurs sont employées en médecine; quelques-unes, telles que le **thym,** l'**hysope,** la **sarriette,** la **sauge,** entrent dans notre alimentation comme condiment. Souvent on en retire par distillation le principe odorant pour l'employer dans la parfumerie, la confiserie, la fabrication des liqueurs, c'est ce qui a lieu pour la **menthe,** la **mélisse,** le **romarin,** la **lavande.** Ces plantes jouissent de propriétés d'autant plus énergiques, qu'elles poussent sur un sol sec et dans un climat chaud. Cependant une température trop élevée leur serait nuisible. Ce qui leur convient le mieux, ce sont les régions tempérées chaudes, telles que la Provence et l'Italie. Aussi est-ce dans ces deux pays que sont situées les principales fabriques d'essence.

Le **patchouly,** si employé en Orient, pousse dans l'Inde.

29. — La **citronnelle**, qui nous vient du Chili, et dont les feuilles servent d'aromate, appartient à une petite famille voisine des Labiées, les **Verbénacées.** Le type de cette famille est la **verveine,** plante également aromatique qui tenait une grande place dans les cérémonies des sorciers, des magiciens et des anciens druides.

Famille des Campanules.

30. — Les **campanules** ou *clochettes* se rencontrent dans tous les jardins [1]. Ce sont de grosses fleurs bleues et violettes en forme de godets (*fig.* 22). Les bords de la corolle sont découpés en cinq lobes légèrement aigus. Du fond de la fleur

1. Été.

s'élèvent cinq étamines alternant avec les lobes de la corolle et un style dont l'extrémité se divise en cinq petits prolongements

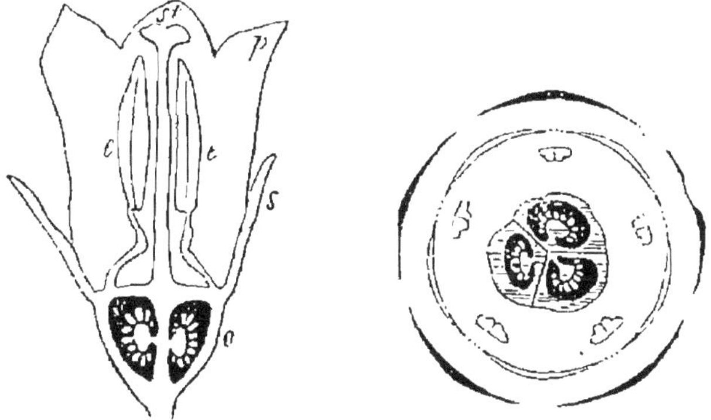

Fig. 22. — Coupe verticale de la fleur. Fig. 23. — Diagramme.
Campanule.

poilus sur le dos. L'ovaire est infère; il est divisé en trois, quelquefois cinq loges. Les ovules, en très-grand nombre, sont fixés sur un renflement à l'angle interne des loges. Le fruit est sec; c'est une capsule. Il se produit vers la base ou vers le milieu de la paroi de petits trous par où s'échappent les graines lorsqu'elles sont mûres.

Les Campanules renferment en général un suc laiteux âcre et caustique; cependant une espèce, la **raiponce,** est employée dans l'alimentation comme salade.

Famille des Chèvrefeuilles.

Cette famille comprend des arbres et des arbrisseaux très-répandus dans nos campagnes.

31. — Le **sureau**[1], qui peut servir de type, porte de petites fleurs blanches réunies en corymbe. Calice à cinq divisions; corolle gamopétale à cinq lobes; cinq étamines; ovaire en partie infère à trois et quelquefois cinq loges. Le plan de cette fleur est donc le même que celui de la campanule; mais dans chaque loge de l'ovaire, il n'y a qu'un seul ovule. Le fruit est une baie noire.

Les baies de sureau sont un peu purgatives; néanmoins

1. Juin-juillet.

on a essayé d'en faire une sorte de vin, en y ajoutant du sucre, du gingembre et un peu de girofle. On s'en sert aussi pour colorer du véritable vin, auquel elles communiquent en outre une légère saveur de muscat. Dans les Grisons, on en fait de la confiture. Les fleurs de sureau sont employées pour aromatiser le vinaigre; on s'en sert aussi en médecine comme sudorifique. La moelle, qui est très-épaisse dans les jeunes branches, sert à faire des objets d'ornement.

32. — L'**yèble** ressemble complétement au sureau par ses feuilles, ses fleurs et ses fruits; mais sa tige ne devient jamais ligneuse. Les baies sont plus purgatives que celles du sureau; les anciens s'en servaient pour barbouiller en rouge les visages de leurs dieux champêtres. On les emploie quelquefois pour teindre les étoffes en violet.

33. — L'**obier**, qui vient dans les haies, est une espèce de viorne dont les petits fruits d'un rouge vif sont recherchés par les oiseaux et les enfants. Ses fleurs[1] sont de deux natures : celles de la circonférence du corymbe sont stériles, mais beaucoup plus grandes que les autres. Par la culture, on peut rendre les feuilles du centre semblables à celles de la circonférence. Le corymbe se transforme alors en une belle boule blanche, et l'arbre prend place dans les jardins sous le nom de *boule de neige*. Le bois d'obier sert à faire un charbon très-léger employé pour la poudre à canon.

34. — Le **laurier-tin** est une viorne originaire du midi, où elle vit en pleine terre; mais dans le nord, on doit lui faire passer l'hiver dans l'orangerie ou dans l'intérieur des appartements.

35. — Le **chèvrefeuille** a la fleur irrégulière : la corolle est divisée en deux lèvres, dont l'inférieure n'a qu'un seul lobe, tandis que la supérieure en a quatre. Les loges de l'ovaire renferment plusieurs ovules. Le fruit est une petite baie rouge contenant plusieurs graines. L'espèce des jardins[2], originaire du midi, est différente de l'espèce que l'on trouve dans les bois et les haies du nord de la France.

La **symphorine** est cultivée dans les jardins pour ses

1. Juin, juillet.
2. Mai, juin.

fruits, qui ont la forme de petites boules blanches, de la grosseur d'une cerise.

Famille des Oléinées.

Cette famille est, comme la précédente, formée en grande partie d'arbres et d'arbustes à feuilles opposées.

36. — Le **lilas**, qui peut servir de type [1], a les fleurs réunies en *thyrses*, c'est-à-dire en bouquets pyramidaux très-ramifiés. Le calice, très-court, se termine par quatre dents; la corolle se compose d'un long tube et d'une partie élargie a quatre divisions. Cette forme, qui rappelle certaines coupes antiques, a reçu le nom d'*hypocratériforme* (*fig.* 24). Les étamines, au nombre de deux, sont fixées sur le tube de la corolle; le pistil se compose d'un seul style terminé par deux stigmates légèrement élargis et d'un ovaire libre à deux loges renfermant chacune deux ovules. Le fruit est une capsule sèche qui s'ouvre en deux valves par une fente perpendiculaire à la cloison. Chaque loge ne contient qu'une seule graine, parce qu'un des deux ovules ne s'est pas développé.

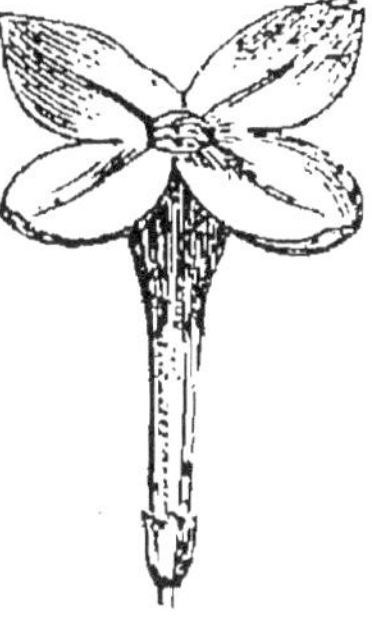

Fig. 24. — Fleur

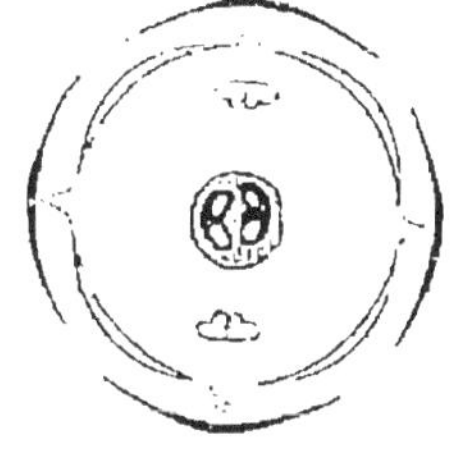

Fig. 25. — Diagramme.

Lilas.

Le lilas, originaire d'Orient, est naturalisé en Europe depuis plusieurs siècles. Il appartient au genre *Syringa* des botanistes, qu'il ne faut pas confondre avec le séringat des jardiniers, arbre de la famille des Philadelphacées.

37. — Le **troëne**, arbrisseau à fleurs blanches qui vient dans nos haies, diffère du lilas parce que son fruit est une petite baie noire dont le suc, d'un noir violet, sert à colorer le vin et à fabriquer l'encre des chapeliers. Son bois, aussi

1. Mai.

dur que celui du lilas, est employé comme lui à des ouvrages de tour, et ses jeunes rameaux sont utilisés en vannerie.

38. — L'olivier a également un fruit charnu, mais comme on n'y trouve qu'un seul noyau, ce n'est plus une baie, c'est une *drupe* (§ 75). L'olivier, originaire des contrées

Fig. 26. — Branche d'olivier chargée de fruits (1/2 gr. nat.).

méditerranéennes, est cultivé depuis les temps historiques les plus anciens. Il craint le froid; les hivers rigoureux le font périr, même en Provence. En revanche, il vient sur les plus mauvais terrains; aussi continue-t-on à le cultiver, quoique son rendement soit faible.

Les olives se mangent soit fraiches, soit conservées, soit confites dans du vinaigre. De ce que l'on dit que les olives se mangent fraîches, on ne doit pas croire que l'on puisse les consommer aussitôt après les avoir cueillies : elles ont alors une saveur âcre très-désagréable, dont il faut les dépouiller en les laissant séjourner quelques jours dans de l'eau salée. L'emploi principal des olives est de donner de l'huile. Tandis que les autres huiles proviennent de graines, celles d'olive se trouve dans la partie charnue du fruit. Les olives, cueillies à la main, sont portées au moulin quelques jours après la récolte. Une première pression à froid produit de l'huile de qualité supérieure; le marc, délayé avec de l'eau chaude et pressé de nouveau, fournit de l'huile commune; enfin, on obtient de l'huile de troisième qualité, dite *huile de récensé*, en exprimant à chaud les olives tombées, celles qui ont fermenté et les marcs, résidus de la fabrication de l'huile commune. Cette huile de récensé ne peut servir que pour l'éclairage et la fabrication du savon.

Il existe de nombreuses variétés d'olivier; les unes fournissent des fruits qui ne peuvent servir que pour l'extraction de l'huile, tandis que d'autres produisent surtout des fruits à confire.

39. — **L'orne** diffère des genres précédents par les pétales qui sont libres et non soudés; le fruit est sec, comprimé, surmonté d'une aile membraneuse, de sorte que le vent l'entraîne au loin. Ces fruits portent le nom de *samare*. Il découle des gerçures naturelles de l'écorce de l'orne, ou des incisions que l'on y pratique, un suc d'une saveur sucrée et de propriétés purgatives, la *manne*, employée en médecine. L'orne est propre aux contrées méditerranéennes.

40. — Le **frêne** de nos bois a les samares (*fig.* 28) semblables à celles de l'orne. La fleur (*fig.* 27), qui n'a ni ca-

Fig. 27. — Fleur. 28. — Samare. Fig. 29. — Feuille.

Frêne.

lice ni corolle, est réduite aux étamines et au pistil; encore arrive-t-il souvent que soit les étamines, soit le pistil avortent ou restent rudimentaires. Les feuilles (*fig.* 29) sont composées de neuf à treize folioles ovales. Le bois du frêne est dur, élastique, très-recherché des charrons, des tourneurs, des armuriers.

41. — Le **jasmin,** type de la famille des **Jasminées,** diffère à peine du lilas. Ses belles fleurs blanches ont une odeur des plus suaves et en même temps des plus fugaces. L'essence dite de jasmin n'est pas autre chose que de l'alcool tenant en dissolution un peu d'huile essentielle retirée des fleurs du jasmin par l'intermédiaire d'un corps gras.

Famille des Bruyères (*Ericinées*).

42. — Les **bruyères** sont de petits arbrisseaux à tiges raides et à feuilles linéaires. Leur fleur[1] se compose d'un calice à quatre sépales, d'une corolle gamopétale à quatre divisions, ayant la forme d'une cloche (*fig.* 30) ou d'une bourse rétrécie à l'entrée, de huit étamines, d'un ovaire à quatre loges surmonté d'un style et d'un stigmate souvent à quatre lobes. Chaque loge renferme un grand nombre d'ovules fixés à l'angle interne. Le fruit est sec.

Les bruyères et la plupart des genres de la famille sont des plantes sériales, c'est-à-dire répandues à profusion sur de vastes étendues de terrain. La *bruyère à balai* couvre les landes de Gascogne; la *bruyère cendrée* forme un tapis dans les bois secs et montueux; d'autres espèces pullulent dans les contrées marécageuses; la *bruyère commune* s'étend sur toutes les plaines sablonneuses du nord de l'Europe. Les *andromèdes* habitent les régions arctiques; les *rhododendron* s'élèvent jusqu'à une grande hauteur dans les Alpes. Les *azalées* agissent de même dans les montagnes de l'Amérique boréale. Dans l'hémisphère sud, où les bruyères font défaut, elles

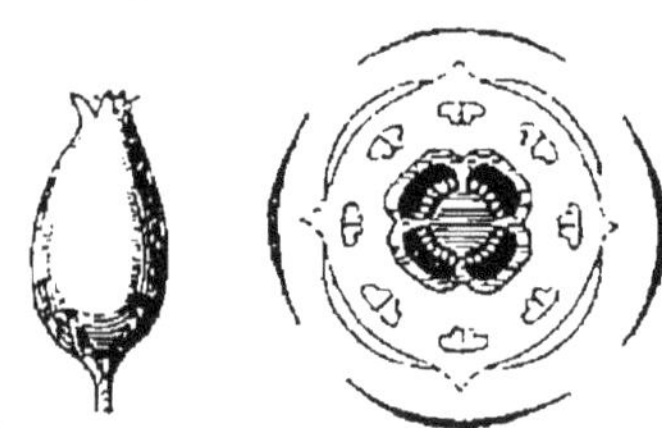

Fig. 30. — Corolle. Fig. 31. — Diagramme.
Bruyère.

1. Été.

sont remplacées par une famille voisine, celle des **Epacridées.**

43. — Beaucoup d'espèces de la famille des bruyères ont un fruit charnu, quelquefois comestible, d'autres fois vénéneux. La seule éricinée à fruit comestible de France est l'**arbousier,** arbrisseau des montagnes, dont le fruit est une baie de la couleur et de la forme d'une fraise.

44. — L'**airelle** ou *myrtille,* autre arbrisseau des bois montueux, produit une petite baie noire globuleuse, d'une saveur aigrelette, assez estimée. On sépare souvent l'airelle des bruyères pour en faire le type de la petite famille des **Vacciniées,** parce que l'ovaire est infère au lieu d'être supère. Ajoutons, comme particularité du genre, que l'airelle est construite sur le type quinaire : cinq sépales, cinq pétales, dix étamines, ovaires à cinq loges.

Famille des Rubiacées.

45. — On peut prendre, pour étudier cette famille, le **gratteron** [1], si commun dans les buissons et dans les haies où grimpent ses longues tiges herbacées, trop faibles pour se soutenir d'elles-mêmes; elles sont quadrangulaires, et leurs quatre arêtes sont armées de crochets recourbés. Leurs feuilles étroites, également armées de crochets sur le bord, naissent au nombre de six du même point de la tige (*fig.* 32). On pourrait donc, au premier abord, les prendre pour des feuilles verticillées; mais de ces six feuilles, il n'y en a que deux, opposées l'une à l'autre, qui portent à leur aisselle des branches, des bourgeons, ou des fleurs. On admet donc que ces deux feuilles sont seules de véritables feuilles, et que les autres ne sont que des stipules, c'est-à-dire des folioles secondaires, naissant de chaque côté de la vraie feuille et présentant exceptionnellement un développement aussi grand que les feuilles elles-mêmes.

46. — Le calice est si petit, qu'on peut à peine en distinguer les sépales. La corolle est blanche, gamopétale, éta-

1. Été.

lée en roue et divisée en quatre lobes. Il y a quatre étamines et deux styles courts terminés par des stigmates en tête. L'ovaire est infère, c'est-à-dire situé sous la fleur; il est divisé en deux loges, qui contiennent chacune un seul ovule fixé à la cloison qui les sépare (*fig.* 33). A la maturité, il se transforme en un fruit sec, globuleux, couvert de longs poils cro-

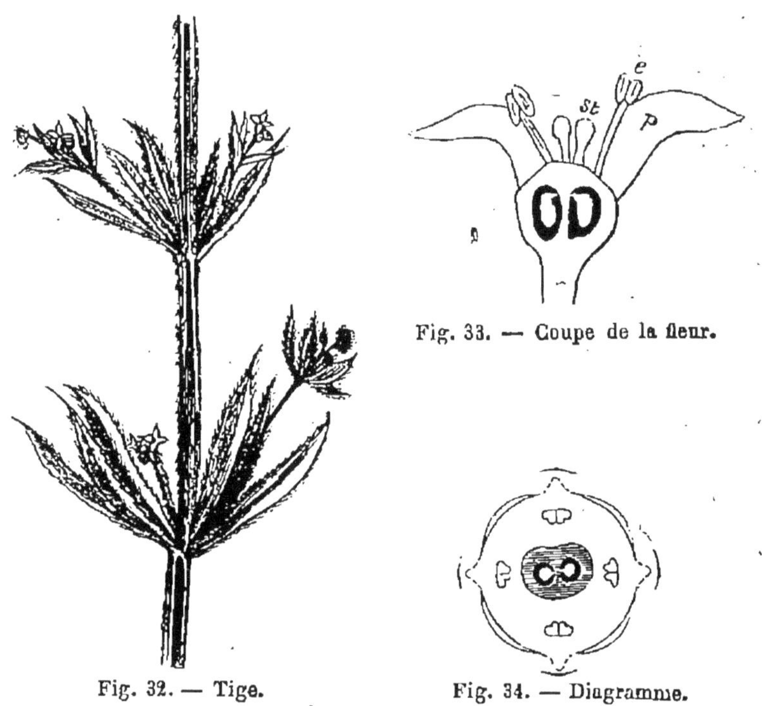

Fig. 32. — Tige.

Fig. 33. — Coupe de la fleur.

Fig. 34. — Diagramme.

Gratteron.

chus. Par ces crochets comme par ceux qui couvrent la tige et les feuilles, la plante s'attache aux vêtements des passants. Les Grecs supposaient qu'elle était animée par une Dryade, amie de l'homme; ils l'avaient appelée *philanthrope;* les modernes, doués d'une imagination moins bienveillante et n'appréciant la plante que par l'incommodité qu'elle occasionne aux jambes des promeneurs, lui ont donné le nom expressif de *gratteron.* On peut retirer des racines une couleur rouge.

47. — La **garance** (*fig.* 35) ressemble beaucoup au gratteron : même tige quadrangulaire, mêmes feuilles d'apparence verticillée, hérissées comme les tiges de dents crochues ; mais la fleur est jaune et le fruit est formé de deux petites baies charnues, noires, couvertes de poils et accolées l'une à l'autre. La garance, originaire de l'Asie, est connue et appréciée depuis très-longtemps par la belle couleur rouge que l'on tire de sa racine, et qui joue un si grand rôle dans l'uniforme de l'armée française. Du temps des Romains, on la cultivait déjà en Gaule. Actuellement les plaines sablonneuses de l'Alsace et de la Campine, et les paluds (terrains d'alluvion riches en humus) du Vaucluse sont les seuls points de l'Europe occidentale où cette culture est concentrée. Elle exige des terres profondes et légères, beaucoup d'engrais, beaucoup de main-d'œuvre. On reproduit la garance par semis ou en plantant des tronçons de racine. Dans le premier cas, on ne l'arrache qu'au bout de trois ans ; dans le second, après dix-huit mois. La garance des pays chauds fournit une couleur plus belle que celle des contrées froides ; on préfère en général celle de Syrie. Dans le midi, on fauche les tiges de garance pour les donner comme fourrage au bétail ; mais cette nourriture a l'inconvénient de colorer un peu le lait en jaune.

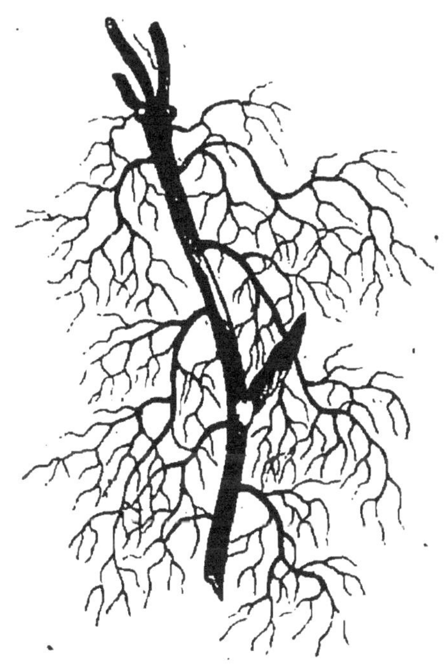
Fig. 35. — Racine de garance (1/3 gr. nat.).

48. — Le caféier (*fig.* 36) appartient à la famille des Rubiacées ; c'est un arbrisseau de six à sept mètres de haut, originaire de l'Abyssinie. Le fruit est une baie rouge de la grosseur d'une cerise, renfermant deux graines, qui sont les grains de café. Le caféier fut porté d'Abyssinie en Arabie et cultivé surtout aux environ de Moka, vers la fin du dix-septième siècle. Les Hollandais le transportèrent à Batavia, puis dans leurs possessions de Ceylan et de la Guyane. Pour conserver le monopole de cette précieuse denrée, ils en défendirent l'exportation. Cependant on en porta à Amsterdam un pied qui produisit des fleurs, des fruits et des graines. Celles-ci levèrent à leur tour, et l'un des individus que l'on obtint fut offert à Louis XIV, lors de la paix d'Utrecht. Ce caféier, soigné au jardin du roi, s'y multiplia. En 1720, un jeune pied qui en provenait fut confié à un marin, le capitaine Décliéna, pour le transporter à la Martinique. L'eau manqua pendant la traversée, néanmoins Décliéna partagea toujours avec le jeune caféier la ration qui lui était accordée pour sa boisson. C'est à ce dévouement que les colonies françaises de la Martinique, de la Guadeloupe, de Saint-Domingue doivent leurs belles plantations de café. L'usage du café s'introduisit en Europe à la fin du dix-septième siècle, et l'on sait le développement qu'il y a pris.

Fig. 36.
Branche de caféier et fruit.

49. — Un autre arbre de la famille des Rubiacées, non moins utile que le caféier, est le **quinquina** ou *chinchona*. Il doit ce dernier nom à la comtesse de Chinchone, femme du vice-roi du Pérou, en 1636. Comme beaucoup de ses compatriotes, elle avait gagné la fièvre dans les contrées équatoriales, et on désespérait de sa vie. Les Indiens, dont elle s'était en toute circonstance déclarée la protectrice contre la violence des conquérants, vinrent découvrir un remède qu'ils avaient jusqu'alors tenu soigneusement caché; c'était l'écorce d'un grand arbre croissant dans les Andes. La comtesse de Chinchone guérit, et plus tard le remède fut apporté en Europe. Aujourd'hui le quinquina et la quinine qu'on en retire sont des médicaments universellement employés pour guérir les fièvres périodiques; malheureusement cet arbre précieux tend à disparaître, car on ne peut lui enlever son écorce sans le faire périr, et l'on ne prend aucun soin pour en propager l'espèce dans son pays natal. Mais devant le renchérissement continuel d'un médicament si important, les nations civilisées ont pris des mesures pour ne pas en manquer. Depuis peu, on a entrepris la culture du quinquina dans l'Inde, à Sainte-Hélène et dans la Jamaïque. La France vient aussi de faire quelques essais de ce genre à la Réunion et en Algérie.

Une autre plante de la même famille, également très-utilisée en médecine, est un petit arbrisseau du genre *Céphælis*, dont la racine est employée comme vomitif, sous le nom d'*Ipécacuhana.*

Famille des Composées.

50. — Au premier coup d'œil que l'on jette soit sur la **pâquerette** qui émaille nos pelouses[1], soit sur la **chrysanthème** ou *grande marguerite des prés*[2], on croit y distinguer facilement tous les organes de la fleur (*fig.* 37). A l'extérieur, de petites feuilles écailleuses imbriquées les unes sur les autres, représenteraient le calice; les belles lanières blanches (*f*) rappelleraient une corolle, et l'ensemble des petits corps jaunes (F), qui sont au centre, un groupe d'étamines. Il n'en est cependant rien. La chrysanthème est, non une fleur, mais un ensemble de fleurs. Si on prend une de ces plantes un peu avancée en floraison et qu'on arrache les folioles blanches et les parties jaunes, on voit qu'elles sont fixées à une sorte de petit plat, à fond bombé, qui reçoit le nom de *plateau;* les feuilles écailleuses qui en forment les bords sont des *bractées*, ou feuilles florales; les petits corps jaunes qui couvrent le centre

1. Printemps et été.
2. Eté.

du plateau, sont des *fleurons* ; les folioles blanches qui sont autour, des *demi-fleurons* ; les uns et les autres sont des fleurs.

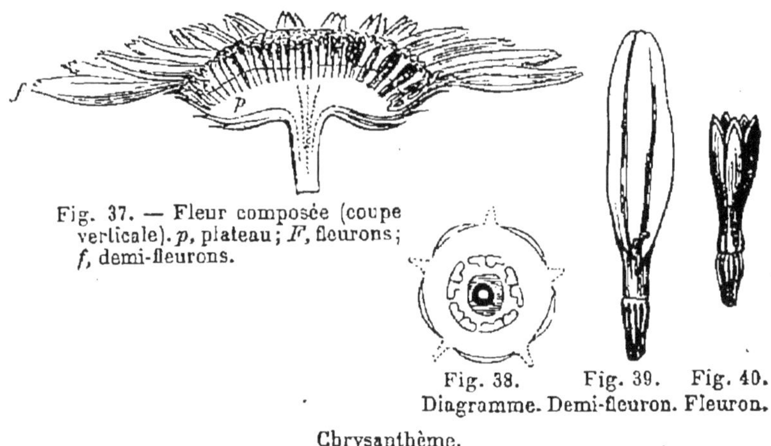

Fig. 37. — Fleur composée (coupe verticale). *p*, plateau ; *F*, fleurons ; *f*, demi-fleurons.

Fig. 38. Diagramme. Fig. 39. Demi-fleuron. Fig. 40. Fleuron.

Chrysanthème.

Les fleurons (*fig.* 40) n'ont pas de calice ; leur corolle est gamopétale, régulière, en forme d'entonnoir, terminée supérieurement par cinq dents. Elle contient cinq étamines, dont les anthères, soudés entre eux, forment un tube que traverse le style. La soudure des étamines par les anthères est un caractère général de la famille des Composées. L'ovaire se montre sous la corolle comme un léger renflement cannelé ; il contient un seul ovule.

Les folioles blanches du disque ou demi-fleurons (*fig.* 39), sont des fleurs irrégulières. Leur corolle a la forme d'un cornet qui se prolonge d'un seul côté en une grande languette blanche, terminée par trois dents. Dans l'intérieur, on voit le style et le stigmate sous forme d'un filament bifide au sommet. Il n'y a pas d'étamines.

Fleurons et demi-fleurons produisent de petits akènes ou fruits secs, indéhiscents, ne contenant qu'une seule graine ; mais ceux de la circonférence ne ressemblent pas à ceux du centre ; ils sont moins réguliers.

Lorsqu'on cultive dans les jardins des pâquerettes, des chrysanthèmes, des soucis ou autres plantes analogues, on choisit de préférence les fleurs doubles, c'est-à-dire celles où les fleurons se sont transformés en demi-fleurons. Il en est de même pour le **grand soleil**, plante du Pérou, qui se trouve aussi dans tous nos jardins.

51. — Une espèce de chrysanthème, la **chrysanthème des moissons** ou *marguerite dorée,* se propage, dans certaines contrées, avec une abondance et une persistance remarquables. Les paysans, qui ne peuvent en débarrasser leurs champs, la nomment *zizanie.*

52. — Le **topinambour** appartient au même genre que le grand soleil, et il a également pour patrie l'Amérique méridionale. Ses racines présentent des renflements tuberculeux rougeâtres, quelquefois jaunâtres, qui peuvent servir pour l'alimentation de l'homme et des bestiaux. Les tiges et les feuilles sont employées comme fourrage.

53. — Parmi les plantes médicinales qui ont la même organisation que la chrysanthème, on peut citer le **tussilage** ou *pas d'âne,* qui croît dans les décombres, et dont les fleurs sont employées en infusion pour les rhumes, la **camomille**, l'**aunée,** l'**arnica,** si renommée contre les blessures, etc.

54. — Le **pissenlit** [1], non moins commun dans les prés que la pâquerette et la chrysanthème, a toutes les fleurs semblables, pour la forme de la corolle, aux demi-fleurons de ces plantes [2] (*fig.* 42), mais elles en diffèrent parce qu'il s'y trouve à la fois des étamines et un pistil. Au point où la corolle naît sur l'ovaire, il y a une collerette de petits poils raides, qui, pour certains botanistes, représente le calice. Lorsque l'ovaire se transforme en fruit (*fig.* 41), la corolle, les étamines et le style tombent, mais ces poils se développent et constituent une aigrette destinée à faciliter le transport de la graine au loin, sous le souffle du vent. Les cultivateurs préféreraient que le pissenlit n'eût pas ce mode facile de reproduction, car en étalant sur le

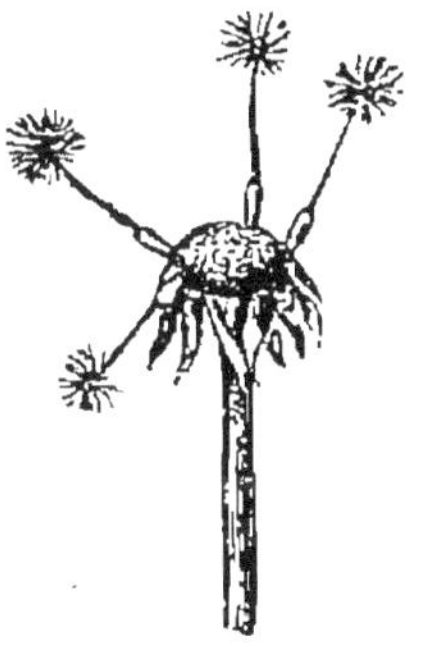
Fig. 41. — Réceptacle et fruit du pissenlit.

1. Printemps et été.
2. La languette de la corolle se termine par cinq dents (*fig.* 42) au lieu de trois.

sol des prairies sa large rosette de feuilles, il occupe une place qui pourrait être remplie plus avantageusement par les graminées. Le pissenlit est une plante *acaule*, c'est-à-dire qu'elle n'a pas de tige proprement dite ; les feuilles sont attachées au collet de la racine et les fleurs sont fixées sur un long pédoncule qui sort du milieu de la rosette de feuilles. On cueille celles-ci au printemps, lorsqu'elles commencent à pousser, pour les manger en salade.

55. — La **laitue** a les mêmes fleurs jaunes que le pissenlit. Lorsqu'elle est sur le point de produire des fleurs, elle monte, selon l'expression des jardiniers, c'est-à-dire qu'il sort de la rosette des feuilles radicales une tige rameuse qui porte elle-même des feuilles et des fleurs. La laitue est cultivée depuis un temps immémorial ; aussi existe-t-il de nombreuses variétés que l'on peut grouper en deux sections : les *laitues pommées* à feuilles arrondies, ondulées, réunies en tête comme les choux, et les *laitues romaines*, à feuilles allongées et rétrécies. L'eau distillée de laitue est employée comme calmant. Une espèce de laitue sauvage fournit le *lactucarium*, suc très-amer qui jouit des propriétés soporifiques de l'opium.

56. — La **chicorée** ou *endive* (*fig.* 42), dont les fleurs sont bleues, est également cultivée depuis très-longtemps. Il y en a trois variétés principales : la *scarole* a les feuilles larges et peu dentées, la *petite endive* les a étroites et allongées, la *chicorée frisée* les a découpées et frisées sur le bord. La chicorée renferme un principe amer qu'on lui fait perdre par l'étiolement avant de la manger en salade. Pour cela on relève les feuilles et on les lie en paquet de manière à ce que la partie intérieure de la plante soit privée de lumière et que le principe amer qui accompagne la couleur verte ne puisse s'y développer. La même raison la fait cultiver quelquefois en cave.

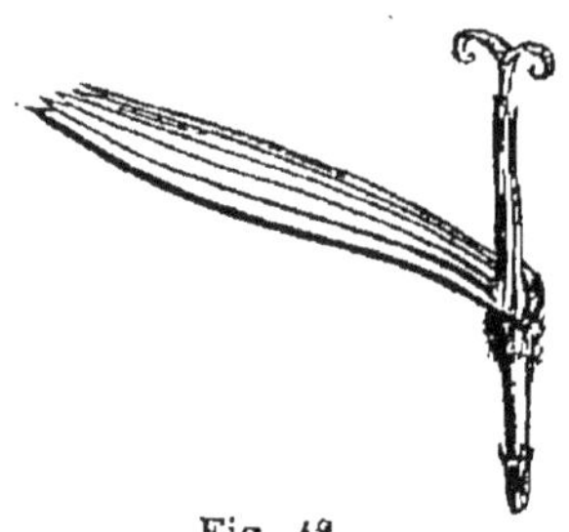

Fig. 42.
Fleur de chicorée.

57. — Une autre espèce de chicorée, la *chicorée sauvage*, qui pousse spontanément sur le bord des chemins, fournit la salade dite *barbe-de-capucin*. Ce sont les jeunes pousses qu'on a fait venir dans une cave ou dans un endroit complétement privé de lumière. On cultive essentiellement la chicorée sauvage pour sa racine, qui sert à fabriquer une contrefaçon du café. La chicorée à café est une variété à grosses racines que l'on sème au printemps pour l'arracher à l'automne. On donne les feuilles comme fourrage aux bestiaux; quant aux racines, elles sont coupées, desséchées, puis torréfiées dans des brûloirs comme le café. On les réduit ensuite en poudre à l'aide d'une meule et on les met en paquets pour les livrer au commerce. Cette culture est très-développée dans le nord-est de la France et en Belgique, parce que c'est là surtout que les populations ont pris l'habitude de mélanger de la chicorée à leur infusion de café.

58. — Le **salsifis** et le **scorsonère** sont deux plantes de la famille des Composées, que l'on confond souvent bien qu'elles soient très-distinctes. Le premier a les fleurs violettes et la racine d'un blanc jaunâtre; le second a les fleurs jaunes et la racine noire extérieurement. Le salsifis est bisannuel; sa racine ne peut être mangée que la première année. Le scorsonère est vivace, et sa racine peut encore servir au bout de la deuxième et même de la troisième année. Aussi acquiert-elle de grandes dimensions, mais c'est aux dépens de la qualité.

59. — Le **scolyme,** qui croît à l'état sauvage dans le midi de la France, fournit des racines que l'on mange sous le nom de *cardouille* après en avoir retiré la partie ligneuse centrale. Par la culture on peut obtenir cette racine complétement tendre et avec des dimensions bien supérieures à celles des scorsonères.

60. — Le **chardon,** ce fléau des champs, appartient à la famille des Composées. Il a toutes ses fleurs à l'état de fleurons complets analogues aux fleurons intérieurs des chrysanthèmes. Comme dans le pissenlit, le fruit est couronné par une aigrette qui accroît la dissémination de la plante. Aussi se propage-t-elle avec une effrayante facilité et dans beaucoup d'endroits les règlements de police exigent l'échardonnement en même temps que l'échenillage. Non-seulement le chardon tient sa place sur le sol et étouffe les végétaux utiles; mais ses feuilles coriaces, dont les lobes sont terminés en pointes acérées, rendent pénible la manipulation des gerbes et empêchent les bestiaux de manger le fourrage.

61. — L'**artichaut** ressemble beaucoup au chardon. Lorsqu'on commença à le cultiver en France, il est des écrivains qui déplorèrent de voir les hommes empiéter sur la nourriture des ânes. Cependant l'artichaut était connu et apprécié des anciens; mais dans le moyen âge on l'oublia, et il ne fut rapporté en Europe qu'au quinzième siècle par les Vénitiens. On mange la fleur composée de l'artichaut lorsqu'elle est encore en bouton. Le réceptacle est alors gorgé de sucs destinés à nourrir les fleurs au moment de l'épanouissement. Ces fleurs, nous les appelons foin et nous les dédaignons. Quant à ce que nous appelons feuilles, ce sont les bractées, dont la base, adhérente au réceptacle est charnue et succulente comme lui.

62. — Le **cardon** est une espèce du genre artichaut dont le fruit, plus petit et moins charnu, n'est pas mangeable, mais les racines et les pétioles ou côtes des feuilles constituent un excellent légume. Il y a en plusieurs variétés; la plus succulente est celle qui porte les piquants les plus acérés. Aussi ne la préfère-t-on pas toujours; car la culture de cette plante exige quelques manipulations : il faut la lier comme les chicorées pour étioler les feuilles intérieures et faire disparaître le principe amer.

63. — Le **carthame** est une plante voisine des précédentes et utile sous beaucoup de rapports. Les feuilles, faiblement épineuses, sont recherchées des bestiaux; on peut même les manger après les avoir fait cuire comme les épinards. Les fleurs sont employées en teinture sous le nom de faux safran. Elles contiennent deux matières colorantes, l'une jaune, qu'on enlève par un lavage à l'eau, l'autre rouge, que l'on emploie en la faisant dissoudre dans les alcalis. Le fard connu sous le nom de *rouge végétal* est du talc coloré par le carthame. Les graines sont un purgatif assez violent; néanmoins les oiseaux, et surtout les perroquets, s'en montrent très-friands; on les désigne sous le nom de graines de perroquets. On peut en retirer une huile alimentaire.

64. — L'**absinthe** est une petite plante d'un demi-mètre de haut, à feuilles très-divisées, à fleurs composées, disposées en grappes. Chacune de ces fleurs composées est formée de fleurons tous semblables entre eux pour la forme ; mais ceux de la circonférence sont plus petits et privés d'étamines comme les demi-fleurons de la chrysanthème. L'absinthe pousse spontanément sur le bord des chemins. On la cultive pour en retirer par distillation son huile essentielle et pour les besoins de la médecine. On lui substitue souvent l'**armoise.** plante de la même famille très-commune dans les lieux incultes.

65. — **L'estragon** appartient au même genre que l'absinthe. C'est une plante vivace originaire de la Tartarie, qui doit son nom à ce que sa racine est repliée plusieurs fois comme la queue d'un dragon. Elle a une saveur âcre et aromatique qui la fait servir de condiment.

66. — Le *semen-contra*, employé pour faire périr les vers intestinaux, est la graine d'une espèce d'armoise qui pousse en Arabie et en Judée.

67. — Le **bleuet,** l'un des ornements des moissons, a des fleurons de deux sortes : ceux du centre sont réguliers, mais ceux de la circonférence ont la corolle divisée en deux lobes et prolongée d'un côté de manière à former un commencement de languette. C'est un passage aux demi-fleurons des chrysanthèmes. Ces fleurons sont également privés d'étamines, et leur pistil même est si mal développé, qu'ils restent toujours stériles.

68. — Le **chardon à foulon** ou *cardère* n'est pas un véritable chardon, bien qu'il ait une grande ressemblance avec cette plante. Les caractères de la fleur sont différents. Calice en forme de godet ; corolle à quatre divisions ; quatre étamines libres et non soudées par les anthères. On en a fait le type de la famille des **Dipsacées,** qui comprend aussi la **scabieuse.** Le réceptacle de la cardère porte entre les fleurs de petites bractées écailleuses terminées en pointes recourbées qui persistent et même durcissent après la chute des fleurs et des fruits. On s'en sert pour peigner le drap. On cultivait naguère la cardère dans le voisinage des grandes manufactures de drap : Louviers, Elbeuf, Sedan. Mais comme cette plante a besoin d'un climat assez doux, on préfère maintenant la faire venir du midi.

69. — La **mâche** ou *valérianelle,* la **valériane** et le **centranthe** ou *valériane rouge* des jardins, constituent une petite famille qui a été longtemps réunie à celle des Dipsacées, mais que l'on en a séparée depuis sous le nom de **Valérianées.** Elles n'ont que trois, quelquefois même qu'une seule étamine. La mâche, dite aussi *doucette,* croît spontanément dans les moissons sous le nom de salade de blé. On l'arrache lorsqu'elle est toute jeune à la fin de l'hiver ou au commencement du printemps. Si on la laisse pousser, elle donne une tige grêle haute de vingt à trente centimètres et des bouquets de petites fleurs blanches ou rougeâtres. La *mâche d'Italie* ou *régence* est une espèce voisine à feuilles plus larges.

Famille des Cucurbitacées.

70. — La plante de cette famille la plus commune et la plus facile à se procurer est la **bryone**[1], herbe de deux mètres

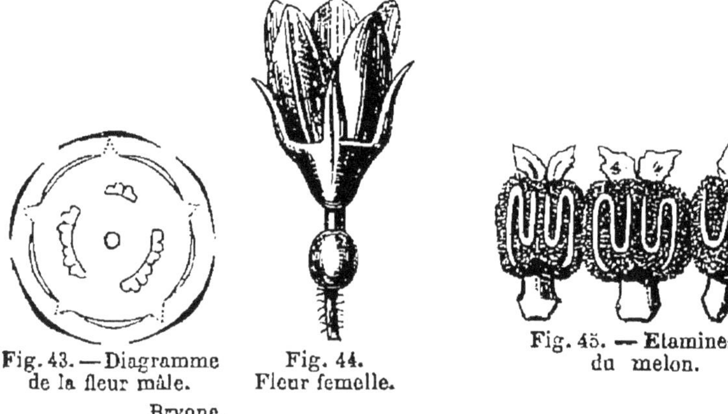

Fig. 43. — Diagramme de la fleur mâle. Fig. 44. Fleur femelle.
Bryone.
Fig. 45. — Etamines du melon.

de hauteur qui grimpe dans toutes les haies sèches. A la base de chaque feuille il y a une longue vrille roulée en spirale. Les fleurs ont un calice gamosépale divisé en cinq par-

1. Été.

ties, une corolle d'un blanc verdâtre gamopétale, dont les divisions sont soudées dans leur moitié inférieure. Les unes ont cinq étamines, dont quatre sont adhérentes deux à deux; la fente de leurs anthères est sinueuse (*fig.* 45). Les autres (*fig.* 44), dépourvues d'étamines, surmontent un ovaire infère, qui a la forme d'une boule; du centre de la fleur sort un style terminé par trois stigmates. L'ovaire est une masse charnue dans laquelle sont enfoncés plusieurs ovules. Le fruit est une baie rouge qui contient plusieurs graines.

La racine de bryone joint à une saveur amère des propriétés purgatives énergiques.

71. — Presque toutes les Cucurbitacées ont la même structure que la bryone et jouissent à des degrés différents des mêmes propriétés. Le suc amer et purgatif qui généralement se concentre dans les racines peut aussi se trouver dans les fruits; c'est ce qui a lieu pour la **coloquinte.**

72. — La famille des Cucurbitacées fournit à notre alimentation quelques espèces, toutes originaires d'Orient et acclimatées successivement en Grèce, en Italie et dans le midi de la France. Elles viennent plus difficilement dans le nord, où on doit les cultiver sur couches et sous châssis. Toutes les espèces cultivées ont les fleurs jaunes, une tige herbacée, charnue, grimpante ou, à défaut de support, couchée à la surface du sol.

Le **melon** a le fruit plus ou moins sphérique. Il y en a plusieurs variétés : la plus recherchée est le *cantaloup,* ainsi nommé parce qu'il provient de Cantalupo, près de Rome; ses côtes sont épaisses, saillantes et souvent couvertes de verrues; le *melon maraîcher* a l'écorce grisâtre, réticulée; celle du *melon de Malte* est lisse.

Le **concombre** a le fruit ovale allongé. Il y en a de nombreuses variétés. On le mange cru, cuit ou confit dans du vinaigre sous le nom de *cornichon.*

La **courge** produit des fruits énormes, sphériques ou ovoïdes; on en obtient qui pèsent jusqu'à 100 kilogr. Il en existe plusieurs variétés et même plusieurs espèces botaniques distinctes; mais on les désigne indifféremment sous les noms de *potirons, courges* ou *citrouilles.*

La **pastèque** ou *citrouille* des botanistes a un gros fruit globuleux dont l'écorce est verte et la chair rouge. On réserve en général le nom de *pastèques* aux variétés dures que l'on fait cuire, et on appelle *melons d'eau* celles qui sont fondantes et très-aqueuses.

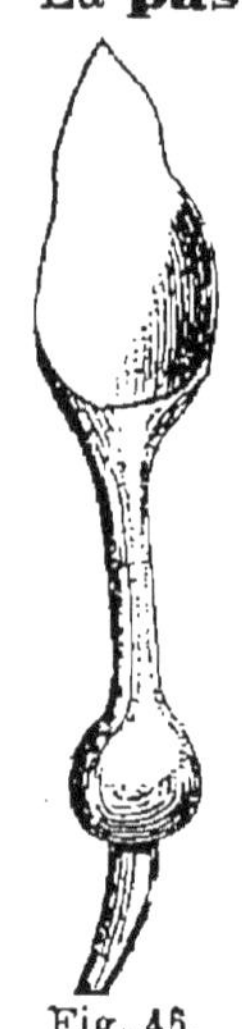

Fig. 46. Fleur d'aristoloche.

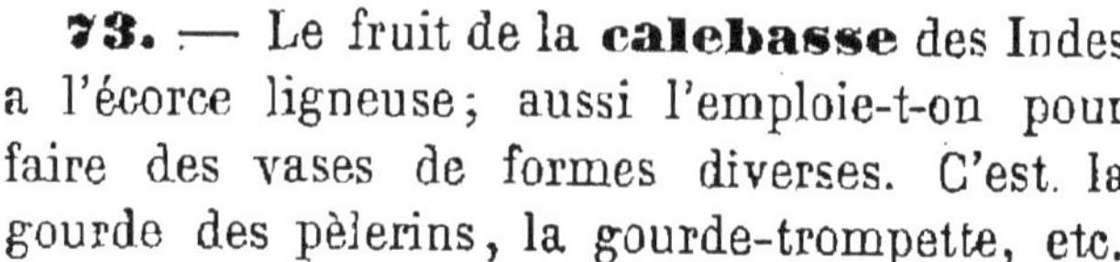

73. — Le fruit de la **calebasse** des Indes a l'écorce ligneuse; aussi l'emploie-t-on pour faire des vases de formes diverses. C'est la gourde des pèlerins, la gourde-trompette, etc.

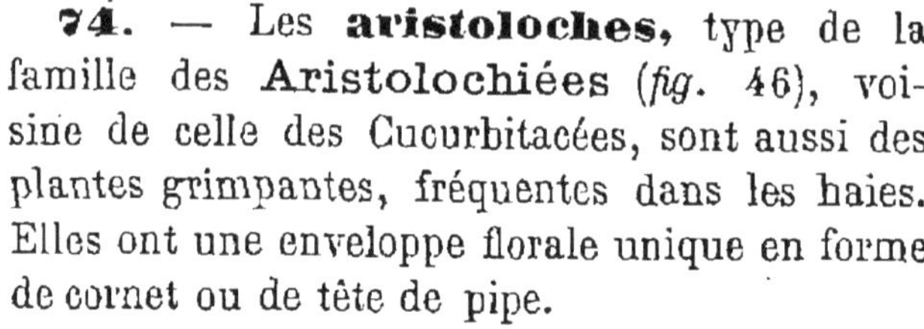

74. — Les **aristoloches,** type de la famille des **Aristolochiées** (*fig.* 46), voisine de celle des Cucurbitacées, sont aussi des plantes grimpantes, fréquentes dans les haies. Elles ont une enveloppe florale unique en forme de cornet ou de tête de pipe.

2e Division. — Polypétales

Famille des Rosacées.

75. Prunellier. — Cette famille est l'une de celles dont on peut commencer l'étude dès les premiers jours du printemps. C'est alors que fleurissent le pêcher, l'abricotier, le prunier, l'amandier et presque tous nos arbres fruitiers. Si on ne veut pas détruire l'espérance d'une pêche ou d'un abricot, ou même d'une prune, on peut se contenter, pour étudier la famille, de prendre la fleur de l'*épine noire* ou *prunellier*, très-commune dans les haies[1]. C'est un petit arbre dont les rameaux sont couverts d'épines, et dont les feuilles sont dentées en scie sur le bord.

Les fleurs (*fig.* 47 et 48), qui poussent avant les feuilles, ont la corolle formée de cinq folioles blanches ou *pétales* (*p*); à l'extérieur, on voit cinq petites feuilles vertes (*s*), qui sont les *sépales* du calice ; chacune d'elles est placée vis-à-vis l'intervalle des pétales. Dans l'intérieur de la corolle, on aperçoit vingt filaments terminés par une petite boule jaune (*e*),

1. Avril, mai.

ce sont les *étamines;* la boule jaune est l'*anthère,* et la tige qui la soutient le *filet.* La couleur jaune de la boule est due à une poussière, nommée *pollen,* qui est contenue dans l'anthère comme dans une petite boîte, et qui sert à féconder la fleur. Des vingt étamines, il y en a dix plus petites que les

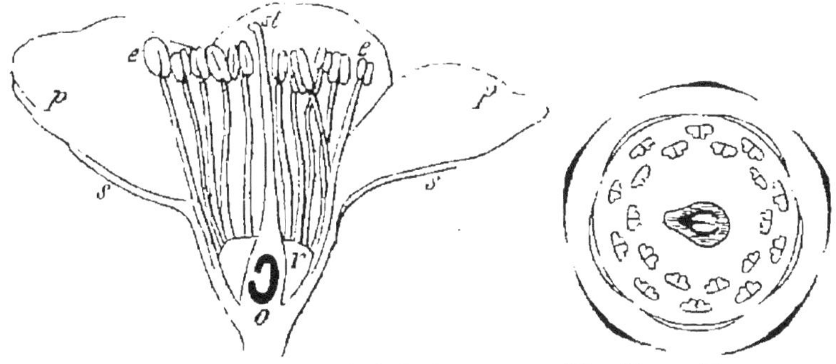

Fig. 47. — Coupe verticale de la fleur. Fig. 48. — Diagramme.
Prunellier.

autres, situées en face des pétales et des sépales; les dix autres alternent avec les précédentes et sont un peu en dehors. Tous ces organes, pétales, sépales et étamines, sont fixés sur le bord d'une petite cupule creuse, nommée *réceptacle* (*r*). Au centre du réceptacle est un renflement ovalaire (*o*) surmonté d'une colonne terminée en tête. On nomme la tête *stigmate* (*st*), la colonne *style,* et le renflement inférieur *ovaire.* Celui-ci est creux; il renferme dans son intérieur deux petits corps ovoïdes, les *ovules,* visibles seulement à la loupe. Après la floraison, toute la partie supérieure de la fleur tombe; l'ovaire seul persiste, grossit et prend la forme d'une boule verte qui, à la maturité, devient un fruit d'un bleu foncé, recouvert d'une légère poussière blanchâtre, *glauque* disent les botanistes. Les prunelles ont une saveur âpre.

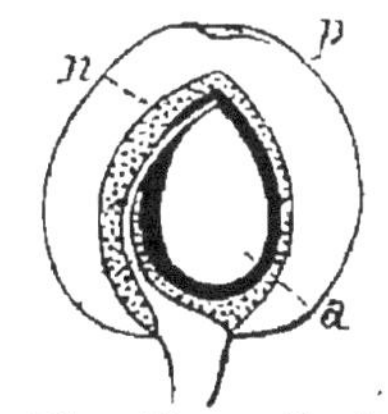

Fig. 49. — Fruit du prunellier.

On y distingue (*fig.* 49), une partie extérieure charnue, *p,* un noyau dur et ligneux, *n,* et une amande ou graine, *a.* Il devrait régulièrement y avoir deux graines, mais un seul ovule s'est développé, l'autre n'a pas grossi. Ces fruits à noyaux se nomment *drupes.*

76. — Le **prunier** a les caractères botaniques du prunellier, dont il diffère surtout par la taille. Il serait, dit-on, originaire du Caucase, comme presque tous les arbres fruitiers à noyaux; mais peut-être doit-on rapporter à deux espèces primitives les nombreuses variétés [1] de pruniers cultivés.

Les prunes desséchées ou pruneaux, ont pour principaux centres de préparation Tours et Agen. En Lorraine, on fait avec les prunes une eau-de-vie que l'on vend comme kirsch. Le bois de prunier est employé en ébénisterie sous le nom de satiné de France. La gomme qui coule le long du tronc des pruniers et des autres arbres portant des fruits à noyaux, est substituée frauduleusement à la gomme arabique.

77. — Les **cerisiers** n'ont pas leurs fruits recouverts de la poussière glauque propre au genre prunier. Ils comprennent plusieurs espèces : le *cerisier* proprement dit, le *merisier*, le *bigarreautier*, le *guignier*, le *bois de Sainte-Lucie* et le *laurier-cerise*.

La seule de ces espèces qui soit indigène est le **merisier**, grand arbre de dix à vingt mètres de haut, dont les branches sont dressées et les feuilles couvertes de poils à la face inférieure. La merise sert particulièrement à la fabrication du *kirsch*. On en exprime le jus et on le laisse fermenter pour transformer le sucre qu'il contient en alcool, puis on retire celui-ci par la distillation.

Le **cerisier** a la taille plus petite (un à cinq mètres), les branches étalées, souvent pendantes, l'écorce lisse et luisante, les feuilles glabres. Il existe plusieurs variétés de cerises, dont les unes ont la queue longue, les autres, courte. La *griotte*, cerise à épiderme noirâtre et à pulpe rouge de sang, paraît n'être qu'une variété importante de la même espèce. Le ceri-

1. Les principales sont :

PRUNES.	FORME.	COULEUR.
De reine-claude,	sphéroïdale,	vert jaunâtre.
De monsieur,	*Id.*	violet.
De mirabelle,	*Id.*	jaune.
De Norbert,	*Id.*	noir bleuâtre.
De Damas,	ovale,	violet.
D'Agen,	*Id.*	violet rose.

sier, originaire d'Asie, fut rapporté à Rome par Lucullus dans une expédition contre Mithridate.

Le **bigarreautier** et le **guignier** se rapprochent du merisier par leur taille et la direction de leurs branches, mais leurs feuilles sont glabres, comme celles du cerisier. Les bigarreaux ont la chair ferme, adhérente au noyaux, les guignes l'ont plus molle et moins adhérente ; leurs diverses variétés sont moins acides que les cerises.

78. — Le bois des cerisiers est renommé en ébénisterie, surtout celui du *cerisier Mahaleb,* dit aussi *bois de Sainte-Lucie,* du nom du petit village de Sainte-Lucie, dans les Vosges. Il faut se garder de le confondre avec un bois également employé en ébénisterie et provenant de l'île Sainte-Lucie, une des Antilles. Le bois de Mahaleb est roussâtre, sa dureté permet de lui donner un beau poli ; en outre il dégage, par le frottement, une odeur agréable. Le bois du cerisier est rouge ; celui du merisier est un peu plus foncé, plus dur, plus pesant ; après une immersion de vingt-quatre heures dans l'eau de chaux, il prend une teinte d'un rouge foncé analogue à l'acajou, auquel il est fréquemment substitué. Les caisses de violons et autres instruments à cordes se font en merisier, parce que ce bois est très-sonore.

79. — Le **laurier-cerise,** originaire de l'Asie-Mineure, fut apporté en Europe pendant le seizième siècle. C'est une plante d'ornement qui demande quelques soins, parce qu'elle craint la gelée. Ses feuilles, souvent employées pour donner le goût d'amandes aux mets sucrés, doivent cet arôme à un principe volatil, très-vénéneux, l'acide cyanhydrique qui existe dans tous les fruits à noyaux des Rosacées: prunes, cerises, pêches, abricots, etc. On le rencontre aussi dans les feuilles du pêcher et du laurier-cerise. L'eau distillée de feuilles de laurier-cerise est un poison violent, utilisé en médecine.

80. — L'**abricotier** a un fruit velu. Il fut apporté d'Arménie en Grèce peu avant l'ère chrétienne et introduit en France au seizième siècle. Sa culture réussit mieux dans le midi que dans le nord. Il existe plusieurs variétés d'abricots, les uns à chair jaune, les autres à chair rouge.

81. — Le **pêcher** a le fruit velu et le noyaux ridé [1]. Les Romains le rapportèrent de la Perse, et l'on pense que les Persans avaient été le chercher en Chine, où on le cultive de temps immémorial.

La pêche n'acquiert toute sa saveur que dans le midi de la France [2] ; dans le nord, elle ne vient bien qu'en espaliers et sous abri. Avec les noyaux de pêches infusés dans l'eau-de-vie, on fait une liqueur de table assez estimée. En les brûlant incomplétement, on obtient un charbon employé en peinture sous le nom de noir de pêche. Le bois de pêcher est dur, serré, susceptible d'un beau poli, ce qui le fait employer pour l'ébénisterie.

82. — L'**amandier** a le noyau irrégulièrement sillonné du pêcher; mais le fruit, au lieu d'être charnu et succulent, est coriace et fibreux. Il était connu des Grecs, qui l'avaient probablement tiré d'Asie. On le trouve aussi à l'état sauvage en Algérie, mais rien ne prouve qu'il n'y ait pas été apporté par les Romains. C'est un arbre des climats doux; il ne peut être cultivé que dans le sud de la France ou dans quelques vallées privilégiées au milieu des montagnes. Les diverses variétés d'amandes peuvent se diviser en deux catégories : les amandes douces ou amandes de table, et les amandes amères, qui renferment une certaine quantité d'acide cyanhydrique. Toutes deux sont employées pour la pâtisserie et pour la fabrication d'une huile dont on se sert en pharmacie et en parfumerie. Le marc d'amandes dont on a extrait l'huile, est vendu sous le nom de pâte d'amandes. Le bois d'amandier, dur, veiné de bandes verdâtres, susceptible de prendre le poli, est estimé en ébénisterie.

83. — Aubépine [3]. — A défaut du poirier et du pommier, l'*épine blanche* ou *aubépine* peut être prise comme type

1. Les variétés de pêches peuvent se diviser en quatre catégories :

VARIÉTÉS.	PEAU.	CHAIR.
1° Pêches,	duveteuse,	fondante, n'adhérant pas au noyau.
2° Pavies ou persèques,	*Id.*	ferme, adhérente au noyau.
3° Brugnons,	lisse,	adhérente au noyau.
4° Pêches violettes,	*Id.*	fondante sans adhérence.

2. Les persèques, qui exigent particulièrement un climat chaud, sont très-abondantes sur les rives de la Garonne et de la Dordogne.

3. Avril, mai.

des arbres fruitiers à pepins. La fleur (*fig.* 50 et 51), comme celle de l'épine noire, montre cinq sépales au calice, cinq pétales à la corolle, vingt étamines, dont dix grandes et dix

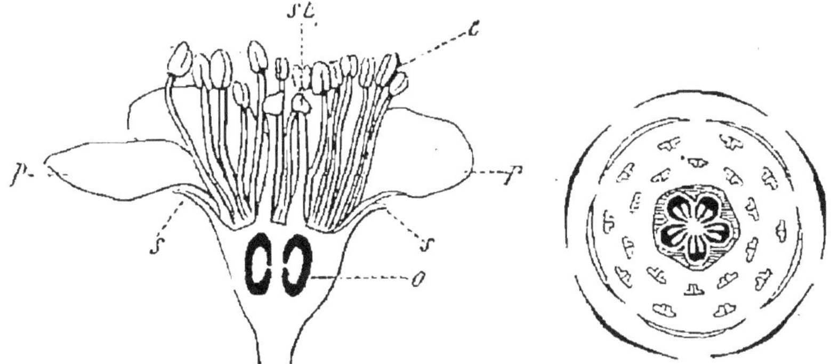

Fig. 50. — Coupe de la fleur. Fig. 51. — Diagramme.
Aubépine.

petites. Du centre de la fleur s'élèvent cinq styles terminés chacun par un stigmate. Quant à l'ovaire, il n'est pas apparent, mais il y a sous la fleur un renflement qui contient cinq cavités ou loges [1], et dans chacune de ces loges deux ovules. L'ovaire apparent du prunellier est dit *supère*; quant à l'ovaire de l'aubépine, qui se trouve caché dans le réceptacle, il est dit *infère*. Le fruit est une petite pomme rouge montrant encore dans son intérieur cinq loges, dont les parois sont très-dures, aussi dures que les noyaux des cerises, et dans l'intérieur de chaque loge deux grains ou pepins.

L'aubépine est un arbrisseau au tronc tortueux, très-rameux, couvert de fortes épines; ses feuilles sont profondément découpées; ses fleurs blanches, disposées en petits bouquets appelés corymbes, sont toujours vues avec plaisir, parce qu'elles annoncent le retour du printemps. L'aubépine est utilisée pour clore les pâturages.

84. — Le **poirier** possède une fleur assez semblable à celle de l'aubépine. Son fruit, plus au moins ovalaire et conique, a les loges tapissées par une pellicule cartilagineuse. Le poirier, qui existe dans l'Europe tempérée à l'état sauvage,

1. Le nombre des styles et des loges de l'ovaire est quelquefois réduit à quatre ou même à trois, et au lieu de vingt étamines on peut n'en trouver que seize.

est cultivé de temps immémorial. Les Romains en avaient déjà beaucoup de variétés, et les modernes en ont augmenté le nombre d'une manière presque infinie. On retire des poires une liqueur fermentée, appelée *poirée*. Le bois de poirier est dur, assez pesant, très-recherché des tourneurs.

85. — Le **pommier** se distingue du poirier par la forme de son fruit toujours ombiliqué, c'est-à-dire présentant une cavité au point d'attache du pédoncule. Dans le bouquet de fleur, tous les pédoncules partent du même point du rameau, ce qui constitue une inflorescence désignée sous le nom d'*ombelle* (§ 147). On peut ajouter, comme caractère spécifique, que les cinq styles de la fleur adhèrent légèrement entre eux à la base. Le pommier, comme le poirier, est originaire de l'Europe tempérée, et le nombre des variétés n'en est pas moindre. Le *cidre* s'obtient en extrayant le jus des pommes et en le laissant fermenter. On peut, par la distillation, en retirer de l'eau-de-vie. Le bois de pommier, moins dur que celui de poirier, s'emploie souvent pour faire des manches d'outils.

86. — Les **alisiers**, qui viennent dans les bois montueux, le **cormier** et le **sorbier** sont des arbres voisins des précédents. Ils ont des petits fruits rouges que l'on peut manger quand ils sont bien mûrs, et dont on peut retirer une boisson fermentée. Leur bois est dur, estimé des ébénistes et des tourneurs.

87. — Le **néflier** est un arbre des bois, souvent cultivé dans les jardins ; il perd alors ses longues épines et ses fruits acquièrent plus de saveur. Les nèfles sont globuleuses, couronnées par cinq lanières dues à la persistance des sépales ; elles renferment, comme le fruit de l'aubépine, cinq petits noyaux durs. Leur saveur est tellement acerbe, qu'on ne peut les manger qu'à l'état blet.

88. — Le **cognassier**, originaire de Crète, se distingue de tous ses congénères parce que les loges de l'ovaire renferment plus de deux ovules, et par conséquent les loges du fruit plus de deux pepins. Le coing a la forme d'une poire. Il n'est pas mangeable frais, ni même cuit, mais on en fait des gelées, des confitures, des pâtes et des sirops. Les pepins de coing servent à faire un liquide employé par les coiffeurs pour lisser les cheveux.

89. — Le **fraisier**[1] a une fleur (*fig.* 52, 53, 54), qui ressemble beaucoup à celle du prunellier. Il a aussi un calice à cinq sépales, une corolle blanche à cinq pétales, vingt étamines disposées comme il a été dit, et un réceptacle en forme de cuvette. Mais sur le milieu de ce réceptacle s'élève une éminence conique qui porte de nombreux ovaires. Chacun de ces ovaires contient un ovule et possède un style qui est attaché sur le côté, et non pas fixé au sommet comme c'est la règle générale. A la maturité, ces ovules deviennent des fruits secs renfermant, sous une coque dure, une seule

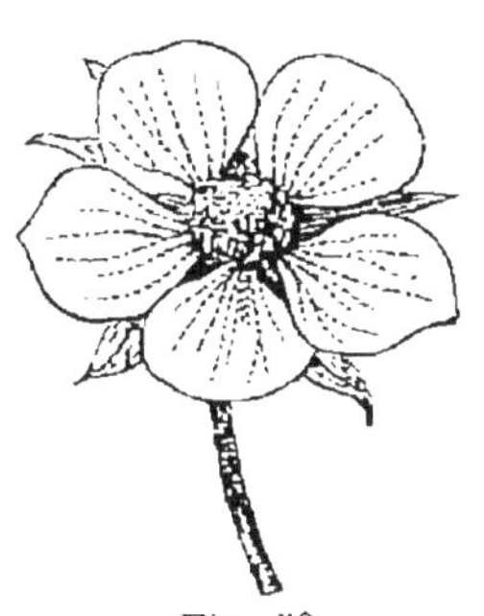

Fig. 52.
Fleur du fraisier.

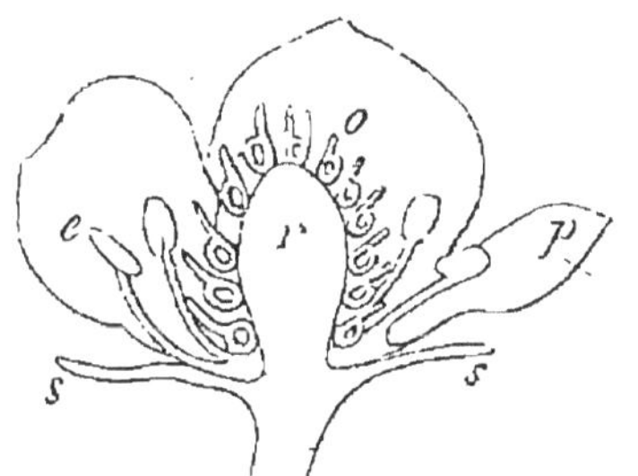

Fig. 53. — Coupe de la fleur du fraisier.

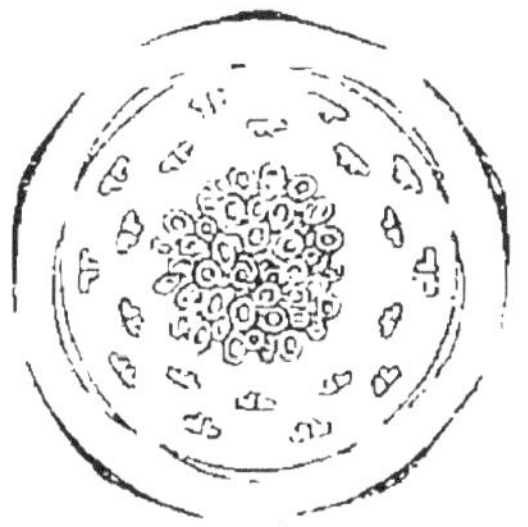

Fig. 54. — Diagramme.

Fraisier.

graine. Les fruits de cette nature se nomment *akènes*. Ils restent fixés sur le renflement central du réceptacle, qui prend un développement exagéré, se gonfle de sucs et acquiert, dans certaines variétés, un goût exquis. La fraise n'est donc pas

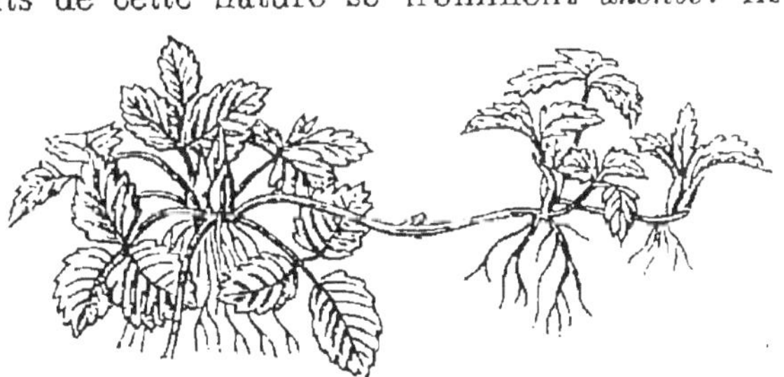

Fig. 55. — Fraisier.

1. Printemps. A défaut de fleur de fraisier on peut prendre une potentille. (Été.)

un fruit dans le sens botanique du mot; c'est un porte-fruits. Les véritables fruits du fraisier sont les petites graines noires qui couvrent la fraise, et qui sont complétement indigestes. Les fraisiers (*fig.* 55), sont des plantes dites acaules, parce qu'elles n'ont pas de tiges apparentes ; les feuilles sortent directement du collet de la racine, ainsi que les branches ou *stolons;* ceux-ci, après avoir rampé quelque temps sur le sol, donnent une nouvelle rosette de feuilles et des racines qui s'enfoncent en terre. Les feuilles du fraisier sont *composées,* c'est-à-dire qu'elles sont formées par l'ensemble de trois folioles insérées sur un pétiole commun.

Les anciens ne connaissaient que les fraises des bois. C'est seulement pendant le moyen âge qu'on a introduit le fraisier dans les jardins et que l'on a cherché, par la culture, à en obtenir plusieurs variétés. Depuis quelques années, on possède de nouvelles espèces de fraises originaires d'Amérique, et comme il y avait peut-être en France plusieurs espèces de fraises sauvages, les variétés sont devenues excessivement nombreuses. La racine du fraisier est quelquefois employée en médecine.

90. — On rencontre souvent sur le bord des chemins une plante semblable en tout au fraisier, mais dont le réceptacle ne devient jamais charnu ; elle appartient au genre **potentille.**

Une autre potentille à fleur jaune, très-fréquente le long des chemins humides et des fossés, est remarquable par ses feuilles, composées de huit à dix paires de folioles blanches, soyeuses, luisantes et comme argentées à la face inférieure. Elle est broutée avec avidité par les oies. D'après ces deux circonstances, on l'a nommée *ansérine* et *argentine.* Ses racines ont le goût du panais ; les cochons en sont très-friands.

91. — Le **framboisier** [1] (*fig.* 56 et 57) a bien des analogies avec le fraisier. Il a un calice à cinq sépales, une corolle blanche ou rose à cinq pétales et des pistils à ovaires uni-ovulés fixés sur un renflement du réceptacle; mais les étamines sont au nombre de plus de vingt. Le fruit est une petite *drupe,*

1. Printemps et été. (On peut lui substituer, pour l'étude, la fleur de la ronce.)

c'est-à-dire un fruit charnu contenant un noyau unique et une amande. Quant au réceptacle (*r*), il reste fibreux, comme celui de la potentille. La framboise est un fruit composé, formé par l'ensemble des petites drupes, qui donnent à sa

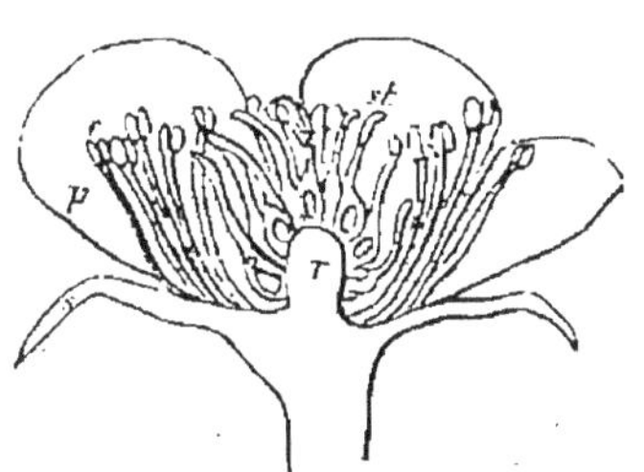

Fig. 56. — Coupe de la fleur.

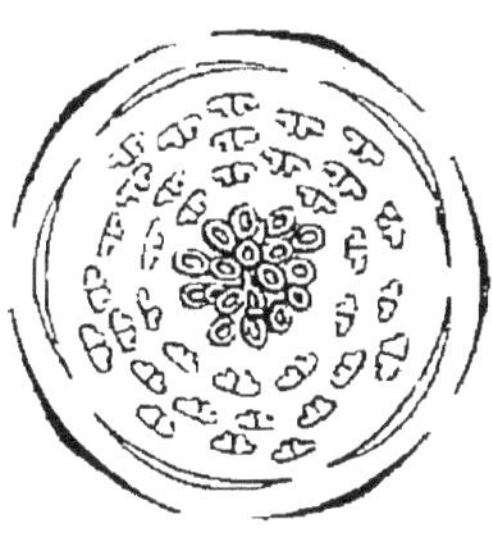

Fig. 57. — Diagramme.

Framboisier.

surface une forme mamelonnée ; les poils dont elle est couverte sont les styles, qui persistent après la maturation. Le framboisier est un arbrisseau à tige ligneuse bisannuelle ; ses racines poussent constamment de nouveaux jets destinés à remplacer ceux qui meurent. Il se rencontre dans les bois montagneux.

On fait avec les framboises un sirop employé en pharmacie. Les Russes s'en servent pour fabriquer du vin et de l'hydromel.

92. — La **ronce** est une espèce voisine du framboisier, très-abondante dans les haies et les buissons. Son fruit, connu sous le nom de *mûre sauvage* ou de *meuron,* possède un goût assez agréable. Néanmoins, on n'a jamais tenté de cultiver cet arbrisseau envahissant, armé d'aiguillons crochus, et dont l'aspect indique le voisinage de ruines ou une culture négligée.

93. — Pour étudier le **rosier,** il ne faut pas prendre la rose des jardins, qui constitue une monstruosité au point de vue botanique, mais l'*églantier sauvage* [1] ou *cynorhodon* [2], qui pousse dans les haies. Le plan de la rose est le même que

1. Été.

2. Ce nom lui vient de ce que l'on supposait que sa racine pouvait guérir les chiens de la rage.

celui de la fleur du framboisier et de la ronce (*fig.* 58), cinq sépales, cinq pétales, des étamines en très-grand nombre. Mais le réceptacle, au lieu de présenter un tubercule saillant, s'enfonce en forme de doigt de gant. Les ovaires sont fixés au fond et sur les parois latérales. Lors de la maturation, chaque ovaire se transforme en un petit akène couvert de poils

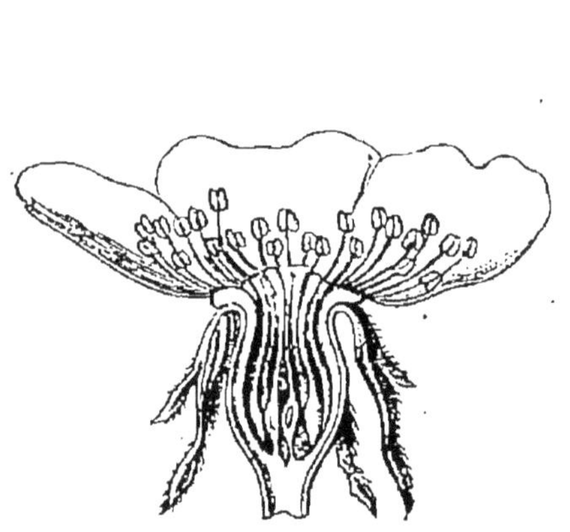

Fig. 58. — Coupe de la rose (églantine).

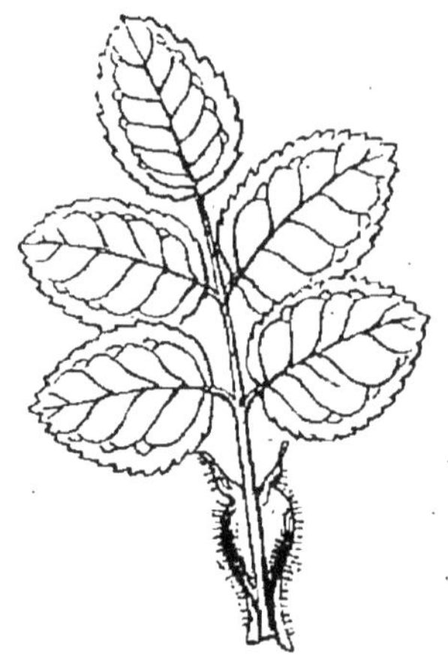

Fig. 59. — Feuille du rosier.

duveteux. Le réceptacle devient charnu et prend une belle coloration rouge; il possède alors des propriétés astringentes qui le font employer en médecine. Le rosier est un arbrisseau couvert d'aiguillons. Ses feuilles (*fig.* 59), sont composées de cinq à sept folioles ovales, dentées en scie. Le pétiole commun porte, au point où il s'attache à la tige, deux petites languettes foliacées qui lui sont en partie soudées et que l'on nomme *stipules*.

La rose est surtout cultivée comme plante d'ornement. Ses variétés sont nombreuses et peuvent se rapporter à plusieurs sortes[1], dont quelques-unes sont indigènes.

1. Les principales sont : 1° rose blanche; 2° rose jaune; 3° rose française ou rose de Provins, rouge à feuilles blanchâtres en dessous; 4° rose à cent feuilles : celle-ci comprend comme variétés de culture la rose mousse, remarquable par les longs poils glanduleux qui couvrent les rameaux, les pédoncules et le calice, et la petite rose pompon; 5° rose pimprenelle; 6° rose de tous les mois, originaire d'Orient, à fruits plus allongés que celui de la rose à cent feuilles: 7° rose du Bengale, trans-

Les pétales de la rose rouge de Provins sont employés en médecine comme astringents; ils servent à la préparation du miel rosat. Les pharmaciens préparent, avec les pétales de la rose à cent feuilles et de la rose de tous les mois, une eau distillée qui conserve le parfum de ces fleurs et que l'on emploie dans les maladies des yeux. En Orient et en Afrique, on retire des pétales de la rose musquée une essence connue sous le nom d'essence de rose et dont le prix est très-élevé, car il faut plus de cent kilogrammes de fleurs pour en obtenir quatre grammes.

Famille des Myrtacées.

94. — Cette famille, voisine de celle des rosiers, contient des espèces presque toutes exotiques, à l'exception du **myrte**, qui croît sur les rochers de la Provence et du comté de Nice, et dont les petites baies noires sont très-recherchées par les merles. Son bois, très-dur, sert aux tourneurs; son écorce et ses feuilles sont employées pour tanner le cuir.

Fig. 60. — Noix d'Amérique. Graines du *Bertholetia excelsa* entourées de la moitié inférieure du fruit. Sur le devant l'épicarpe a été enlevé pour laisser voir les fibres vasculaires qui traversent l'endocarpe.

Plusieurs myrtacées ont un fruit succulent : les *goyaves* sont les poires des Antilles et les *jamboses* les pommes de l'Inde. D'autres produisent des fruits ligneux très-durs, telle est, au Brésil, la *marmite du singe,* qui a la forme d'une marmite avec son couvercle; elle sert de vase aux habitants du pays. Un grand arbre des bords de l'Orénoque, le *Bertholetia excelsa,* produit un fruit ligneux de la grosseur de la tête d'un enfant

portée de Chine dans l'Inde et de l'Inde en Europe; ses sépales sont rabattus contre le pédoncule. On doit lui rapporter comme variétés les roses thé, les roses noisettes, etc.

(*fig.* 60). Il est divisé en quatre loges, qui renferment six à huit graines triangulaires à épisperme ligneux. On les apporte en France et particulièrement à Bordeaux, où on les vend à très-bas prix, sous le nom de *châtaigne du Brésil, noix d'Amérique*. Ils renferment une amande très-riche en matière huileuse, mais sujette à rancir facilement.

95. — Nous devons aux Myrtacées deux épices : le *clou de girofle,* qui est le bouton non épanoui de la fleur du **giroflier,** arbre des Moluques transporté plus tard en Amérique, et le *piment* ou *poivre anglais,* fruit de l'*Eugenia pimenta* des Antilles.

96. — Enfin, on ne peut parler de cette famille sans citer les **eucalyptus,** arbres gigantesques, qui constituent en Australie des forêts entières, et dont les branches flexibles, s'inclinent comme celles du saule pleureur. Leur bois est très-dense et des plus propres aux constructions navales. Il jouit, en outre, de la merveilleuse propriété de garantir de la fièvre paludéenne les contrées où il pousse; on s'occupe de l'acclimater dans le midi de la France, en Algérie, en Italie, en Espagne, en Egypte, à Madagascar, à la Guyane, dans l'Inde, etc.

97. — Le **grenadier** constitue à lui seul la petite famille des **Granatées,** anciennement réunie à celle des Myrtacées. Il a été porté par les Romains de l'Afrique septentrionale, sa patrie, sur tout le littoral de la Méditerranée. Maintenant, il croît spontanément dans le midi de la France. Le fruit est une grosse baie rouge dont l'enveloppe, coriace, riche en tannin, peut être employée pour préparer le cuir. A l'intérieur de cette coque, autour des pepins, il y a une pulpe acidulée, rafraîchissante, estimée des habitants du midi

Famille des Hespéridées.

98. — Les **citronniers** appartiennent à la famille des Hespéridées ou Aurantiacées, qui a quelque analogie avec les Myrtacées. Le fruit, divisé en plusieurs loges, a des parois épaisses; il est rempli d'une pulpe acide ou sucrée. Toutes les parties du végétal sont criblées de petites glandes qui contiennent une essence particulière. Ce sont des arbres originaires d'Asie.

Les principaux fruits dus aux diverses espèces de citronniers sont : le *limon* ou *citron*, dont la pulpe contient une grande quantité d'acide citrique ; l'*orange*, qui renferme au contraire beaucoup de sucre et peu d'acide ; la *bigarade* ou *orange amère*, dont les fleurs fournissent l'eau de fleur d'oranger et l'essence de néroli (l'eau de Cologne se fabrique en dissolvant dans l'alcool de l'essence de néroli) ; la *bergamotte*, dont l'essence est très-appréciée en parfumerie ; le *cédrat*, qui sert aux confiseurs. Les écorces d'oranges amères de diverses espèces sont employées à fabriquer le curaçao.

Famille des Renonculacées.

99. — Les débutants sont souvent disposés à ranger dans la famille des Rosacées les **renoncules**[1], si fréquentes le long des chemins et dans les prairies. Ces fleurs (*fig.* 61) ont en effet beaucoup de ressemblance avec les potentilles : même calice à cinq sépales, même corolle jaune à cinq pétales. Les étamines sont, il est vrai, en plus grand nombre ; mais comme la famille des Rosacées renferme des plantes, telles que le framboisier, qui ont un très-grand nombre d'étamines, ce caractère ne suffirait pas pour en séparer les renoncules. Les pistils sont également nombreux, comme chez les potentilles et les framboisiers. Ils sont composés d'un ovaire uniloculaire et uniovulé qui deviendra un akène par la maturation. Ainsi les

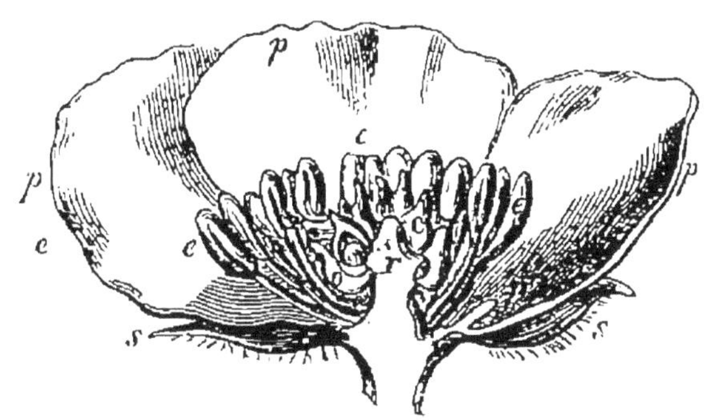

Fig. 61. — Coupe théorique d'une fleur de renoncule. *s*, sépales ; *p*, pétales ; *p'*, écaille nectarifère ; *e*, étamines ; *c*, ovaires ; *o*, ovules ; *r*, réceptacle.

1. Printemps, été.

fleurs du framboisier et de la renoncule sont construites sur le même plan[1].

On pourrait trouver un moyen de les distinguer dans la présence à la base des pétales de renoncule d'une petite écaille nectarifère; mais ce caractère a peu d'importance. Ce qui en a le plus, c'est que, chez les renoncules, le réceptacle a la forme d'un cône, les sépales prennent naissance à la base, les pétales un peu plus haut, puis les étamines, puis le pistil. Chez les potentilles et les framboisiers, le réceptacle forme une coupe dont le centre seul est renflé en cône. Les sépales, les pétales et les étamines sont fixés sur le bord de la coupe à un niveau supérieur au fond du réceptacle. Le mode d'insertion des pétales et des étamines est dit *hypogyne* chez les renoncules et *périgyne* chez les potentilles.

100. — Il est important de séparer les Renonculacées des Rosacées; car, tandis que ces dernières renferment un très-grand nombre de plantes utiles à notre alimentation, beaucoup de Renonculacées sont vénéneuses. Les renoncules elles-mêmes renferment une liqueur âcre qui permet d'employer leurs feuilles comme vésicatoire. La **renoncule scélérate** détermine chez ceux qui la mâchent un accès de rire convulsif. La **clématite des haies** porte le nom d'*herbe aux gueux,* parce que les mendiants se servaient de ses feuilles pour produire sur la peau des ulcères qui devaient leur attirer la pitié des passants. L'**hellébore,** qui guérissait de la folie suivant les anciens, empoisonne les moutons. Quand un troupeau doit être mené dans un pâturage où il y a des hellébores, le berger a soin d'aller en cueillir d'avance, de les répandre à la sortie de la bergerie, de les froisser pour développer l'odeur fétide propre à la plante et de les mélanger à du fumier, de manière à en inspirer le dégoût aux moutons. La renonculacée la plus dangereuse est l'**aconit,** nommée aussi *tue-loup,* parce que les paysans des montagnes imprègnent de son suc la viande destinée à empoisonner les loups.

1. Ce n'est pas complétement exact : les étamines et les pistils des Renoncules sont disposés suivant une ligne spirale et non point en verticilles comme chez les Rosacées.

101. — Les Renonculacées ornent nos parterres d'un grand nombre de fleurs aux couleurs assez vives : la **renoncule double** ou *bouton d'or,* l'**adonis** ou *goutte de sang,* l'**anémone,** la **clématite,** l'**hellébore** ou *rose de Noël*, la **pivoine,** la **nigelle,** la **dauphinelle** ou *pied-d'alouette,* l'**ancolie,** l'**aconit,** etc.

102. — La **pivoine** et quelques autres espèces diffèrent de la renoncule par ce que les pistils sont en petit nombre, mais chaque ovaire renferme plusieurs ovules. Leurs fruits (*fig.* 62) sont secs ; ils s'ouvrent par une fente longitudinale pour la dissémination des graines. Un fruit de cette nature se nomme *follicule.*

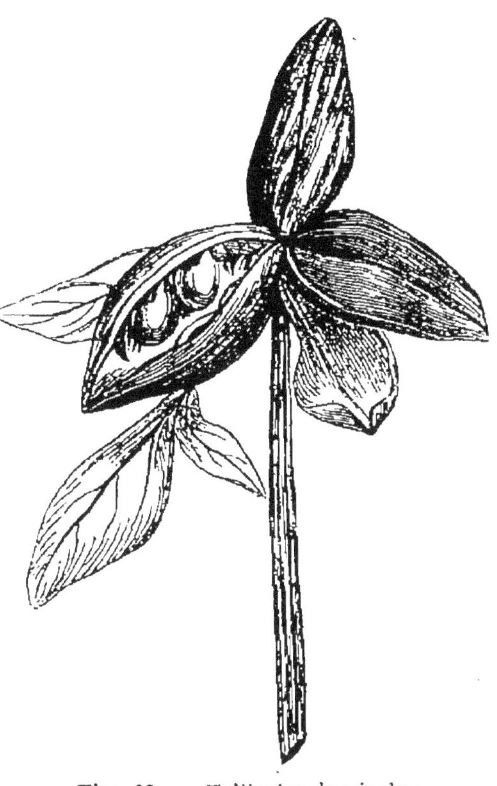

Fig. 62. — Follicules de pivoine.

103. — Le **magnolia** et le **tulipier,** beaux arbres de l'Amérique septentrionale introduits depuis peu dans nos jardins, appartiennent à la petite famille des **Magnoliacées,** voisine de la précédente.

104. — Sous beaucoup de rapports, la famille des **Nymphéacées** se rapproche aussi de celle des Renonculacées ; elle renferme des plantes aquatiques dont les larges feuilles s'étalent à la surface des étangs et des rivières. Deux espèces habitent nos contrées : le **nuphar jaune** et le **nymphæa blanc** ou *lis d'étang.* Les grands fleuves des pays chauds contiennent des Nymphéacées remarquables par leurs dimensions et leur beauté : tels sont le **lotus** du Nil, dont la fleur rose ressemble à une énorme tulipe, et la **Victoria** ou *maruru* du fleuve des Amazones, dont les fleurs ont de 0m,30 à 0m,40 de diamètre. Elles sont d'un blanc pur lorsqu'elles s'épanouissent, puis, dans l'intervalle de vingt-quatre heures, elles passent insensiblement au rose et au rouge. Les feuilles ont une circonférence de quatre à cinq mètres.

Famille des Papillonacées ou des Légumineuses.

105. — Toutes les plantes de cette famille ont la fleur construite sur le même type. On peut prendre comme exemple le **pois** ou le **haricot**[1] (*fig.* 63 et 64). Le calice est en forme de godet à cinq divisions. La corolle est très-irrégulière ; on l'a comparée à un papillon, peut-être aurait-on pu lui trouver

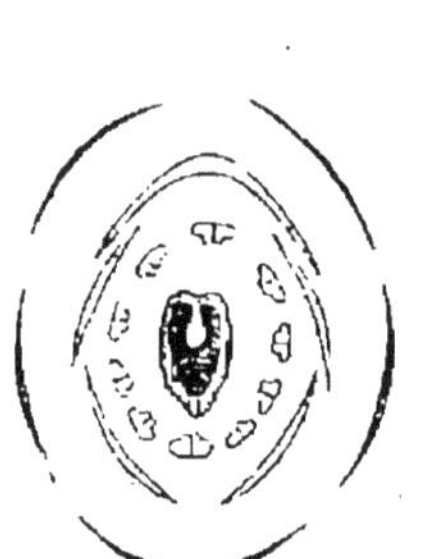
Fig. 63.
Diagramme de la fleur du pois.

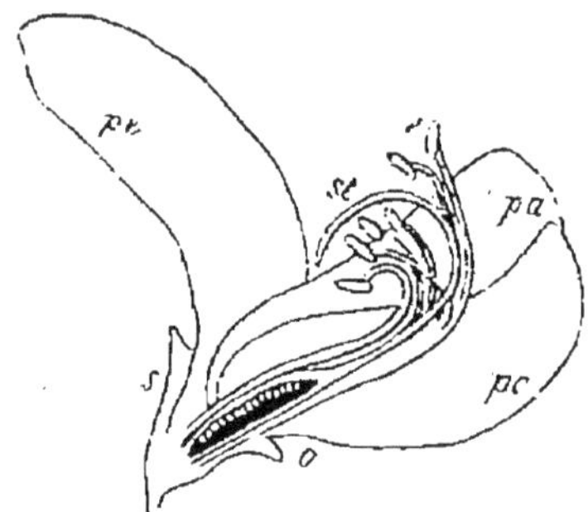

Fig. 64. — Coupe de la fleur du pois. *s*, sépales ; *pc*, carène ; *pa*, ailes ; *pe*, étendard ; *e*, étamines ; *st*, style ; *o*, ovaire.

plus d'analogie avec une barque. Deux pétales (*pc*) appliqués l'un contre l'autre sur leur bord, mais non adhérents, figurent une nacelle ou *carène ;* ils contiennent les étamines et le pistil. Deux autres pétales (*pa*), placés sur le côté et nommés *ailes*, peuvent être considérés comme des rames. Un cinquième

1. Été.

pétale (*pe*), plus grand que les autres et les recouvrant dans le bouton, serait la voile; on le désigne sous le nom d'*étendard*. Les dix étamines (*fig.* 65) sont soudées ensemble par les filets, à l'exception d'une seule, qui est située en face de l'étendard. Dans le lupin, cette dixième étamine est soudée avec les autres. L'ovaire, entouré par le cylindre que forment les filets des étamines, est ovale, comprimé et allongé. Il contient plusieurs ovules fixés sur un des côtés. Le fruit (*fig.* 66) est sec; il s'ouvre en deux valves qui portent l'une et l'autre des graines attachées sur un côté seulement. Ce fruit, nommé *gousse* ou *légume*, se rencontre aussi dans la famille des **Mimosées** ou *Acacias*, propre aux pays chauds et qui se distingue des Papillonacées par la régularité de la corolle. On réunit ces deux familles sous le nom de Légumineuses.

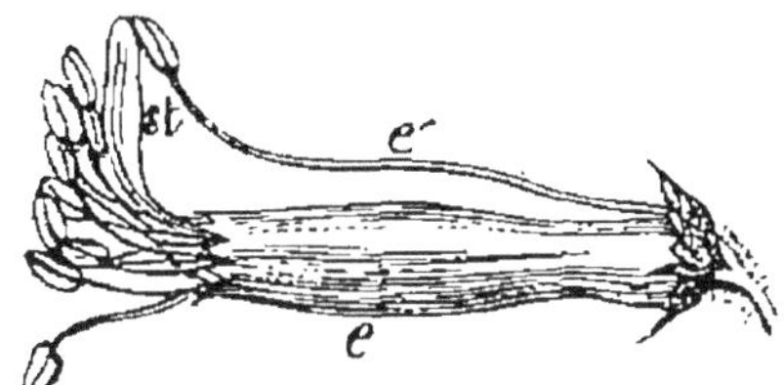

Fig. 65. — Etamines et pistil du pois avec le calice persistant à la base. — *e*, groupe de neuf étamines; *e'*, dixième étamine libre; *st*, stigmate.

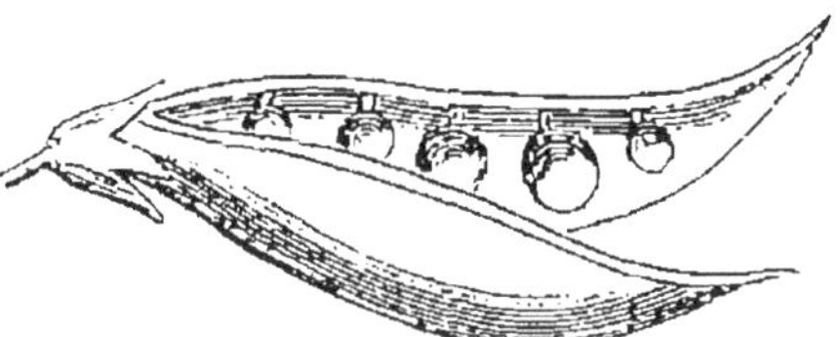

Fig. 66. — Gousse ou fruit du pois.

La famille des Papillonacées comprend un grand nombre de plantes utiles. Outre le **lupin**, la **glycine**, la **gesse** ou *pois de senteur*, le **baguenaudier**, le **cytise**, le **robinia** ou *faux acacia*, le **sophora** du Japon qui font l'ornement des jardins, il faut mentionner des plantes alimentaires, agricoles et industrielles.

Papillonacées alimentaires.

106. — Le **haricot** tient le premier rang. Dans le midi de la France surtout, il joue un grand rôle dans l'alimentation des classes ouvrières. Il fut cultivé par les Grecs, qui le tirèrent probablement de l'Asie-Mineure ou de l'Egypte. Aussi craint-il le froid et l'humidité. Il y en a plus de cent variétés

4.

que l'on classe en quatre groupes d'après la forme de la graine, ovoïde, comprimée, gonflée ou sphérique. Les jardiniers distinguent les haricots nains et les haricots grimpants, selon que la tige est basse ou qu'elle s'élève en s'enroulant en spirale, soit autour des plantes vivaces, soit sur des perches disposées à cet effet. On distingue aussi des variétés à parchemin, dont la gousse est coriace, et des variétés dont la gousse est tendre et comestible. La feuille du haricot est composée de trois folioles ovales.

Le *haricot rouge* d'Espagne, cultivé surtout comme plante d'ornement, mais qui peut être mangé, est une espèce différente caractérisée par la longueur de la grappe.

Fig. 67.
Feuilles du pois avec vrilles et stipules.

Dans le midi de la France, on cultive pour l'alimentation des sortes de haricots à très-longues gousses qui appartiennent au genre **dolic.**

107. — Le **pois** a les feuilles (*fig.* 67) composées de deux à trois paires de folioles. La foliole impaire terminale est réduite à sa nervure médiane qui s'allonge et s'enroule en spirale. Elle constitue un organe nommé *vrille,* à l'aide duquel la plante s'accroche aux branches voisines. Souvent les dernières folioles latérales sont elles-mêmes transformées en vrilles. Par suite de cet affaiblissement des feuilles, les plantes respireraient difficilement sans le grand développement que prennent les stipules ou folioles qui naissent au point où la feuille composée se rattache à la tige. Ce sont de très-petites languettes chez le haricot; mais dans les pois elles constituent une large collerette qui enveloppe la tige et que l'on prend souvent pour la feuille. Le pois était cultivé chez les anciens. On en connaît plusieurs races qui peuvent se classer d'après la taille (pois nains ou grimpants), et d'après la dureté des gousses (pois à parchemin et pois mange-tout).

On cultive une seconde espèce de pois, la **pisaille** ou *pois des champs*, qui n'est destinée qu'aux animaux, soit comme fourrage, soit à l'état de graine pour engraisser les pigeons.

108. — La **lentille** a la feuille composée de cinq à sept folioles et terminée par une vrille, la corolle petite, blanche, veinée de violet. Sa gousse ne renferme qu'une ou deux graines dont la forme sert de type de comparaison (forme lenticulaire). Elle était cultivée de toute antiquité chez les Hébreux, les Egyptiens et les Grecs. La lentille sèche est un excellent aliment pour l'homme; ses feuilles et ses tiges constituent un fourrage de première qualité. Malheureusement le climat humide du nord ne lui convient pas.

109. — La **fève** a également les feuilles terminées par une vrille; sa gousse, assez grosse et charnue, présente des épaississements celluleux qui séparent les graines. Les anciens, tout en la cultivant, la tenaient pour un aliment abject, interdit aux prêtres. Pythagore le défendit aussi à ses disciples. De nos jours, l'usage alimentaire de la fève est assez restreint en France, mais on en mélange la farine à celle du blé, et on l'emploie surtout pour la nourriture des chevaux. La variété particulièrement destinée à ce dernier usage est plus petite : elle porte le nom de *féverolle*. Dans le nord de la France, où elle ne mûrit pas toujours, sa tige et ses feuilles servent de fourrage.

Papillonacées agricoles.

110. — Le *pois des champs*, la *lentille* et la *fève*, dont il vient d'être question, rentrent dans cette catégorie.

La **vesce** a des feuilles composées de cinq à sept folioles et terminées par une vrille, des fleurs rouges et des gousses velues; elle est employée comme fourrage vert ou sec; mais le bétail qui en mange en trop grande quantité est sujet à maigrir. Sa graine convient très-bien aux pigeons; les autres volailles ne peuvent en faire un usage trop exclusif sans devenir malades.

L'**ers,** espèce de petite lentille de l'Algérie et du midi de la France se cultive pour les mêmes usages.

Les **gesses** s'emploient comme les vesces. On a cherché

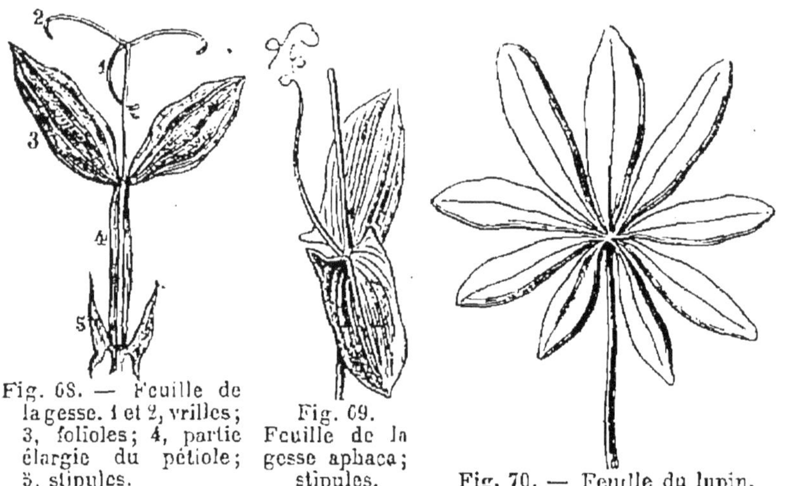

Fig. 68. — Feuille de la gesse. 1 et 2, vrilles; 3, folioles; 4, partie élargie du pétiole; 5, stipules.

Fig. 69. Feuille de la gesse aphaca; stipules.

Fig. 70. — Feuille du lupin.

à introduire leur farine dans le pain; mais il en est résulté des accidents de paralysie et même de mort. La plupart des espèces ont les feuilles (*fig.* 68) réduites à deux longues folioles, tout le reste est transformé en une vrille rameuse. Dans la *gesse aphaca* (*fig.* 69), cette transformation atteint toutes les folioles, et les stipules, qui sont assez grandes, deviennent les seuls organes de respiration du végétal. Le *pois de senteur* est une espèce de gesse originaire de Ceylan.

111. — Les **lupins** ont les feuilles (*fig.* 70) composées de folioles palmées, c'est-à-dire partant toutes du même point. Au coucher du soleil, chacune de ces folioles se plie en deux pour s'ouvrir à l'aurore suivante. Plusieurs espèces sont cultivées, soit comme fourrage, soit comme graines pour les bestiaux. Leur valeur peut être contestée; mais ils ont le mérite de croître dans les plus mauvais terrains.

112. — Le **trèfle** tient le premier rang parmi les Papillonacées agricoles. Il convient à tous les climats de la zone tempérée, surtout ceux qui sont froids et humides. Les bestiaux le mangent sec ou vert; mais à ce dernier état il a l'inconvénient d'occasionner un gonflement connu sous le nom de tympanite ou météorisation. Cet accident est dû à une fermentation rapide du fourrage et à une production abondante d'acide carbonique. On y remédie en faisant boire aux animaux malades de l'eau salée ou de l'eau ammoniacale, qui absorbe l'acide carbonique, ou même en perforant l'estomac pour laisser échapper le gaz. Ajoutons que le trèfle fournit aux abeilles une ample provision de miel. C'est une plante bisannuelle; mais quand on le fauche lorsqu'il est en fleur, avant qu'il n'ait produit des fruits, il peut vivre encore pendant un an.

Les feuilles sont composées de trois folioles, ce qui lui a valu son nom; ses fleurs sont petites, réunies en tête ou en épi; leurs pétales sont soudés ensemble. La gousse, qui est fort petite, ne contient qu'une ou deux graines et ne s'ouvre pas à maturité; elle reste cachée dans le calice, et c'est cet ensemble de calice et de gousse qui porte le nom de graine de trèfle.

On cultive plusieurs espèces de trèfle : le *trèfle incarnat*, à fleurs d'un rouge vif disposées en épi; le *trèfle des prés*, à fleurs roses réunies en tête; le *trèfle rampant* ou triolet, coucou blanc, dont les fleurs blanches ou roses sont disposées en tête et dont la tige s'étale sur le sol. Quelques autres espèces se trouvent encore dans les prairies naturelles et y sont accompagnées du **lotier,** belle petite papillonacée à fleurs jaunes.

113. — La **luzerne** fournit un fourrage moins estimé que le trèfle; mais comme ses racines sont très-longues et descendent à une très-grande profondeur, elle ne craint pas la sécheresse. Sa feuille est à trois folioles; son fruit est une gousse contournée qui affecte souvent la forme d'un escargot (*fig.* 71). On cultive une espèce à fleurs violettes, une autre à fleurs jaunes et une troisième,

Fig. 71. — Fruit de la luzerne.

la *lupuline* ou *minette*, très-basse de tige, à petites fleurs jaunes et à gousses noires contournées en reins.

Le **sainfoin** a les feuilles composées de treize à dix-neuf folioles, la fleur rose et la gousse très-courte indéhiscente. Il aime les sols secs, calcaires, et n'a pas, comme la luzerne et le trèfle, l'inconvénient de produire la météorisation du bétail.

Le *sainfoin d'Espagne,* remarquable par ses belles fleurs d'un rouge incarnat, pousse sur les coteaux les plus brûlés de l'Espagne et de l'Italie et y donne d'abondantes récoltes.

La **serradelle**, originaire du Portugal, constitue aussi un fourrage précieux, parce qu'elle pousse dans les terres sablonneuses où le trèfle ne vient pas. On l'emploie beaucoup dans la Campine belge.

114.—L'**ajonc**, dont les feuilles étroites sont terminées en épines, pousse dans les lieux stériles, dont il fait l'ornement par ses bouquets de fleurs jaunes. Celui des landes de Gascogne est une espèce différente de celui qui croît sur les terrains schisteux de la Bretagne. Dans ce dernier pays, on le donne comme nourriture aux chevaux après l'avoir écrasé pour en émousser les piquants.

Le **genêt à balai** vient, comme l'ajonc, dans les plaines sablonneuses des landes et dans les autres lieux incultes. Il possède les mêmes fleurs d'un beau jaune d'or, et il a cet avantage de n'avoir pas d'épines. On en fait du fourrage.

Papillonacées industrielles.

115. — Le genêt doit aussi être classé parmi les plantes industrielles, surtout le **genêt d'Espagne,** qui vient sur les coteaux incultes du midi de la France, et que la beauté de ses fleurs a fait introduire dans les jardins. Après l'avoir fait rouir, on en retire de la filasse qui sert, sous le nom de *sparte,* à faire de la toile.

116. — L'**arachide,** originaire du Mexique, peut se cultiver dans le midi de la France. C'est une herbe à tige couchée, dont les fruits (*fig.* 72) s'enfoncent en terre après la fécondation et y mûrissent. Ses graines donnent une huile d'une saveur agréable, que l'on peut employer dans l'alimentation et dont l'industrie fait un grand usage.

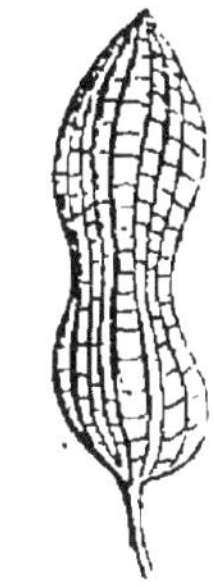
Fig. 72. — Fruit de l'arachide.

117. — L'**indigotier** a été transporté de l'Inde dans les Antilles, où sa culture est aussi développée que dans son pays d'origine. On fait macérer les feuilles dans l'eau, puis on verse dans l'infusion de l'eau de chaux qui détermine un précipité bleu. Celui-ci, séché et coupé par morceaux, constitue l'indigo bleu du commerce.

118. — C'est à la famille des Légumineuses qu'appartiennent le **palissandre** du Brésil et le **campêche** des Antilles, dont les bois sont estimés en ébénisterie. Ce dernier fournit une matière colorante violette bien connue, la couleur rouge du *bois de fernambouc*, autre légumineuse, ne l'est pas moins; mais ce que l'on sait moins, c'est que ce bois est la cause du nom de Brésil donné à la contrée d'Amérique, où on le trouve. Les anciens connaissaient dans l'Inde un bois tinctorial rouge, désigné sous le nom de Présille. La découverte d'un arbre analogue sur la côte américaine fit donner à celle-ci le nom de côte du Présille, changé depuis en Brésil.

119. — Beaucoup de plantes exotiques de la même famille fournissent des résines et des gommes : la *résine copal* de Madagascar, le *baume du Pérou*, le *baume de Tolu*, recueilli en Colombie, le *baume de Copahu*, obtenu dans l'Amérique méridionale, le *sandragon*, des Antilles, la *gomme arabique*, qui transsude du tronc de plusieurs **acacias** des contrées tropicales de l'Asie et de l'Afrique, depuis l'Inde jusqu'au Sénégal. Le *séné*, si employé en médecine, est la feuille et le fruit d'arbrisseaux du genre *Cassia*, qui habite les mêmes pays. La *casse* est le fruit d'une espèce du même genre, originaire de l'Inde et transportée dans les Antilles.

120. — Sur les côtes de la Provence poussent deux arbrisseaux de la famille des Papillonacées, qui ne rentrent pas dans les catégories précédentes ; la **réglisse,** dont la racine sert à préparer l'extrait de ce nom, et le **caroubier,** dont les longues gousses charnues intérieurement, d'une saveur douce et sucrée, sont très-recherchées des enfants, quoique légèrement laxatives.

121. — On rapproche fréquemment des Légumineuses la famille des **Térébinthacées,** composée essentiellement d'arbres des pays chauds. Quelques espèces poussent en Provence, mais ne prospèrent que sur les coteaux secs échauffés par l'action directe du soleil. De ce nombre est le **pistachier.** Les fleurs manquent de corolle ; elles sont unisexuées, c'est-à-dire que les unes n'ont que des étamines sans pistil, tandis que les autres ont un pistil et pas d'étamines. Le fruit a quelque analogie avec celui de l'amandier. La pistache est enfermée dans une coque ligneuse, recouverte elle-même d'une enveloppe coriace. On la mange comme l'amande et on en fait des dragées.

Les feuilles du **sumac,** arbrisseau de la même famille, qui vient également en Provence, sont employées comme tan à la fabrication du maroquin ; elles sont un poison pour les bestiaux.

La famille des **Térébinthacées** doit surtout son importance à ce que beaucoup de ses espèces fournissent, par incision, des résines odorantes : le *mastic,* que les Orientaux ont l'habitude de mâcher pour se parfumer la bouche ; la *térébenthine* de Chio, l'*encens,* la *myrrhe,* l'*oliban,* la *résine élémi,* le *baume de la Mecque,* le *bdellium,* etc.

Famille des Papavéracées.

122. — On peut prendre pour type de cette famille, le **coquelicot** (*fig.* 73), ou *pavot rouge*[1], si commun dans nos moissons. Ses quatre pétales, d'un beau rouge, sont chiffonnés dans le bouton (*fig.* 74) ; ils sont alors enfermés dans un calice à deux sépales, qui tombe lors de l'épanouisse-

1. Été.

ment, et pour cette raison est dit *caduc*. Les étamines sont très-nombreuses, terminées par des anthères noires. Au centre

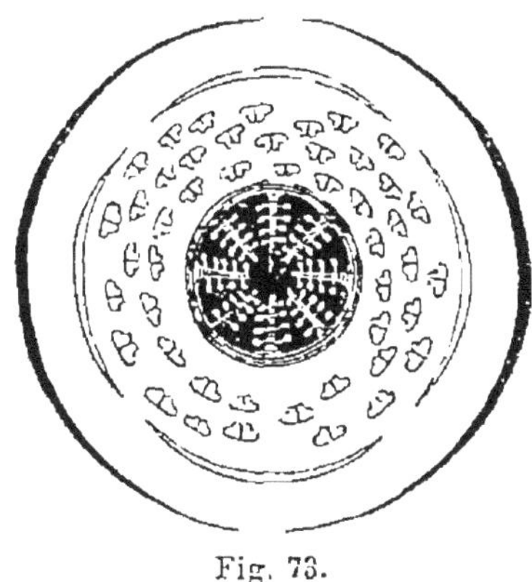

Fig. 73.
Diagramme de la fleur.

Fig. 74.
Fleur en bouton.

Coquelicot.

de la fleur est un gros corps ayant la forme d'une urne avec un couvercle (*fig.* 75) : l'urne est l'ovaire; le couvercle est le stigmate, qui est sessile, c'est-à-dire reposant directement

Fig. 75. — Fruit du coquelicot.

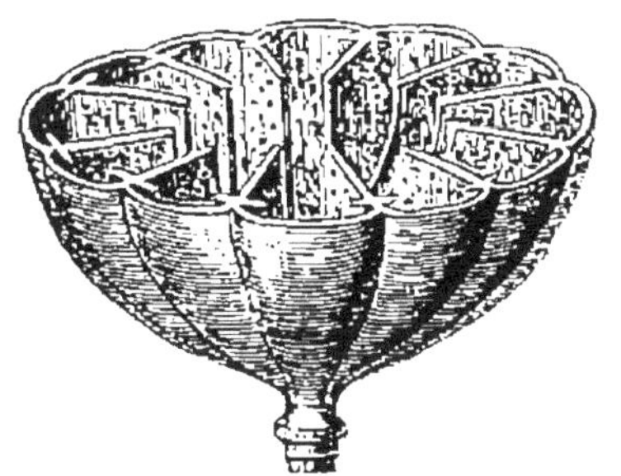

Fig. 76. — Capsule de pavot découpée pour montrer les placentas pariétaux portant les traces des points d'attache des graines.

sur l'ovaire sans l'intermédiaire d'un style. Des parois de l'ovaire se détachent des lames qui convergent vers le centre, sans toutefois y atteindre, et qui sont recouvertes de petits ovules (*fig.* 74); ce sont autant de placentas pariétaux. Le fruit est sec. Au moment de la maturité, il se produit, entre l'ovaire et le stigmate, des trous par où sortent les graines.

123. — Une espèce du même genre, le **pavot som-**

mifère a une grande importance. Une de ses variétés, désignée sous le nom d'*œillette*, est cultivée dans le nord de la France. Ses graines servent à fabriquer de l'huile alimentaire, et après l'expression, il reste un tourteau précieux pour l'engraissement du bétail. L'œillette a les pétales blanc violet, marqués à la base d'une tache ronde noire qui a été comparée à un œil; ses graines sont noires. La variété à fleur et à graines blanches fournit les têtes de pavot employées en médecine. C'est elle aussi qui produit l'*opium*. Pour obtenir ce suc, on fait de légères incisions à la surface des têtes de pavot quand elles commencent à se développer; il en découle une liqueur laiteuse, que l'on recueille lorsqu'elle s'est figée et desséchée. Dans les contrées chaudes circumméditerranéennes, le pavot fournit plus d'opium que dans le centre et le nord de la France; aussi tire-t-on, en général, ce produit du Levant. L'opium doit ses propriétés soporifiques à deux alcaloïdes, la morphine et la codéine, qui sont toutes deux des poisons narcotiques très-énergiques. Les Chinois font un usage déplorable de l'opium; ils le mâchent ou le fument pour se procurer une ivresse stupéfiante qui, fréquemment renouvelée, ne tarde pas à amener l'abrutissement, l'idiotisme et la mort.

124. — Parmi les plantes de la famille des Papavéracées, on peut citer la **chélidoine** ou *grande éclair*, qui renferme un suc jaune corrosif. Sa fleur est construite sur le même type que celle du pavot, avec cette différence que l'ovaire et le fruit ont la même structure que chez les Crucifères.

Famille des Crucifères.

125. — Pour étudier cette famille, on peut prendre la **giroflée** ou *violier*, *muret* [1], etc. Cette fleur (*fig.* 77 et 78), présente quatre sépales, dont deux sont renflés à la base; quatre pétales jaunes intercalés entre les sépales; six étamines (*fig.* 79), dont quatre grandes (e) et deux petites (e'); les quatre grandes sont disposées deux par deux devant les sépales antérieurs et

1. Printemps, été.

postérieurs, tandis que les petites sont placées chacune devant les sépales latéraux. A la base des étamines, il y a deux petits corps arrondis (*g*), nommés glandes. L'ovaire est allongé, légèrement comprimé sur le côté, terminé par un stigmate bifide; intérieurement, il est divisé en deux chambres par une cloison très-mince (*fig.* 81). Les ovules sont fixés sur les parois mêmes de l'ovaire, de chaque côté des lignes d'attache de la cloison. Le fruit (*fig.* 80), connu sous le nom de *silique*, est sec; à la maturité, les deux valves se soulèvent par la base

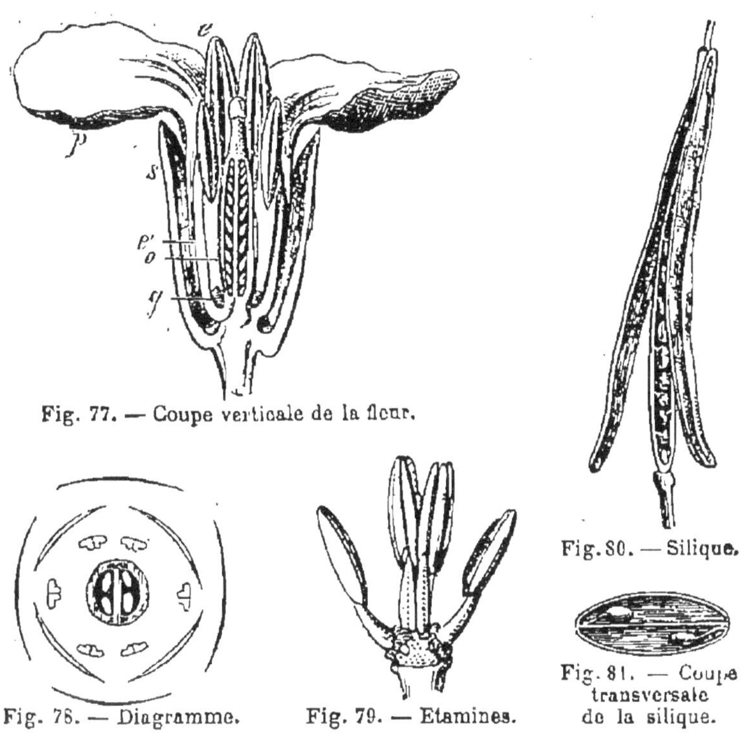

Fig. 77. — Coupe verticale de la fleur.

Fig. 78. — Diagramme. Fig. 79. — Etamines. Fig. 80. — Silique. Fig. 81. — Coupe transversale de la silique.

Giroflée.

et se détachent de la cloison, sur laquelle restent fixées les graines. Quand la longueur de la silique ne dépasse pas quatre fois sa largeur, elle prend le nom spécial de *silicule*.

126. — La plupart des plantes de cette famille sont propres à la région tempérée; aucune n'est vénéneuse; beaucoup doivent à une huile volatile très-âcre, qui renferme du soufre et de l'azote, les propriétés stimulantes utilisées en médecine, tantôt comme la moutarde, pour amener la rubéfaction de la peau, tantôt comme le cochléaria officinal et les divers cressons pour stimuler les fonctions digestives. Leur efficacité contre le scorbut leur a valu le nom d'*antiscorbutiques*.

Crucifères alimentaires.

127. — Ce sont certainement les diverses espèces du genre **chou** qui tiennent le premier rang par leur utilité. Leur silique est terminée en un long bec conique d'un centimètre au moins. Elles demandent, en général, des terres argileuses et un climat tempéré.

Le **chou potager** est cultivé depuis la plus haute antiquité, aussi possède-t-il des races nombreuses et bien distinctes. Les principales sont :

1° Les *choux pommés*, base de la choucroute;

2° Les *choux de Savoie* ou *de Milan*, dont les feuilles sont frisées sur les bords. On peut leur rapporter, comme sous-race, les *choux de Bruxelles*, chez lesquels les sucs alimentaires s'amassent dans les bourgeons ;

3° Les *choux rouges* ;

4° Les *choux non pommés ou choux cavaliers*, réservés pour l'alimentation du bétail ;

5° Les *choux-fleurs* ou *brocolis*, dont les pédoncules floraux deviennent charnus. On désigne sous le nom de brocolis les variétés dont les feuilles sont plus nombreuses et plus ondulées ;

6° Les *choux-raves* [1] ou *colraves*, dont la tige se renfle en devenant charnue. Ils servent surtout pour les bestiaux, bien que l'on en mange dans quelques pays.

128. — Le **navet** est une espèce du genre chou. Ses fleurs sont jaunes. La racine a une saveur douceâtre, sucrée; elle présente toutes les formes, depuis celle d'un disque jusqu'à

1. Ce qui distingue le chou-rave du navet, chou-navet et autres racines c'est qu'il sort de terre, qu'il est vert et qu'il porte des feuilles sur toute sa surface.

celle d'un cône très-allongé, mais généralement, elle ressemble à une toupie. Il y a plusieurs races.

Le *navet* proprement dit, aux feuilles hérissées de poils raides.

Le *chou-navet*, au feuillage glabre et glauque, et à racine fusiforme en haut.

Le *rutabagas* qui, avec les mêmes feuilles, a la racine plus sphérique.

Ces racines servent à la nourriture de l'homme et du bétail. En Alsace, on fait avec le navet une sorte de choucroute, nommée *navet aigre*.

Ce sont des plantes bisannuelles; si, au lieu de les déplanter l'année même où on les a semées, on les laisse passer l'hiver, la racine se creuse, les sucs se portent dans les feuilles, qui deviennent succulentes et peuvent être consommées comme celles du chou. C'est ce qui a lieu fréquemment en Angleterre et en Belgique.

129. — Le **radis** se distingue de toutes les autres crucifères, en ce que sa silique est divisée transversalement par de fausses cloisons, qui séparent chaque graine de sa voisine. Les diverses variétés peuvent se diviser en deux catégories; les petits radis blancs, roses ou rouges; les gros radis gris, jaunes ou noirs, d'une saveur plus forte. On les désigne souvent sous les noms de *raiforts* ou *ramelaces*.

Le **raifort** des botanistes, *cran de Bretagne* ou *cranson*, a une grosse racine blanche remplie d'une huile volatile très-âcre; on la râpe et on se sert de sa pulpe comme de moutarde.

130. — Le **cresson de fontaine** pousse sur les bords des ruisseaux, formant un tapis d'un beau vert émaillé de petites fleurs blanches. Ses propriétés dépuratives et antiscorbutiques l'ont fait employer en médecine et lui ont valu le nom de santé du corps. On le mange comme condiment et en salade. A Paris, on en consomme de telles quantités, que l'on a dû établir des cressonnières artificielles.

Le **cresson alénois** ou *cresson de jardin*, est également une petite crucifère à fleurs blanches; ses feuilles sont très-nombreuses et très-déchiquetées.

131. — Il y a deux espèces de **moutardes**, que l'on désigne sous le nom de leurs graines. La *moutarde noire* ou *sénevé,* appartient au genre chou, tandis que la *moutarde blanche* est le type du genre moutarde des botanistes. Il se distingue du genre chou par le bec de la silique, qui est plus long et comprimé au lieu d'être conique. Les graines des deux moutardes renferment une huile fine, douce au goût, pouvant servir dans l'industrie comme celle du colza. La farine de moutarde noire, mélangée avec de l'eau, produit une essence sulfurée très-irritante, tandis que la farine de moutarde blanche ne peut engendrer cette essence que si on y a ajouté un peu de moutarde noire. Les moutardes communes que l'on sert sur nos tables sont faites avec des graines noires écrasées et délayées dans du vinaigre. Pour les moutardes fines, telles que celles de Dijon, on emploie un mélange des deux graines et on remplace le vinaigre par du verjus. Les sinapismes, si fréquemment employés en médecine, se font avec de la moutarde noire.

Crucifères industrielles.

132. — Le **colza** et la **navette** sont deux races de navets dont la racine reste grêle et dont la graine contient une grande quantité d'huile. La navette comme le navet a les feuilles recouvertes de poils raides, tandis que le colza les a glabres et glauques. On les cultive comme plantes oléagineuses dans le nord de la France, en Belgique et en Allemagne. L'huile de navette est employée pour l'éclairage et la fabrication du savon; on peut la manger, bien qu'elle soit inférieure comme goût à l'huile d'œillette. Le colza rend plus d'huile que la navette, mais cette huile a un goût si désagréable qu'elle ne peut pas servir à l'alimentation. Les tourteaux de colza et de navette sont donnés au bétail; leurs feuilles, lors de la première pousse, servent de fourrage vert.

133. — La **cameline,** qui fournit aussi des graines oléagineuses, vient spontanément dans les champs, mais n'est guère cultivée que dans le nord de la France. Sa fleur est jaune; son fruit est une silicule à valves très-convexes.

Elle a l'avantage de n'être pas difficile sur le choix du terrain et de mûrir très-vite, ce qui permet de la semer dans les champs où d'autres récoltes ont manqué ; son huile sert à l'éclairage.

134. — Le **pastel** est une crucifère à fleur jaune, employée en teinture. Le principe colorant, qui est d'un beau bleu, réside dans les feuilles. Pour le développer, on broie les feuilles, on laisse fermenter la pâte pendant deux nuits, puis on la divise en coques ou en petites boules de la grosseur d'un œuf, et on la livre au commerce après l'avoir desséchée. Le pastel a été détrôné par l'indigo ; on ne le cultive plus que dans les environs d'Alby.

135. — Une autre plante tinctoriale, la **gaude,** appartient à la famille des **Résédacées,** voisine de la précédente. C'est une herbe assez haute, portant de longs épis d'un jaune verdâtre, qui ont l'aspect, mais non l'odeur suave du réséda des jardins. Elle croît spontanément sur le bord des chemins ; on la cultive, parce qu'elle donne, après avoir été macérée dans l'eau, une belle couleur jaune employée pour teindre les étoffes. La gaude du midi est plus riche en couleurs que celle du nord.

Famille du lin (*Linées*).

136. — Le **lin** [1] est un végétal herbacé à feuilles entières, petites, peu nombreuses. Sa tige se termine par une grappe de fleurs (*fig.* 82 à 84), bleues, très-régulières : cinq sépales, cinq pétales, cinq étamines, ovaires à cinq loges surmontés de cinq styles. Dans chaque loge de l'ovaire, il y a deux ovules séparés par une cloison incomplète et fixés à l'angle interne des loges. Le fruit est sec ; c'est une capsule enveloppée par la base élargie des étamines et par le calice qui persistent, l'un et l'autre, après la maturité : les loges, au nombre de cinq, renferment chacune deux graines.

Le lin mérite bien l'épithète de très-utile, que les botanistes ont accolé à son nom, *Linum usitatissimum.* Ses graines contiennent un mucilage émollient, qui le fait utiliser en médecine comme adoucissant dans une foule de circonstances; leur farine sert à faire des cataplasmes. On en retire une huile employée en peinture, parce qu'elle se dessèche facilement et forme avec la couleur une sorte de résine. On augmente ces propriétés siccatives par l'ébullition avec un sel de plomb. L'huile de lin sert encore à fabriquer les vernis, les toiles cirées, l'encre d'imprimerie, etc. Le tourteau de graine de

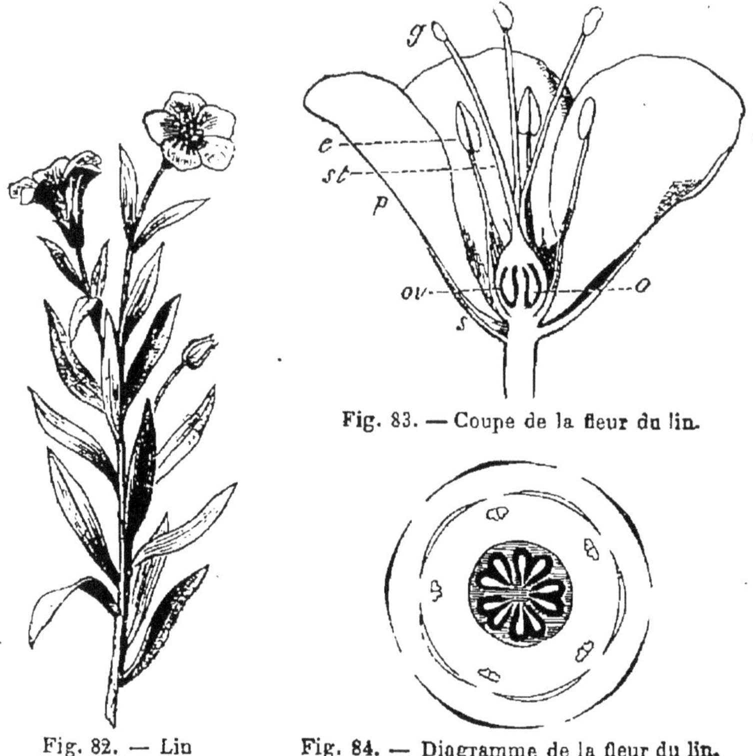

Fig. 82. — Lin

Fig. 83. — Coupe de la fleur du lin.

Fig. 84. — Diagramme de la fleur du lin.

lin est très-estimé pour l'alimentation du bétail et comme engrais. Mais ce qui fait au plus haut degré l'importance du lin, ce sont ses propriétés textiles. Ses fibres corticales, très-longues et très-tenaces, produisent une filasse d'une grande finesse, dont on se sert pour fabriquer les toiles fines, la batiste, la dentelle, etc. Toutefois, on ne peut obtenir en même temps de la filasse de premier choix et de la graine. C'est lorsque la plante commence à fleurir que les fibres acquièrent leur maximum de solidité; plus tard, elles deviennent cassantes, et lorsque la graine est bien mûre, on n'a plus que de la filasse grossière.

Quand le lin a été cueilli, on doit le faire *rouir*. Cette opération du rouissage a pour but de désagréger les fibres corticales en détruisant, par la fermentation, la matière gommeuse qui les unit. Pour cela, on étale le lin sur un pré, en le laissant exposé à toutes les intempéries de l'arrière-saison, alternatives de rosée, de pluie et de soleil. Si on veut aller plus vite, on maintient pendant huit ou quinze jours les bottes de lin immergées dans l'eau courante ou stagnante. Le rouissage est plus rapide dans l'eau stagnante que dans l'eau courante, mais il donne une filasse moins abondante, moins blanche et de moins bonne qualité. De plus les eaux des routoirs sont des foyers d'infection pour les environs. Depuis quelques années, on opère le rouissage dans des cuves, à l'aide de la vapeur.

Le lin roui est desséché au feu, puis battu pour briser toutes les parties ligneuses, que l'on sépare ensuite par diverses opérations. Avant de porter le lin à la filature, on le peigne pour en séparer l'*étoupe*.

Le lin a été cultivé dès la plus haute antiquité. Les Egyptiens entouraient leurs momies de toiles de lin, et nos ancêtres, de l'âge de pierre, en fabriquaient déjà leurs tissus. C'est essentiellement une plante des pays tempérés froids (nord de la France, Belgique, Allemagne, Russie). L'Angleterre est trop humide pour qu'il puisse y réussir. La France n'en produit pas assez pour sa consommation; elle est obligée d'en demander une grande quantité à la Russie. La culture est assez coûteuse, car le lin exige un sol léger, riche en fumier, défoncé par des labours profonds, nettoyé par de nombreux sarclages. Il craint la sécheresse, la pluie et le vent.

Famille des Caryophyllées.

137. Nielle des blés. — Cette famille, qui comprent les œillets, est très-voisine de celle du lin. On peut prendre comme exemple la **nielle des blés** [1] qui fait, avec le bluet et le coquelicot, l'ornement de nos moissons. On dit qu'elle est moins innocente que ses compagnons et

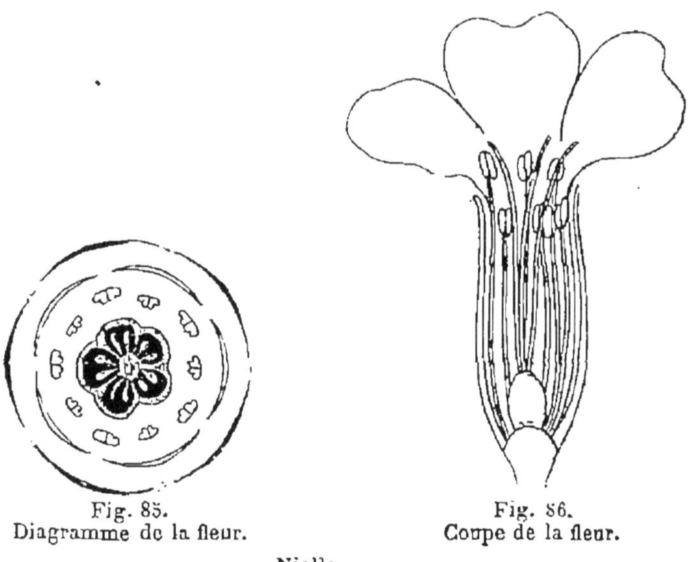

Fig. 85. Diagramme de la fleur.

Fig. 86. Coupe de la fleur.

Nielle.

que la graine de nielle mélangée en trop grande quantité au pain peut le rendre vénéneux; mais bien des agriculteurs contestent à la nielle ses propriétés dangereuses. La fleur (*fig.* 85 et 86) a cinq sépales en forme de lanières étroites, cinq pétales amincis à la base en un pédoncule nommé *onglet,* dix étamines disposées sur deux rangs, les extérieures, plus grandes, opposées aux sépales, les intérieures, plus petites, situées vis-à-vis des pétales; un ovaire à cinq loges, cinq styles terminés chacun par un stigmate. Chaque loge contient un très-grand nombre d'ovules attachés à l'angle interne. Le fruit est sec; il s'ouvre par cinq fentes situées vis-à-vis des pétales. Les diverses parties de la fleur sont étagées sur un corps conique charnu, nommé *gynophore.* La tige de la plupart des Caryophyllées, et de la nielle en particulier, est articulée, c'est-à-dire qu'elle présente des nœuds où elle se casse facilement. De ces nœuds partent des feuilles opposées, et parfois deux rameaux.

1. Été.

138. — La seule plante utile de cette famille est la **saponaire**, herbe à fleurs blanches de nos climats, et encore son utilité est-elle contestable. Les médecins ont renoncé à l'employer, et les lessiveurs ne connaissent plus guère sa racine, bien qu'elle ait la réputation de pouvoir dégraisser les étoffes sans altérer les couleurs.

Famille des Mauves (*Malvacées*).

139. — Les **mauves** sont des plantes herbacées, couvertes de poils mous. Leurs fleurs (*fig.* 87) sont groupées au nombre de trois ou quatre à l'aisselle des feuilles. Le calice, formé de cinq sépales soudés à la base, est entouré d'un petit calice extérieur (*calicule*) de trois folioles. La corolle se compose de cinq pétales blancs, veinés de rose ou de violet. Les étamines sont en grand nombre, toutes soudées ensemble en une colonne creuse (*fig.* 88) que surmontent des anthères distincts. L'étude des faisceaux vasculaires qui se rendent dans cette colonne a fait reconnaître qu'il n'y a que cinq faisceaux d'étamines plus ou moins ramifiés. L'ovaire caché par la base des étamines est divisé en un grand nombre de loges qui contiennent chacune un ovule. Le style passe dans le tube formé par les étamines et se partage en autant de stigmates filiformes qu'il y a de loges à l'ovaire. Le fruit est sec ; il se divise spontanément en coques monospermes correspondant aux loges de l'ovaire.

Fig. 87.
Diagramme de la fleur.

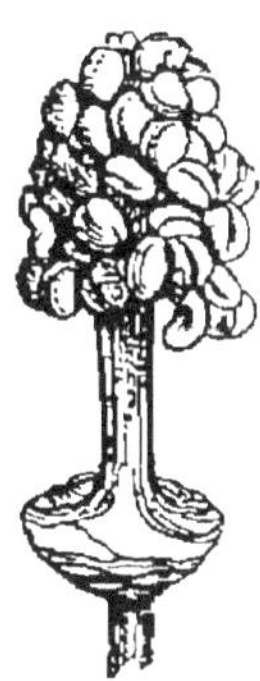

Fig. 88.
Etamines.

Mauve.

Les mauves et la **guimauve** jouissent de propriétés émollientes utilisées en médecine.

140. — Si la famille des Malvacées ne se recommandait à l'étude que par ces deux plantes, elle ne mériterait pas plus d'attention que bien d'autres familles de nos contrées, mais elle renferme un arbre qui fournit l'une des matières premières les plus importantes pour l'industrie textile.

Fig. 89. — Branche de cotonnier.

Le **cotonnier** est un petit arbrisseau originaire d'Egypte (*fig.* 89), ses fruits sont des capsules à parois assez épaisses, s'ouvrant en cinq valves et contenant un grand nombre de graines. Chacune de celles-ci est entourée de poils crépus, soyeux, garnis latéralement de fines dentelures (*fig.* 90). C'est grâce à ces petites dents que les poils du coton adhèrent les uns aux autres et peuvent se transformer en fil. Après avoir été dépouillées de leur duvet, les graines du cotonnier peuvent fournir de l'huile à brûler.

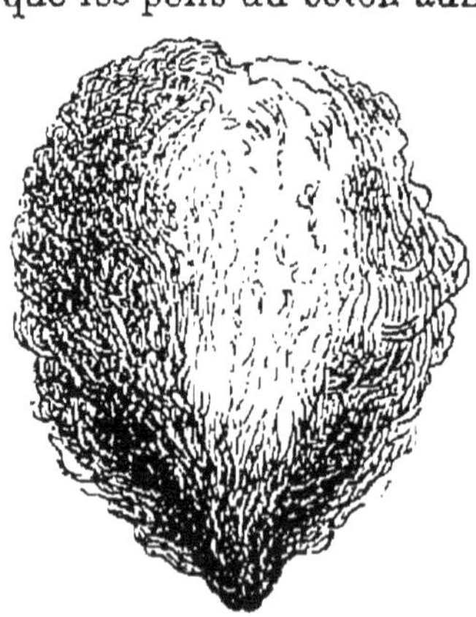

Fig. 90. — Graine du cotonnier.

Outre le cotonnier d'Égypte, le premier connu en Europe, il en existe d'autres espèces dans l'Inde et en Amérique, dont les produits sont bien plus abondants que ceux de l'espèce égyptienne. Un cotonnier de Chine fournit un fil jaune qui sert à fabriquer le nanking. Depuis quelques années, on a tenté de cultiver le cotonnier en Algérie, la plante y réussit, mais la cherté de la main-d'œuvre empêche les colons algériens de lutter contre les Américains pour la production de cette précieuse matière.

141. — Le **baobab** du Sénégal appartient aussi à la famille des Malvacées; c'est le plus gros des arbres, car il atteint parfois trente mètres de circonférence, bien qu'il n'ait pas plus de cinq à six mètres de haut.

142. — On peut ranger à la suite des Malvacées :

1° Le **cacaoyer**[1] arbre américain transplanté dans les contrées chaudes de l'Asie et de l'Afrique (*fig.* 91). Ses gros fruits ont une enveloppe dure, une pulpe aigrelette et contiennent une trentaine de graines. A l'état frais ces graines ont une saveur amère qu'elles perdent lorsqu'elles ont été grillées. Pour fabriquer le chocolat, on broie ensemble à chaud, du sucre et du cacao, on y ajoute de la vanille ou quelque autre aromate et on coule la pâte dans des moules, où on la laisse refroidir. Le cacao, et par suite le chocolat, contiennent une huile grasse, solide à la température ordinaire; c'est le beurre de cacao, que l'on emploie fréquemment comme médicament et comme cosmétique

Fig. 91. — Branche de cacaoyer avec fruit.

1. Famille des **Sterculariées**.

Il y a plusieurs sortes de cacaos. Celui de Caracas est le plus estimé ; celui des Antilles et de la Réunion est moins gros, il renferme plus d'huile, mais sa saveur est légèrement amère.

143. — 2° Le **thé,** qui appartient à la famille dont le *Camélia* est le type[1], est un arbrisseau de Chine (*fig.* 92); ses feuilles sont cueillies au moment de leur développement, plongées, dans l'eau bouillante, desséchées au feu sur des plaques de fer et roulées sur elles-mêmes. Cette opération se renouvelle plusieurs fois avant que le thé soit livré au commerce. Il y a plusieurs variétés de thé ; peut-être même les feuilles de plusieurs espèces voisines sont-elles employées au même usage, et le goût de chacune varie avec le sol qui l'a produite, sa culture, sa maturité, son mode de préparation, etc. On distingue les thés en thés verts plus aromatiques et thés noirs d'une saveur plus douce et moins excitante. Le thé est employé en Chine depuis un temps immémorial; son usage s'est introduit en Europe à la fin du dix-septième siècle et va toujours croissant.

Fig. 92. — Branche de l'arbre à thé.

Famille des Tilleuls (*Tiliacées*).

144. — Les **tilleuls**[2] dont il existe dans nos bois plu-

1. Famille des **Caméliacées.**
2. Juin.

sieurs espèces peu différentes les unes des autres, sont fréquemment plantés dans les promenades, parce qu'ils se taillent facilement et donnent beaucoup d'ombre. Leur bois est employé pour la sculpture et la fabrication des instruments de musique; leur écorce contient des fibres très-tenaces, que l'on utilise pour fabriquer des cordes, des câbles et même du papier; leur séve sucrée peut se transformer en boisson fermentée. En médecine on emploie assez fréquemment les infusions de fleurs de tilleul. Ces fleurs (*fig.* 93) sont réunies

Fig. 93.
Fleur, bractée et feuilles.

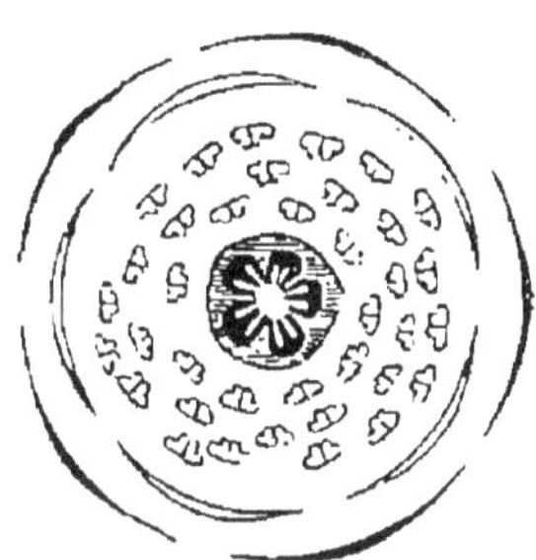

Fig. 94.
Diagramme de la fleur.

Tilleul.

en bouquets dont le pédoncule commun est soudé dans sa moitié inférieure avec la nervure médiane de la feuille florale ou bractée. La fleur (*fig.* 94) se compose de cinq sépales, cinq pétales blanc jaunâtre, un grand nombre d'étamines, un ovaire à cinq loges contenant chacune deux ovules. Quatre de ces loges avortent et le fruit devient une petite noix dure à une seule loge et une seule graine.

Famille des Erables (*Acérinées*).

145. — Les **érables** [1] ressemblent aux tilleuls par la facilité de leur taille, la beauté de leur feuillage, la nature sucrée de leur séve; mais au point de vue botanique ils présentent quelques différences. Leurs fleurs ont généralement

1. Printemps.

cinq sépales et cinq pétales (*fig.* 95), mais le nombre de ces organes peut varier de quatre à neuf. Il en est de même des

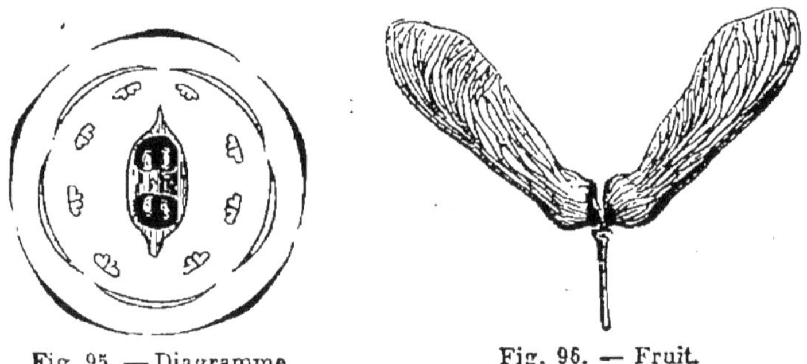

Fig. 95. — Diagramme Fig. 96. — Fruit.

Érable.

étamines. L'ovaire est à deux loges renfermant chacune deux ovules. A la maturation ces deux loges se séparent l'une de l'autre en même temps qu'un de leurs côtés se prolonge en aile membraneuse (*fig.* 96). Ces fruits à ailes que le vent enlève avec facilité portent le nom de *samares*. Il arrive souvent que beaucoup de fleurs ne produisent pas de fruits, parce que le pistil y est resté rudimentaire; au contraire dans celles qui donnent des graines, le pistil est parfaitement organisé, mais les étamines se sont peu développées et la corolle avorte partiellement. Il y a plusieurs espèces d'érables reconnaissables à la forme de leurs bouquets de fleurs et de leurs feuilles (*fig.* 97); celles-ci, néanmoins, sont toujours partagées en cinq lobes. L'*érable* et l'*ayart* sont de petite taille; le *sycomore* et le

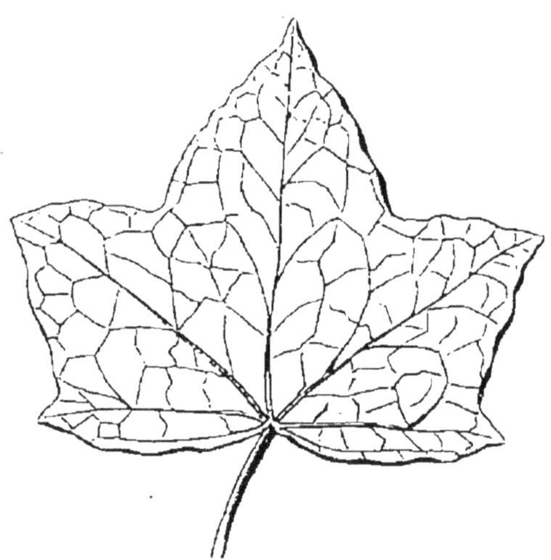

Fig. 97. — Feuille de l'érable.

plane peuvent atteindre une hauteur de dix à douze mètres.

146. — Le **marronnier d'Inde** de la famille des **Hippocastanées** a la fleur semblable à celle des érables avec une légère irrégularité dans la corolle et trois loges à l'ovaire. Le fruit est une capsule à surface hérissée d'épines. La graine du marron d'Inde a une saveur amère styptique qui ne permet pas de la manger. On peut cependant en retirer de la fécule. Le marronnier d'Inde est surtout un arbre d'ornement. Cet arbre, originaire d'Asie, fut introduit en Europe en 1591, par Augier de Bousbecq.

Famille des Ombellifères.

147. — Cette famille renferme un grand nombre de plantes caractérisées par leur inflorescence spéciale. Les fleurs sont réunies en bouquets appelés *ombelles* (*fig.* 98). Le pédoncule de l'ombelle se divise en pédoncules secondaires qui partent tous du même point et portent chacun un bouquet plus petit ou *ombellule*. Les fleurs qui composent l'ombellule sont supportées par des pédoncules de troisième ordre se séparant tous en un point des pédoncules secondaires. L'ombelle est fréquemment entourée d'une colerette de feuilles linéaires nommée *involucre* ; plus souvent encore les ombellules ont une colerette semblable dite *involucelle*. La tige est herbacée creuse, cannelée à la surface. Bacchus avait, dit-on, recommandé à ses adeptes de ne se servir comme cannes que des tiges de *férula*, ombellifère qui croît en Grèce, afin qu'ils ne pussent se blesser lorsqu'ils en venaient aux mains dans les fureurs de l'ivresse. C'est peut-être la même cause qui avait fait adopter la férule par les pédagogues pour châtier leurs élèves. Les feuilles (*fig.* 101) sont très-découpées et engainantes, c'est-à-dire que leur base élargie enveloppe complétement la tige. Les fleurs (*fig.* 99 et 100) sont petites. Leur calice est nul ou rudimentaire ; la corolle a cinq pétales par-

Fig. 98. — Ombelle.

fois inégaux; cinq étamines alternent avec les pétales; deux styles (*st*) courts, élargis à leur base, sortent du centre de la fleur et se terminent par des stigmates peu apparents. L'ovaire est infère c'est-à-dire situé sous la fleur; il est divisé en deux loges qui ne contiennent chacune qu'un seul ovule (*ov*). Le fruit est sec; les deux loges se séparent l'une de l'autre et restent suspendues au sommet d'un filament trifurqué situé au centre de leur soudure primitive. La surface extérieure du fruit est marquée de côtes plus ou moins saillantes dont la disposition sert à distinguer les genres.

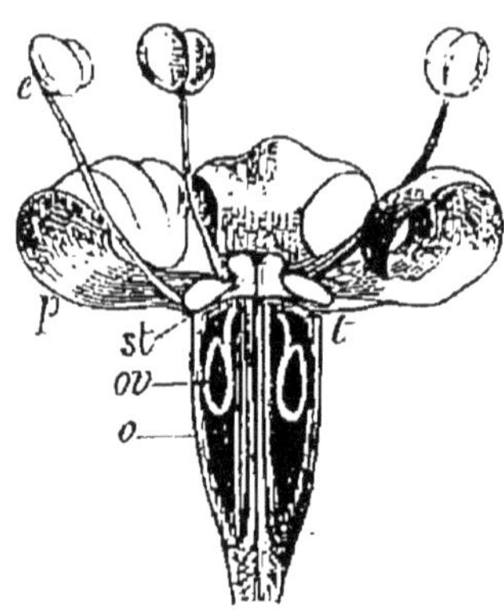

Fig. 99. — Coupe théorique d'une fleur d'ombellifère très-grossie.

Les ombellifères ont des propriétés très-variables. Il en est d'alimentaires; d'autres sont un poison violent; chez les unes on rencontre une essence aromatique excitante qui les fait employer en médecine et comme condiment; chez d'autres, presque toutes asiatiques, on trouve une racine jouissant de propriétés analogues.

Fig. 100. Diag. d'une fleur d'ombellifère.

Ombellifères alimentaires.

148. — La **carotte** est une herbe à fleurs blanches ou rosées disposées en ombelle serrée. Elle croît à l'état sauvage dans les prairies, mais alors ses racines ont peu de grosseur. Il en existe plusieurs variétés : rouges, jaunes ou blanches, longues ou courtes. Ces racines sont un aliment précieux pour l'homme, mais plus utile encore pour le bétail. Elles sont riches en sucre et en pectine, matière qui produit la gelée végétale. La carotte croît dans l'Europe tempérée et humide.

149. — Le **panais** vit aussi à l'état sauvage dans notre pays. Il est plus exigeant que la carotte sous le rapport du climat et du sol; il craint le froid et ne vient pas dans une terre compacte. Les pays où il réussit le mieux sont la Bretagne et les îles normandes. La fleur du panais est jaune, disposée en ombelles serrées; ses racines sont longues ou courtes suivant les variétés. Comme la carotte, il est riche en sucre et en pectine ; comme elle, il sert à l'alimentation de l'homme et des bestiaux.

150. — Tandis que la carotte et le panais sont plutôt des plantes de l'Europe centrale, le céleri, le fenouil, le persil et le cerfeuil croissent spontanément dans la région circum-méditerranéenne.

Le **céleri** fournit à l'alimentation ses racines et ses feuilles. Ce n'est pas précisément les feuilles du céleri que l'on mange, mais les pétioles et les côtes ou nervures principales qui deviennent charnues, succulentes et que l'on fait étioler en les enterrant.

Le **fenouil**, au feuillage si découpé, n'est guère connu dans toute la France que comme plante d'ornement, mais en Italie, on en fait une grande consommation ; on le mange à la manière du céleri. En Allemagne on l'emploie en guise de persil.

Le **persil** fournit plusieurs races cultivées, les unes pour leurs feuilles qui servent d'assaisonnement, d'autres pour les côtes des feuilles, ou pour les racines que l'on mange à la manière du céleri. Les anciens supposaient que l'odeur du persil excitait l'imagination des poëtes ; ils en couronnaient les vainqueurs des jeux littéraires. Il règne encore quelques préjugés sur cette plante, ainsi on suppose à tort qu'elle est un poison pour les poules.

Le **cerfeuil** est une des bases de nos potages maigres.

151. — Le persil et le cerfeuil peuvent facilement se confondre avec la **petite ciguë** (*fig.* 101) et la **grande ciguë**, deux plantes vénéneuses au plus haut degré dont il importe de les distinguer. Les erreurs les plus nombreuses viennent de ce que l'on prend la petite ciguë pour du persil, car elle pousse spontanément dans les jardins et il n'est pas rare de la rencontrer dans un plan de persil ou de cerfeuil. La grande ciguë vient plutôt dans les fossés, les haies et les décombres. Le tableau ci-joint indique les caractères botaniques qui distinguent ces plantes, mais le meilleur caractère est encore l'odeur vireuse et nauséabonde dans les ciguës, agréable et aromatique dans le persil et le cerfeuil.

Fig. 101. — Petite ciguë.

	CERFEUIL.	PERSIL.	PETITE CIGUË.	GRANDE CIGUË.
Folioles,	assez larges, d'un vert sombre,	finement découpées, d'un beau vert,	plus finement découpées, d'un vert sombre, luisantes,	très-finement découpées, d'un vert sombre, luisantes en dessous.
Tige,	cannelée, d'un beau vert,	cannelée, d'un beau vert,	couverte d'une poussière glauque, marquée inférieurement de lignes rouges.	haute de un à deux mètres, striée, maculée de taches de rouille.
Fleurs,	blanches,	jaunes,	blanches,	blanches.
Involucre,	nul,	une foliole,	nul,	quatre à huit folioles réfléchies.
Involucelle,	trois folioles latérales,	huit à dix folioles régulières,	trois folioles latérales rabattues,	une large foliole trifide.

Les deux ciguës dont il vient d'être question ne sont pas les seules ombellifères vénéneuses de nos climats, ce ne sont même pas les plus dangereuses. La **ciguë vireuse,** qui pousse sur les bords des ruisseaux et des étangs est un poison plus énergique encore. Aussi toute ombellifère inconnue doit être tenue pour suspecte.

152. — La **christe marine** ou **perce-pierre** qui croît sur les rochers des bords de la mer a des feuilles charnues, que l'on mange comme assaisonnement après les avoir confites dans du vinaigre à la manière des cornichons. Bien que la perce-pierre aime les plages battues par les vagues et que ce soit là qu'elle acquiert toute sa saveur, on peut cependant la cultiver dans les jardins et sur les vieux murs.

153. — Un certain nombre d'ombellifères sans être précisément alimentaires, fournissent cependant des produits utilisés pour notre nourriture ou notre friandise : les tiges d'**angélique,** les graines de **carvi** et de **cumin** qui aromatisent certains fromages, les graines d'**anis** employées pour les dragées et les liqueurs [1], les semences de la **coriandre** qui forment avec l'angélique la base de la liqueur dite *vespétro*.

154. — Les principales gommes résineuses produites par des ombellifères sont l'*assa fœtida,* la *gomme ammoniaque* et le *galbanum.* L'assa fœtida provient d'une espèce de *férula* qui croît en Perse. Les anciens s'en servaient pour aromatiser les aliments; le moyen âge n'hérita pas de ce goût et nomma la même résine, *stercus diaboli;* on ne s'en sert plus qu'en médecine.

Famille des Ampélidées.

155. — La **vigne,** type de la famille, est un végétal sarmenteux, grimpant, donnant de petites fleurs peu apparentes. Le calice (*fig.* 102 et 103) est réduit à cinq dents à peine visibles. La corolle est composée de cinq pétales soudés ensemble par le sommet avant la floraison, de manière à former une

1. On leur préfère souvent la graine de badiane ou anis étoilé, végétal de la famille des Magnoliacées, originaire de la Chine.

cloche qui recouvre les étamines; lors de l'épanouissement, toute la corolle se détache d'une seule pièce par la base. Il y a cinq étamines situées devant les pétales et non pas alternes avec ceux-ci, comme c'est le cas ordinaire. Le stigmate, en forme de disque aplati, repose directement sur l'ovaire, qui a deux loges; dans chaque loge il y a deux ovules. Le fruit est une *baie*, c'est-à-dire un fruit charnu contenant plusieurs graines ligneuses.

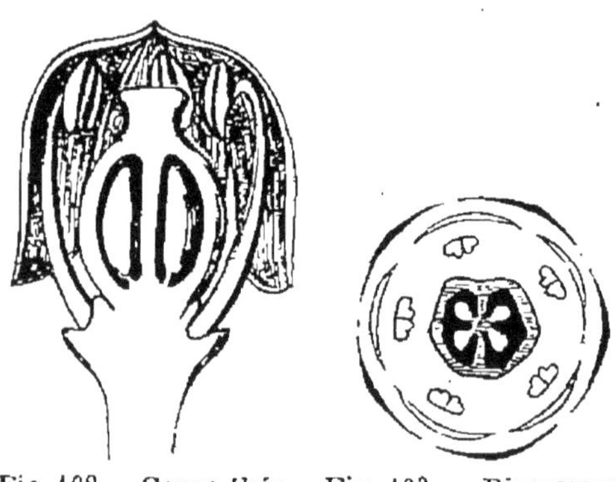

Fig. 102. — Coupe théorique de la fleur. Fig. 103. — Diagramme.

Vigne.

La vigne, originaire de la région caucasienne, est cultivée depuis un temps immémorial. Les Phéniciens l'apportèrent en Italie et en Gaule. Ce ne fut pas sans difficulté que la culture de ce précieux végétal put s'introduire dans notre pays d'une manière durable. A plusieurs reprises, on arracha les vignes, sous prétexte que le terrain qui leur était consacré était ravi à la culture du blé, et que leur extension pouvait amener la famine. Aujourd'hui la France possède les plus beaux et les plus vastes vignobles du monde, et elle les considère avec raison comme sa plus grande richesse. Cependant quelques points de son territoire ne peuvent produire de vignes en pleine terre. Tous les départements qui confinent à la mer depuis la Bretagne jusqu'au Nord en sont privés. Les vignobles sont aussi rares dans tout le massif granitique qui occupe le centre de la France, ainsi que les régions élevées des Alpes et des Vosges. Cela tient à ce que ces contrées sont exposées aux vents froids ou aux gelées blanches, ou qu'elles sont souvent couvertes de nuages qui les privent des rayons directs du soleil. Mais si la vigne n'y vient pas en plein air, elle peut mûrir ses fruits quand on la cultive en espaliers contre les murs. C'est à peu près le cas pour les vignobles du Rhin et de la Moselle. Ces fleuves coulent dans des vallées sinueuses, très-étroites et bordées de rochers escarpés. On pratique des entailles dans les portions de ces rochers qui sont exposées au midi, on y porte à dos d'homme un peu de terre végétale et on y plante un cep de vigne.

Les variétés de vigne, ou cépages, comme disent les vignerons, sont nombreuses. Elles déterminent les qualités du vin et conservent leurs caractères avec assez de constance quand on les transporte d'un point à un autre. Cependant le sol a aussi une grande influence sur le vin. La vigne aime les terrains secs; elle craint l'humidité dans le sol comme dans l'atmosphère. Ces deux conditions du cépage et du cru expliquent les différences que l'on observe entre deux vignobles quelquefois très-voisins. Le mode de culture varie avec les pays; généralement on soutient les branches de la vigne sur des échalas de un à deux mètres de hauteur. En Italie, on les laisse grimper librement le long des arbres.

Il est superflu d'indiquer les services que la vigne rend à l'humanité. Il suffit de rappeler qu'outre le vin, on tire encore du raisin l'eau-de-vie, l'alcool, le vinaigre, le verjus, et que le raisin frais ou sec est un de nos meilleurs fruits.

156. — Le **nerprun**, type de la famille des **Rhamnées**, voisine de celle des Ampélidées, est un arbre dont les fruits charnus sont employés en médecine comme purgatif. On en retire une matière colorante connue sous le nom de *vert de vessie*. Le *vert de Chine* provient également d'une espèce de nerprun. Les *graines d'Avignon*, qui renferment une matière colorante jaune connue sous le nom de *stil de grain*, sont les semences d'un nerprun qui croît dans le midi de la France. Une espèce du même genre, la **bourdaine** ou *bourgène*, fournit un charbon très-léger, employé concurremment avec celui de fusain pour fabriquer la poudre à canon.

Le **jujubier** est un arbre de la même famille, originaire de Syrie et naturalisée dans le midi de la France. On s'en sert pour faire des haies vives, parce qu'il est couvert d'épines. Quant à son fruit, le jujube, il est peu estimé; il a donné son nom à une pâte pharmaceutique, à la composition de laquelle il est depuis longtemps étranger.

157. — Le **fusain** (famille des **Célastrinées**), vient dans toutes les haies. Son charbon de bois est employé pour la poudre à canon et comme crayon pour les esquisses ; ses graines fournissent de l'huile à brûler et le bois est travaillé au tour. On en faisait des fuseaux ; de là vient le nom de la plante.

158. — Le **houx,** type de la famille des **Ilicinées**, est remarquable par la symétrie tétramère de sa fleur (*fig.* 104) : calice à quatre dents, corolle à quatre pétales, quatre étamines, ovaire à quatre loges uniovulées, surmonté d'un stigmate divisé en quatre parties. Le fruit est une petite baie rouge à quatre noyaux. Le houx est un arbrisseau à feuilles persistantes, coriaces, lisses, hérissées d'épines ; son bois est serré, dur, élastique ; on le tourne, on en fait des manches d'outils, de marteaux et de fouets. La partie intérieure de l'écorce fournit la glu.

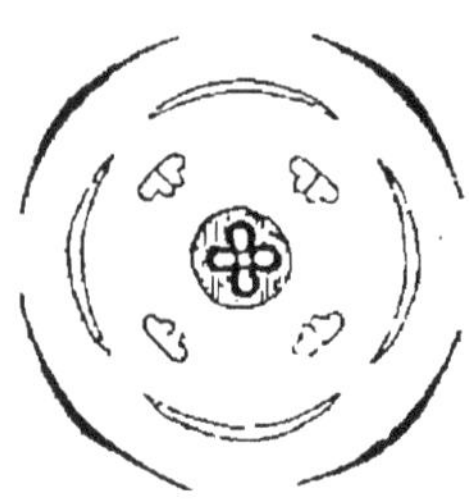

Fig. 104.
Diagramme de la fleur du houx.

159. — Le **cornouiller,** type de la famille des **Cornées**, a aussi ses fleurs jaunes construites avec la symétrie tétramère : quatre sépales à peine visibles, quatre pétales, quatre étamines, ovaire infère à deux loges uniovulées. Le fruit est une drupe rouge, ovoïde, d'une saveur un peu acerbe ; cependant on le mange quand il est très-mûr. Le cornouiller est un arbre de moyenne grandeur. Son bois est dur, susceptible d'un beau poli. Les anciens en faisaient des javelots.

160. — Le **lierre,** de la famille des **Araliacées,** a une fleur assez semblable à celle du cornouiller, mais qui est construite avec la symétrie quinaire. Les fruits sont de petites baies noires.

Famille des Groseilliers (*Grossulariées*).

161. — La fleur du **groseillier** est généralement ver

dâtre, cependant une espèce cultivée dans les jardins est d'un rouge vif. La fleur est construite sur le type quinaire : cinq sépales, cinq pétales, cinq étamines. Elle a la forme d'un godet au centre duquel s'élèvent deux styles soudés à la base. L'ovaire est infère, uniloculaire, contenant plusieurs ovules fixés sur deux placentas pariétaux. Le fruit (*fig.* 106) contient, dans une pulpe molle et sucrée, plusieurs graines à enveloppe dure; il peut être considéré comme le type des fruits désignés sous le nom de *baies*.

Fig. 105.
Fleurs du groseillier.

Trois espèces de groseilliers sont cultivés dans nos jardins :

Le *groseillier épineux*, qui est fréquent à l'état sauvage dans les haies, a les fruits disposés au nombre de deux ou de trois sur de courts pédoncules; on les mange à maturité, et de plus on s'en sert, lorsqu'ils sont encore verts, pour remplacer le verjus et surtout pour assaisonner : de là le nom qu'ils ont reçu de groseilles à maquereaux.

Fig. 106.
Fruit du groseillier.

Le *groseillier à grappes*, originaire des Alpes, a les fruits disposés en grappe allongée. Ils sont plus petits que les précédents, de couleur blanche ou rouge, de saveur acide. On en fait du sirop et de la gelée.

Le *cassis* ou *groseillier noir* pousse spontanément dans les bois montueux. On mange la groseille noire comme les autres groseilles, à l'état de fruit et de confiture. On s'en sert en outre pour préparer la liqueur appelée *cassis*. On peut préparer cette liqueur en substituant les feuilles aux fruits, car la même essence aromatique, qui se trouve dans de petites glandes à la surface de la baie, existe aussi dans les feuilles. Le cassis de Dijon est très-renommé.

3e Division. — Apétales.

Famille des Polygonées.

162. — On peut prendre comme le type le plus simple

Fig. 107. — Branche de polygonée avec ochrea.

de cette famille la **patience,** qui croît spontanément sur les bords des ruisseaux, et que l'on cultive dans les potagers. La tige s'élève au milieu d'une rosette de feuilles entières, oblongues; elle porte elle-même des feuilles qui entourent la tige d'une gaîne membraneuse jaunâtre nommée *ochrea* (*fig.* 107). Les fleurs (*fig.* 108) sont disposées en épis rameux. Elles n'ont pas de corolle : l'enveloppe florale unique, nommée *calice* ou *périanthe,* se compose de six folioles, trois extérieures petites et trois intérieures plus grandes. Il y a six étamines, placées deux par deux vis-à-vis des divisions

Fig. 108. — Diagramme d'une fl. de patience.

extérieures du périanthe. L'ovaire, qui est triangulaire, porte trois styles terminés par trois stigmates en lanière ; il n'a qu'une seule loge contenant un ovule unique. Le fruit est un akène, enfermé dans les trois divisions internes du périanthe qui se sont rapprochées l'une de l'autre.

Il arrive souvent qu'au milieu des fleurs *hermaphrodites*, c'est-à-dire portant à la fois des étamines et des pistils, il y en a d'autres *unisexuées*, c'est-à-dire privées les unes d'étamines, les autres de pistil.

La patience, dite aussi *oseille-épinard, épinard perpétuel*, a une saveur amère ; c'est un légume peu recherché.

163. — L'**oseille** se distingue par sa saveur acide. Ses fleurs sont toujours unisexuées ; les fleurs mâles ou staminées et les fleurs femelles ou pistillées sont portées sur des pieds différents. L'oseille croît spontanément dans les prés de notre pays ; on la cultive dans les jardins pour l'usage de la cuisine. On s'en sert aussi pour nettoyer les vases métalliques.

164. — La **rhubarbe** présente les mêmes caractères botaniques que la patience ; cependant toutes les folioles du périanthe sont égales, et il y a neuf étamines dont six opposées par paires aux folioles extérieures et trois situées isolément vis-à-vis des folioles internes. Les diverses espèces de rhubarbe paraissent originaires de l'Asie occidentale. C'est encore dans cette contrée que l'on va chercher les racines employées en médecine comme purgatif. Les jeunes feuilles de rhubarbe peuvent être mangées comme des épinards. Lorsqu'elles sont plus grandes, on se sert des pétioles et des côtes pour préparer des confitures très-estimées. En Angleterre, on en fait une grande consommation.

165. — Le genre *Polygonum*, qui a donné son nom à la famille, diffère des précédents par la symétrie de sa fleur. Le périanthe est à cinq divisions souvent colorées, et les étamines sont au nombre de huit, quelquefois de sept, six ou cinq.

Le **sarrasin** ou *blé noir* est l'espèce la plus utile de ce genre. Il paraît originaire d'Asie, d'où il a été transporté en Egypte, puis en Afrique et en Espagne par les Sarrasins. La graine contient beaucoup de fécule, mais pas de gluten : aussi ne peut-elle pas fournir de pain levé comme celle des céréales. Le pain de sarrasin est noir, lourd, indigeste : il n'est guère consommé que sur les lieux de production, et ce sont les contrées les plus pauvres de la France; car l'avantage du sarrasin est de croître sur les sols les plus ingrats. Il ne lui faut cependant ni trop de chaleur, ni trop d'humidité.

Famille des Chénopodées.

166. — La **bette** ou **betterave,** l'espèce la plus importante de la famille, est une herbe à feuilles entières non engaînantes ; car les Chénopodées n'ont pas l'ochrea des Polygonées. Les fleurs (*fig.* 109), sont petites, vertes, disposées en épi. Le périanthe a cinq divisions devant chacune desquelles est une étamine; l'ovaire, à moitié infère, est à une seule loge qui contient un seul ovule; il est cependant terminé par trois stigmates. Le fruit est sec, indéhiscent.

Fig. 109. — Coupe d'une fleur de bette.

La bette présente plusieurs variétés :

La *poirée,* dont les feuilles servent à la manière de l'oseille, la *carde,* dont les pétioles et les nervures des feuilles sont succulents, et que l'on consomme en grandes quantités dans certaines parties de la France, n'ont qu'une importance très-secondaire en comparaison de la *betterave*. La betterave, lorsqu'elle servait seulement à la nourriture de l'homme et des bestiaux, n'était cultivée que dans les jardins et dans quelques champs; mais elle est devenue depuis un demi-siècle un des plus riches produits de l'agriculture. C'est au sucre qu'elle contient que la betterave doit son importance, soit que l'on produise ce corps à l'état cristallisé, soit qu'on le transforme immédiatement en alcool. Les procédés de fabrication du sucre et de distillation de l'alcool étant étudiés dans le cours de chimie, ne doivent pas être développés ici.

Un des résidus de ces deux industries est la pulpe de betteraves dont on a extrait le jus. On l'utilise en la mélangeant avec des tourteaux de graines oléagineuses, pour nourrir et engraisser les bestiaux. L'emploi des pulpes a pris une si grande importance dans toute la région du nord de la France, que ces détritus sont devenus le pivot de la culture intensive et presque l'objet principal de l'industrie de la betterave. Le sucre et l'alcool n'en sont pour ainsi dire plus que des produits secondaires. Sans pulpe, pas d'engraissement rapide des bestiaux à l'étable et par suite peu de viande, peu de fumier; puis, comme conséquence de la diminution de fumure, moins de blé et de pain. Rien ne montre mieux combien les découvertes de la science, telles que celles qui permirent d'extraire le sucre de la betterave, contribuent à accroître toutes les sources de l'alimentation publique.

Il existe plusieurs variétés de betteraves : la *betterave rouge* est destinée à nos tables; pour la fabrication du sucre et la nourriture du bétail on préfère la *betterave de Silésie*, blanche intérieurement et extérieurement.

Il faut à la betterave un climat tempéré, un sol riche et profond. Elle exige que la terre contienne de la potasse ou qu'on lui en donne par les engrais; mais lorsque cette substance est en trop grande quantité dans le sol, elle s'accumule dans la betterave et diminue proportionnellement le rendement en sucre.

167. — L'**épinard** a les fleurs dioïques, c'est-à-dire que les fleurs mâles et les fleurs femelles sont portées sur des pieds différents. Les fleurs mâles ressemblent, au pistil près, à celles de la bette; les fleurs femelles sont construites sur un autre type; elles ont quatre styles. Le périanthe ne se compose que de deux folioles, qui persistent autour du fruit et se prolongent même en une pointe devenant épineuse dans certaines variétés.

L'**arroche** ou *bonne-dame* diffère de l'épinard parce que la fleur n'a que deux styles. Elle se mange comme la bette et l'épinard.

168. — Beaucoup de Chénopodées habitent les rivages de la mer et des lacs salés; quelques espèces propres à ces stations y absorbent une grande quantité de sels de soude que l'on retrouve ensuite dans leurs cendres. On s'en servait pour la fabrication de la soude avant que le procédé Leblanc n'eût permis de la retirer du sel marin.

169. — On peut rapprocher des Chénopodées, bien qu'elle présente une corolle, la petite famille des **Portulacées,** dont quelques espèces servent à notre alimentation : tels sont le **pourpier,** qui pousse spontanément en France, et la **claytone,** originaire de Chine, cultivée depuis quelques années seulement dans les jardins.

Famille du Laurier (*Laurinées*).

170. — Les fleurs du **laurier** sont dioïques : les fleurs mâles (*fig.* 110) ont un périanthe jaunâtre de quatre folioles et douze étamines placées sur trois rangs; les fleurs femelles contiennent dans un périanthe semblable un ovaire uniloculaire et uniovulé, accompagné sur les côtés de deux étamines stériles. Les étamines du laurier s'ouvrent d'une manière particulière. Il y a sur chaque loge de l'anthère deux petites valves, qui se soulèvent au moment de la déhiscence.

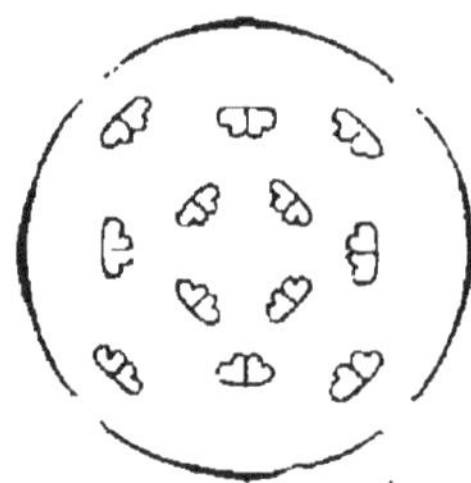

Fig. 110. — Diagramme de la fleur du laurier.

Le laurier est un arbre de huit à dix mètres de haut, propre à la région méditerranéenne. Il n'atteint jamais cette taille en France. Il y vit en pleine terre en Provence et dans certaines parties de la Bretagne où l'hiver n'est jamais rigoureux. Ses feuilles toujours vertes servaient autrefois de couronnes aux vainqueurs; au moyen âge, on ornait de branches de laurier chargées de leurs fruits les têtes des écoliers qui avaient subi leurs examens avec distinction : de là l'étymologie de bachelier, baccalauréat (*baccæ laureæ,* baies de laurier). Aujourd'hui on cueille encore des lauriers, en métaphore, sur les champs de bataille et dans les concours ; mais les feuilles de l'arbre d'Apollon ne servent plus, en réalité, que d'aromates.

171. — La **cannelle** est l'écorce d'un arbre de la même famille, originaire de Ceylan et cultivé dans les Antilles, à Cayenne, etc.

Le **camphrier** du Japon, autre laurinée, contient dans toutes ses feuilles, sa tige et ses racines, une huile volatile, solide à la température ordinaire, et que l'on obtient en chauffant la plante dans l'eau bouillante. C'est le *camphre.*

Le bois des arbres de la famille des Laurinées est généralement dur ; on l'emploie en ébénisterie.

172. — La famille des **Muscadiers** (*Myricacées*) mérite d'être citée à cause de la noix muscade. La muscade (*fig.* 111), employée comme épice, n'a de ressemblance avec la noix que la forme ; c'est une graine dont le tissu est imprégné d'une matière grasse aromatique. La muscade est entourée d'un corps charnu lacinié dont la nature botanique a été longtemps ignorée. On a reconnu que c'était un arille, c'est-à-dire une expansion du pédoncule de la graine ; ce corps désigné sous le nom de *macis* est également utilisé comme aromate. La muscade avec son macis est enfermée dans un fruit charnu. Le muscadier est originaire des Moluques ; d'où il a été transporté dans les îles Mascareignes et dans la Guyane.

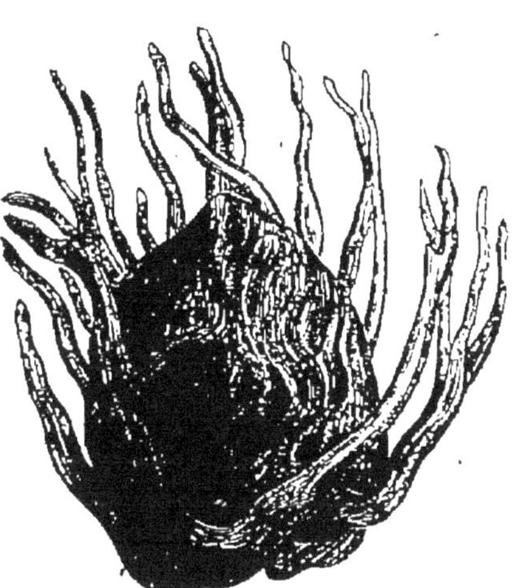

Fig. 111. — Noix muscade avec son macis grossi.

173. — La famille des **Protéacées**, formée d'arbres dont la fleur à périanthe simple est construite sur le type tétramère, comme celle des Laurinées, a joué un grand rôle dans les temps géologiques. Pendant les périodes crétacée et éocène, les Protéacées étaient abondantes en France. Aujourd'hui, on ne les retrouve qu'au cap de Bonne-Espérance et en Australie. On les a transportées dans nos jardins à cause de l'élégance de leurs fleurs.

174. — Le **gui** (*fig.* 112), de la famille des **Loranthacées**, pousse en parasite sur les arbres de nos climats. Il produit une petite fleur jaune assez singulière, à laquelle succède une baie blanche fort recherchée des oiseaux. Les vaches mangent avec plaisir le feuillage du gui et cette nourriture augmente leur lait.

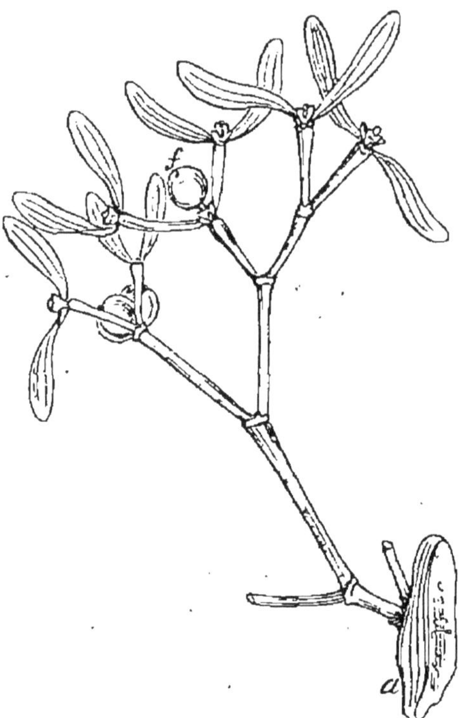

Fig. 112. — Branche de gui portant des fruits.

On sait le rôle que jouait le gui du chêne dans la religion des Druides ; il faut remarquer à cette occasion que le gui qui vit sur le chêne est le même que celui qui pousse bien plus fréquemment encore sur les pommiers, poiriers et autres arbres.

Famille des Euphorbes (*Euphorbiacées*).

175. — Les **euphorbes** sont de petites plantes herbacées qui croissent dans les bois et le long des chemins. Elles contiennent un suc blanc laiteux très-âcre, d'une odeur nauséabonde et qui est un violent purgatif. Dans les campagnes, on se sert de ce suc pour brûler les verrues, et l'on croit, bien à tort, que lancé le soir dans les yeux, il réveille le matin de bonne heure. Ce qui est vrai, c'est qu'il cause une vive inflammation de l'organe de la

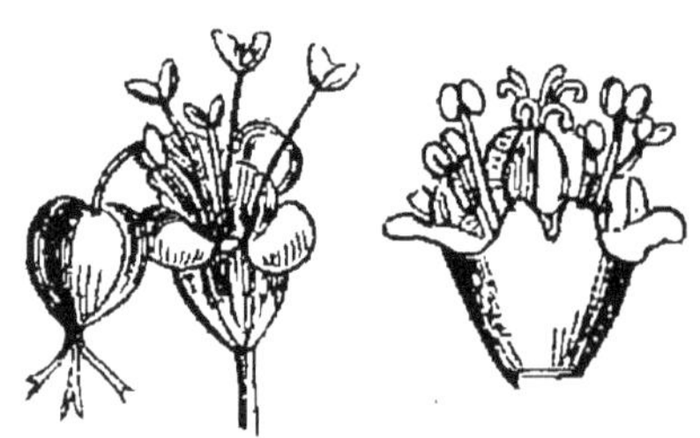
Fig. 113. — Fleurs d'euphorbes.

vue, inflammation parfois assez douloureuse pour empêcher de dormir. Les fleurs d'euphorbe (*fig.* 113) sont disposées en ombelles; elles présentent une première enveloppe ayant l'apparence d'une cloche renversée, divisée à sa partie supérieure en cinq folioles qui alternent avec autant de corps jaunâtres, glandulaires, en forme de croissant[1]. Dans l'intérieur de cette première enveloppe il y a un grand nombre d'étamines divisées en cinq paquets. Du centre des étamines s'élève une petite tige qui porte, à un niveau plus élevé que les anthères, un ovaire à trois loges uniovulées.

Les fleurs des autres plantes de la famille soint moins complexes.

Parmi les Euphorbiacées indigènes il faut citer : le **buis,** dont une variété naine est cultivée dans presque tous les jardins pour faire des bordures. Son bois, qui est très-serré, sert spécialement à la gravure, et ses feuilles ne sont que trop souvent substituées au houblon pour donner de l'amertume à la bière.

176. — Le **tournesol** qui croît spontanément dans la région méditerranéenne, où on le cultive en grand, fournit une matière colorante bleue devenant rouge sous l'action des acides. Pour l'obtenir, on écrase les tiges et les feuilles du tournesol, on en fait ainsi sortir un jus verdâtre dans lequel on plonge des toiles d'emballage. Lorsqu'elles sont bien imbibées, on les fait sécher ; puis on les place pendant quelque temps entre deux couches de fumier. Les toiles y acquièrent une belle couleur bleue. On les livre alors au commerce sous le nom de tournesol en drapeaux. On emploie le tournesol à colorer le gros papier qui enveloppe les pains de sucre et la croûte des fromages de Hollande. La teinte rouge que prend ensuite cette croûte est due à la réaction des acides contenus dans le fromage.

177. — Le **ricin,** originaire d'Asie, se cultive dans les jardins comme plante d'ornement. Sa graine fournit une huile très-employée comme purgatif. Il est bon de remarquer que si

1. Il arrive souvent qu'il n'y a que quatre glandes par suite de l'avortement de la cinquième.

l'huile est simplement purgative, la graine contient un principe vénéneux qui reste dans le tourteau. Il y a plusieurs exemples d'empoisonnement par les graines de ricin.

178. — Les propriétés âcres et purgatives des Euphorbiacées des pays chauds sont encore plus actives. L'huile de *croton* qui est employée pour attirer l'irritation à la peau, à la manière de la farine de moutarde, provient d'une Euphorbiacée arborescente des Moluques. C'est dans du suc d'euphorbe que les Caraïbes trempent leurs flèches pour les empoisonner. Le fruit du **mancenillier** est un poison très-actif, son suc laiteux détermine sur la peau l'effet d'une brûlure. Aux Moluques existe un arbre de la même famille, ayant son bois rempli d'un suc dont une goutte projetée dans les yeux suffit pour aveugler ; cet accident est souvent arrivé aux matelots qui allaient faire du bois dans ces îles. Enfin chacun a entendu parler du **manioc,** dont la racine contient un suc vénéneux et qui cependant fournit un aliment très-recherché depuis quelques années, surtout pour les enfants et les estomacs débiles, le *tapioca.* Pour le préparer, on râpe la racine du manioc, et on sépare la fécule par lixiviation ; puis on chauffe cette fécule sur des plaques en fer pour volatiliser le suc vénéneux qui l'accompagne. Elle subit en même temps un commencement de cuisson et s'agglomère en petits grains durs qui se transforment en gelée dans l'eau bouillante.

Famille des Urticées.

On avait réuni dans cette famille beaucoup de plantes qui n'avaient d'autres traits communs que de posséder des fleurs apétales et unisexuées. Aussi les botanistes modernes en ont fait plusieurs familles. Nous nous bornerons à indiquer quelques types en les considérant plutôt au point de vue de leur utilité que sous le rapport botanique.

179. — L'**ortie** qui a donné son nom à la famille ne nous est guère connue que par ses inconvénients : sa tige et ses feuilles sont hérissées de poils en communication avec une glande qui sécrète une liqueur très-irritante. Lorsque l'extrémité du poil pénètre dans la peau, il se brise, le liquide s'infiltre dans la plaie et y détermine une inflammation douloureuse. A cela près, l'ortie serait une plante très-utile, si on voulait lui demander ce qu'elle peut nous donner. Les tiges contiennent d'excellente filasse, pouvant servir à faire des toiles grossières. Plusieurs espèces d'orties étrangères, entre autres l'*Urtica nivea* de Chine, fournissent au commerce cette filasse blanche et soyeuse connue sous le nom de *china-grass*. Les feuilles d'ortie, lorsqu'elles sont jeunes, peuvent se manger à la manière des épinards; un peu fanées, lorsque le principe actif des glandes a disparu, elles deviennent un excellent fourrage. Dans quelques contrées, on cultive l'ortie pour la donner aux bestiaux. En Allemagne on nourrit les jeunes dindons et les jeunes oies avec de l'ortie cuite.

180. — Le **chanvre** a les fleurs mâles composées de cinq folioles libres (*fig.* 114, *s*) et de cinq étamines (*e*) opposées à ces folioles. Les fleurs femelles situées sur des pieds différents de ceux des fleurs mâles n'ont pas de périanthe; elles se composent d'un seul ovaire uniloculaire, accompagné à sa base d'une bractée. Les agriculteurs intervertissent les appellations sexuelles des botanistes: ils appellent chanvre mâle les pieds qui portent les ovaires et les graines, parce qu'ils sont plus grands que les pieds à fleurs staminées. Le chanvre est après le lin la plus importante des plantes textiles indigènes. On en fait des toiles fortes, de la ficelle et des cordes. Il doit être roui comme le lin, puis broyé et peigné pour séparer la filasse de la partie ligneuse. La graine de chanvre ou chènevis est donnée aux poules et aux petits oiseaux; on en extrait de l'huile à brûler que l'on emploie aussi pour la fabrication du savon. Cette graine possède des propriétés enivrantes; les Orientaux s'en servent pour préparer le *haschich*. Le chanvre cultivé en Italie acquiert une taille plus élevée que celui de nos climats, et en Chine, il existe une variété, ou une espèce particulière, plus grande encore.

Fig. 114. Fleur mâle du chanvre.

181 — Le **houblon** a les fleurs femelles (*fig.* 115) disposées en un épi ovoïde formé par l'agglomération d'un grand nombre de folioles ou bractées. Les ovaires situés, deux par deux, à l'aisselle de chaque bractée, deviennent de petits fruits secs et indéhiscents. Leur surface, ainsi que la face interne de la bractée, sont couvertes d'une poussière granuleuse jaune, nommée *lupuline*, douée d'une saveur amère et aromatique, que l'on utilise dans la fabrication de la bière. Non-seulement l'épi de houblon communique à cette boisson un goût agréable, mais encore il l'empêche de s'aigrir en arrêtant la fermentation. On mange les jeunes pousses de houblon, et dans certaines parties de la Russie on fait des cordages avec la filasse de la tige. Le houblon pousse spontanément dans les haies; mais celui que l'on emploie pour les brasseries est demandé presque exclusivement à la culture. La Bohême, l'Angleterre, la Belgique, la Flandre, l'Alsace, sont les centres principaux de production. Le houblon étant une plante grimpante, on doit disposer auprès des pieds, des perches d'une dizaine de mètres de hauteur.

Fig. 115. — Houblon (plante et épi).

182. — L'**orme** est rapproché de l'ortie bien que ses fleurs soient hermaphrodites. Elles se montrent, avant les feuilles, en petites agglomérations brunâtres; chacune a un périanthe à cinq divisions, cinq étamines, et un ovaire à deux loges uniovulées. Dans le fruit, une de ces loges avorte toujours, tandis que l'autre s'entoure d'une membrane ayant la forme d'une petite feuille, dont la graine occupe le centre. Ces fruits secs et ailés, portent le nom de *samares* (*fig.* 116). Le bois de l'orme est rougeâtre, dur, élastique; on l'estime pour le charronnage. L'orme se plante le long des routes, parce que ses racines s'opposent à l'éboulement des terres dans les fossés ; mais alors il lui arrive souvent d'être blessé par les roues des voitures, et ces blessures donnent naissance à des loupes dont le tissu présente des dessins et des effets de coloration remarquables, par suite de l'entrelacement des fibres. On les emploie pour le placage des meubles de luxe. Parmi les variétés d'orme, il en existe une, *l'orme subéreux*, dont les rameaux ont l'écorce boursouflée en forme d'aile.

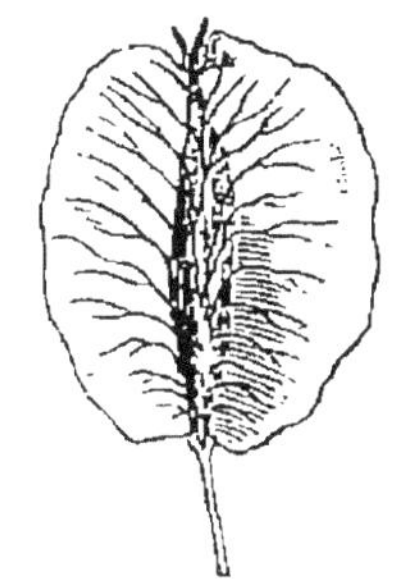

Fig. 116. Samare de l'orme.

L'*orme blanc* est une espèce distincte, caractérisée par la couleur blanche de son bois et par ses samares couvertes de poils mous. Il vient bien dans les marécages et les sables, tandis que l'orme ordinaire craint les sols argileux et arides.

183. — Le **micocoulier** de Provence est un grand arbre de douze à quinze mètres de hauteur. Sa fleur est assez semblable à celle de l'orme, mais son fruit est charnu. Il ressemble à une cerise noirâtre, d'une saveur douce, un peu sucrée ; aussi est-il recherché par les enfants et les petits oiseaux. Son bois est noir, très-dur, très-élastique ; on en fait des sculptures, des instruments à vent, des avirons, des fourches et surtout d'excellents manches de fouets. On plante le micocoulier sur le bord des routes et dans les promenades, à cause de son beau feuillage.

184. — Le **mûrier** est un arbre à fleurs unisexuées disposées en épis serrés. Dans un périanthe de quatre folioles, les unes contiennent quatre étamines, les autres un ovaire à deux loges dont une seule se développe. Le fruit est sec ; mais le périanthe persiste après la fructification en devenant charnu et succulent. La mûre (*fig.* 117) est formée par la réunion et la soudure de tous les périanthes d'un même épi. C'est ce qu'on appelle un fruit composé. Quelques personnes mangent les mûres avec plaisir. Les feuilles du mûrier servent à l'ali-

Fig. 117. Fruit du mûrier.

mentation des vers à soie. Le mûrier est originaire de l'Asie-Mineure, d'où il fut transporté en Grèce, puis en Italie et en France. Il résiste au froid du climat de Paris, mais il y souffre quand on l'effeuille tous les ans. Sa culture ne peut donner de résultats favorables que dans le midi.

Il existe deux espèces de mûriers : le *mûrier blanc* et le *mûrier noir*.

Le premier se distingue du second par sa taille moindre, son écorce moins foncée, et la couleur de ses fruits qui sont blancs ou rosés. Les vers à soie préfèrent sa feuille à celle du mûrier noir.

185. — Le figuier est un petit arbre croissant spontanément dans le midi de la France. Ses fleurs unisexuées sont enfermées dans un réceptacle charnu, creux, portant au sommet une petite ouverture (*fig.* 118). Par la maturation, les ovaires se transforment en fruits charnus, serrés les uns contre les autres et contenant chacun une seule graine. La figue est formée de l'ensemble de ses fruits enveloppés par le réceptacle qui devient également charnu et sucré. Le figuier craint le froid ; il ne vient bien en pleine terre que dans le midi de la France ; mais avec des précautions on parvient à le cultiver à Argenteuil, près de Paris.

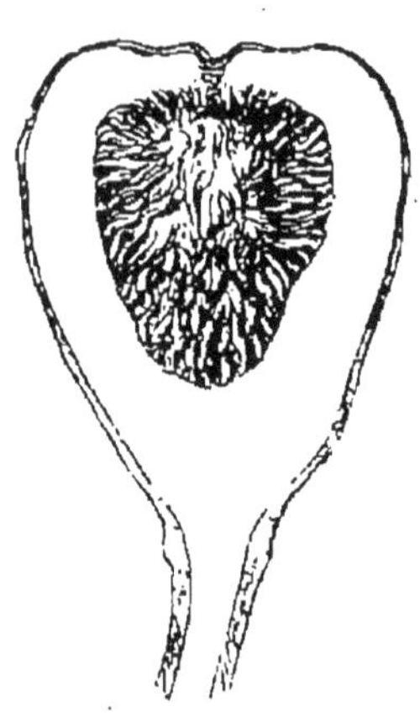

Fig. 118. — Figue.

Lorsqu'on coupe une branche de figuier, il en sort un suc blanc laiteux d'une saveur très-âcre. Dans certaines espèces de figuiers des pays chauds, ce suc est très-abondant ; il se concrète au contact de l'air en produisant une substance solide élastique qui, sous le nom de *caoutchouc*, a reçu, depuis quelques années, d'innombrables applications. Le *Ficus elastica* de l'Inde est la source la plus importante du caoutchouc, mais cette substance découle aussi du tronc d'autres espèces de figuiers, d'une euphorbiacée du Brésil et d'une apocynée de Sumatra.

Une espèce de figuier laisse exsuder par les piqûres de la

cochenille, la *laque,* résine employée à la fabrication de la cire à cacheter et des vernis.

186. — **L'arbre à pain** de l'Océanie produit un fruit semblable à la figue et aussi gros que la tête d'un homme. Ce fruit a une chair blanche farineuse que l'on mange comme du pain.

L'**arbre à lait** de la Colombie fournit par incision un liquide blanc, sucré, semblable au lait.

Le suc qui provient de l'**antiar** de Java a des propriétés toutes différentes; il sert aux habitants des îles de la Sonde et des Moluques à empoisonner leurs flèches.

187. — Le **poivrier** (*fig.* 119), type de la famille des **Pipéracées** est un grand arbre des régions tropicales dont les fleurs sont disposées en épis serrés comme ceux du plantain; mais elles sont dépourvues de calice et de corolle, et réduites aux étamines et au pistil. Le fruit est légèrement charnu; en se desséchant il se ride et devient noirâtre; c'est le *poivre noir*. Lorsqu'on en a enlevé l'épiderme, il prend le nom de *poivre blanc*. Ce dernier est préféré pour la table, mais le poivre noir est plus actif. Le poivre est originaire des îles de la Sonde. Pour conserver le privilége exclusif des épices, les Hollandais en avaient défendu l'exportation sous les peines les plus sévères. M. Poivre, intendant des îles de France et Bourbon (1767), parvint à faire enlever quelques plants d'épices et à les transporter aux colonies françaises, où elles s'acclimatèrent. La reconnaissance nationale donna le nom de l'intendant à la plus importante de ces épices.

Fig. 119. — Poivrier.

Presque toutes les graines du genre poivre ont la même saveur brûlante que le poivre noir. Le *poivre cubèbe* nommé aussi *poivre à queue,* par suite de sa forme allongée, est employé en médecine. Le *poivre long* de l'Inde est un épi entier avec tous ses fruits. Il sert comme condiment au même titre que le poivre noir, mais il est encore plus stimulant.

Famille des Amentacées.

188. — Ce groupe, qui comprend la plupart de nos arbres forestiers, a été partagé par les botanistes modernes en plusieurs petites familles. Il était caractérisé par ses fleurs unisexuées, apétales, disposées, les fleurs mâles du moins, en un épi dit *chaton.* L'origine de ce dernier nom vient de ce que dans quelques espèces, telles que les saules, les fleurs sont entourées de soies douces qui leur donne l'aspect d'un petit chat. Tantôt la fleur possède un périanthe, tantôt elle n'est entourée que de quelques écailles ou bractées.

189. — Le **noyer** est monoïque, chaque pied portant des chatons mâles et des chatons femelles. Les fleurs femelles (*fig.* 120) ont un ovaire infère, couronné par un périanthe à quatre divisions, d'où sortent deux larges stigmates à surface couverte de papilles. L'ovaire uniloculaire et uniovulé devient un fruit à noyau, dont la partie extérieure demi-charnue et amère porte le nom de *brou*; la partie interne est ligneuse. L'amande a la surface mamelonnée et sillonnée; bien qu'elle ne soit qu'une graine unique, elle est profondément divisée en quatre parties par des cloisons incomplètes adhérentes au noyau.

Fig. 120.
Noyer (fleurs femelles).

L'usage des noix comme fruits est bien connu de tous. On en retire de l'huile propre à la peinture, à l'éclairage, et qui peut aussi servir à l'alimentation ; mais elle doit pour cela être bien faite et recuite, car elle a l'inconvénient de rancir très-vite. On la mange néanmoins telle quelle, dans le centre et le midi de la France. Le bois de noyer est recherché pour l'ébénisterie, la carrosserie et surtout la fabrication des crosses de fusils. Le noyer commun originaire de Perse a été introduit en Europe quelques siècles avant l'ère chrétienne. Une autre espèce, importée de l'Amérique septentrionale, a un bois noir supérieur au précédent par sa beauté et sa dureté.

190. — Le **châtaignier** a un fruit (la *châtaigne*) qui renferme, sous une enveloppe coriace une seule graine volumineuse, remplie de fécule. Il est curieux de remarquer que ce fruit à graine unique provient d'un ovaire divisé en six loges qui renferment chacune deux ovules. De ces douze ovules, un seul s'est donc développé. Les châtaignes sont enfermées au nombre de deux ou trois dans une coque hérissée extérieurement d'épines, qui s'ouvre en quatre valves à la maturité. Cette coque provient d'un involucre qui contient un petit groupe de fleurs femelles dont quelques-unes seulement se sont développées. Les *marrons* sont des variétés de châtaignes, à chair plus délicate, et où chaque coque ne renferme qu'un fruit. La châtaigne forme la base principale de l'alimentation des paysans qui habitent la région granitique du centre de la France. Le sol de ce pays formé d'argile sablonneuse, provenant de la décomposition du granit, convient parfaitement à la culture du châtaignier qui y existait avant la conquête romaine. Cet arbre ne dépasse guère au nord les limites de la vigne; il craint aussi les chaleurs des régions méditerranéennes, où il ne vient bien que sur les hauteurs. Il acquiert des dimensions considérables. Le fameux châtaignier de l'Etna, qui peut servir d'abri à cent cavaliers, a cinquante mètres de circonférence. Le bois de châtaigner est estimé pour faire des échalas, pour l'ébénisterie et la charpente, mais non pour le chauffage, car il pétille beaucoup au feu.

191. — Le **hêtre** est sous le rapport botanique très-voisin du châtaignier; ses fruits nommés *faînes* sont renfermés au nombre de deux dans une coque hérissée extérieurement d'épines molles, et s'ouvrant en quatre valves comme celles du châtaigner. Chaque faîne a une forme triangulaire et provient d'un ovaire triloculaire, dont deux loges ont avorté.

Elle renferme sous une enveloppe coriace brune une amande huileuse qui ne sert pas à l'alimentation de l'homme, mais dont on retire de l'huile bonne à manger et à brûler. Elle a l'avantage de s'améliorer en vieillissant au lieu de rancir. Le hêtre est un bel arbre qui atteint jusqu'à quarante mètres de hauteur. On le trouve dans toutes nos forêts; à l'époque romaine il était même très-abondant dans tout le nord de la Gaule et de la Germanie, pays où les bois ont encore conservé le nom de fagne (*fagus*, hêtre; dans les campagnes, on nomme le hêtre *fau* ou *fayard*). Ses feuilles ovales, crénelées sur le bord, traversées de nervures assez épaisses prennent à l'automne des tons rougeâtres qui font l'ornement des forêts en cette saison. On cultive dans les jardins des variétés dont les feuilles sont toujours d'un beau rouge. Le bois de hêtre est le bois de chauffage par excellence; on l'emploie à faire des ustensiles et des sabots, mais il a l'inconvénient de se fendre facilement.

192. — Le **chêne**, ce roi de nos forêts, diffère botaniquement des genres précédents par son involucre qui ne contient qu'une seule fleur, et par suite qu'un seul fruit; sa forme est celle d'une cupule hémisphérique, dont l'extérieur est couvert de petites écailles qui sont des bractées avortées. Le fruit nommé gland ne contient qu'une seule graine, bien qu'il provienne d'un ovaire à trois loges biovulées. Ses parois sont sèches et coriaces, la graine est volumineuse, charnue, féculente, huileuse, et, dans quelques espèces, elle contient un principe amer qui l'empêche d'être employée à l'alimentation de l'homme. Mais en Grèce, en Algérie, et même en Espagne, on a des glands doux que l'on mange comme les châtaignes. En France, le gland ne sert guère qu'à nourrir les porcs.

Le bois de chêne est de tous les bois de notre pays le plus utile par sa compacité, sa dureté, sa solidité, sa résistance à l'humidité. C'est par excellence le bois de charpente et de construction. Si on l'emploie rarement, c'est à cause de son prix élevé. Il pousse lentement; les beaux chênes de nos forêts datent de plusieurs siècles, et malheureusement leur nombre diminue chaque jour, sans qu'ils puissent suffire aux besoins des grandes constructions navales. Nos ateliers sont forcés d'avoir recours aux vastes forêts du nord de l'Europe, dont on peut aussi prévoir l'épuisement prochain. Notre pays conserve cependant quelques chênes remarquables par leur dimension et leur âge. Celui de Montravail, près de Saintes, a vingt-huit mètres de diamètre.

L'écorce de chêne contient une grande quantité de tannin ; elle est employée à la fabrication du cuir. Pour obtenir le *tan*, on fait, au printemps, à l'époque où la séve est en mouvement, une entaille circulaire au bas d'une branche de chêne, ou même d'un jeune arbre, puis on fend l'écorce dans sa longueur et on la détache d'une seule pièce. On la met sécher, on la nettoie en la râclant intérieurement et extérieurement ; on la hache en fragments, puis, on la pulvérise grossièrement dans des moulins assez semblables aux moulins à farine.

Les chênes de nos bois se rapportent généralement à deux espèces : dont l'une a les glands sessiles, tandis que l'autre les porte sur de longs pédoncules ; la première préfère les sols sablonneux, la seconde les terres argileuses et marécageuses. Le *chêne vert* ou *yeuse*, qui conserve ses feuilles pendant l'hiver, donne en cette saison, aux paysages du midi de la France, un air de vie et de fraîcheur qui manquent à ceux du nord. Le *chêne-liége* jouit des mêmes avantages ; il croît aussi dans le midi de la France, en Espagne et en Algérie ; on sait combien son écorce nous est précieuse. Sur les rochers de la Provence croît un chêne qui ne s'élève pas plus qu'un petit arbrisseau, mais il n'en est pas moins utile, car ses feuilles servent de nourriture au *kermès*, insecte voisin des cochenilles, qui fournit comme elles une substance colorante d'un beau rouge.

Une autre espèce de chêne, propre à l'Asie-Mineure, doit également son importance à un insecte de la famille des *cynips*. Cet hyménoptère dépose ses œufs dans le tissu des feuilles de ce chêne. La piqûre détermine une affluence des sucs végétaux et il se développe autour de la larve une excroissance ligneuse connue sous le nom de *noix de galles*. Elle contient une grande quantité de tannin qui, par sa combinaison avec un sel de fer, donne une poudre noire très-fine, délayable dans l'eau, et se tenant en suspension dans l'eau gommée. Cette eau gommée, colorée par du tannate de fer, est l'*encre à écrire*.

193. — Le **coudrier** ou *noisetier*[1] (*fig.* 121) peut s'étudier facilement, ce qui permet d'en décrire la fleur avec quelques détails. Les fleurs mâles (*m*) sont disposées en chatons sous forme de cylindres jaunâtres; elles se composent chacune d'une écaille extérieure, de deux écailles internes soudées à la première, et de huit étamines. Les fleurs femelles (*f*), ont l'apparence d'un petit bourgeon ovoïde d'où sort un bouquet de filaments violacés. A l'aisselle des écailles intérieures du bourgeon se trouvent deux fleurs composées d'une bractée velue, qui doit prendre plus tard un grand développement, et d'un ovaire infère surmonté par un périanthe irrégulier et par deux styles. C'est l'ensemble de ces styles qui constitue le bouquet de filaments violacés sortant du bourgeon. L'ovaire a deux loges univolées. Le fruit a des parois ligneuses renfermant généralement une seule amande, par suite de l'avortement d'une des deux loges et de l'ovule qu'elle renferme. Exceptionnellement, celle-ci se développe, il y a alors deux amandes dans la noisette. La petite bractée qui accompagne chaque fleur grandit beaucoup ; elle constitue, à la maturité, un involucre foliacé ouvert et déchiqueté à la partie supérieure.

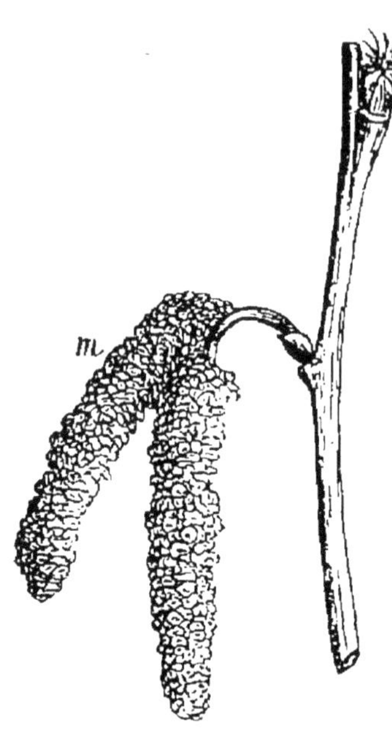

Fig. 121. — Fleurs du noisetier : *m*, chaton mâle ; *f*, fleur femelle.

Outre son utilité comme fruit[2], la noisette fournit encore une huile d'un goût agréable, quand elle est récente. Le

1. Février, mars.
2. La noisette contient souvent un ver blanc qui est la larve du charançon du noisetier.

coudrier croît spontanément dans les bois et dans les haies. Il est très-flexible, on en fait des claies et des échalas.

194. — Le **charme** a un fruit assez analogue à la noisette, enveloppé dans un involucre foliacé à trois lobes. Ses feuilles sont ovales, ridées, dentées sur le bord et traversées de nervures très-prononcées. C'est un arbre de quinze à vingt mètres de hauteur. On profite de ce qu'il se taille avec la plus grande facilité pour en faire des berceaux, des palissades, des pyramides; il est alors désigné sous le nom de *charmille*. Le bois de charme est pesant, fort dur et fort serré; il convient parfaitement pour le chauffage, le charronnage, les vis de pressoirs, les poulies, les manches d'outils, etc.

195. — Le **bouleau** a un fruit sec accompagné latéralement de deux ailes membraneuses, qui en font une samare. C'est un arbre précieux, parce qu'il supporte des froids très-rigoureux, aussi s'avance-t-il beaucoup dans le nord et dans les régions élevées des montagnes. Son épiderme est d'une blancheur éclatante qui contraste avec la couleur sombre des autres arbres; son écorce est imperméable à l'eau, très-tenace, et peut même se diviser en plaques minces (§ 334). On s'en sert pour faire des tabatières, des nattes, des chaussures, voire pour couvrir les maisons. Les sauvages du Canada en construisent des pirogues très-légères qu'ils transportent pour aller d'un lac à l'autre ou pour passer les rapides de leurs rivières. Elle fournit, par la distillation, une huile résineuse dont on empreigne le cuir de Russie, et qui lui communique son odeur. Enfin elle contient une assez grande quantité de fécule qui sert à l'alimentation des Esquimaux et des Samoyèdes. Les mêmes peuples trouvent dans la séve du bouleau une liqueur sucrée fermentescible dont ils font une sorte de vin. Chez nous, le bouleau a moins d'usages; ses jeunes rameaux servent à faire des balais; son bois, blanc, quelquefois nuancé de rose, est généralement peu estimé; cependant le bouleau du nord, qui est plus dur et plus compacte, est recherché par les ébénistes.

196. — Le fruit de l'**aulne** diffère de celui du bouleau par l'absence d'aile. Le chaton femelle a des écailles ligneuses qui lui donnent en petit de la ressemblance avec le cône du pin. Ses feuilles sont arrondies, dentées sur les bords et couvertes, lorsqu'elles sont jeunes, d'une substance glutineuse. L'aulne vient parfaitement dans les terres marécageuses. Son bois se conserve indéfiniment lorsqu'il reste plongé dans l'eau, mais il se détruit de suite s'il est soumis aux alternatives de sécheresse et d'humidité. Il est excellent pour faire des pilotis et des conduites d'eau. Les tourneurs s'en servent pour imiter l'ébène, bien qu'il soit d'une teinte jaune, parce qu'il se colore parfaitement en noir sous l'influence d'un sel de fer et d'une dissolution de campêche. Il prend aussi le beau poli de l'ébène, mais il n'en a ni la dureté, ni la densité. Son écorce, riche en tannin, pourrait être utilisée pour le cuir; les chapeliers s'en servent au lieu de noix de galles pour faire leur encre. Le charbon d'aulne est employé à la fabrication de la poudre à cause de sa légèreté.

197. — Le saule[1] a les fleurs très-simples (*fig.* 122) : deux étamines ou un pistil que protége une bractée. L'ovaire est uniloculaire et contient un grand nombre d'ovules sur deux placentas pariétaux. Les saules sont des arbres qui aiment les lieux humides, les prairies, les ruisseaux, etc. Leur bois est flexible, léger, peu estimé; mais leurs jeunes branches servent, sous le nom d'*osier*, à faire des paniers et des cercles de tonneaux. Leur écorce contient du tannin; on l'emploie pour la fabrication du cuir de Russie. On peut aussi en retirer un principe amer, la *salicine*, dont la médecine se sert quelquefois pour remplacer la quinine.

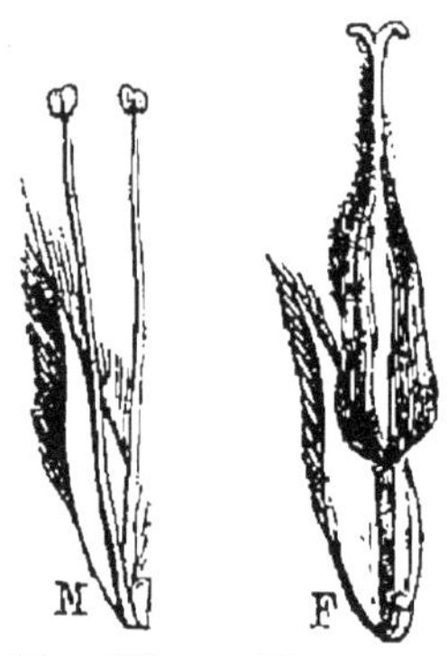

Fig. 122. — Fleurs du saule : M, fleur mâle; F, fleur femelle.

On cultive les saules en têtards ou en oseraies (§ 319). Dans le premier cas, quand l'arbre a acquis deux mètres, on lui coupe la tête; autour de la plaie poussent plusieurs branches, que l'on coupe également pour les employer à la vannerie; de nouveaux rameaux naissent et sont coupés à leur tour, de sorte que l'arbre ne grandit pas; il grossit, et la

1. Mars, avril.

partie supérieure, où affluent les sucs, s'arrondit en forme de tête. Il arrive souvent que ces saules, dont le bois est peu résistant, pourrissent intérieurement, se creusent et se trouvent presque réduits à l'écorce.

Pour la culture en oseraies, qui se fait dans les endroits humides et souvent inondés, on coupe le saule à quelques décimètres de terre, et on agit comme pour cultiver en têtards.

Il y a de nombreuses espèces de saules : l'*osier blanc* ou *osier des vanniers*, l'*osier rouge*, l'*osier jaune* et le *saule fragile* fournissent les oseraies. Le *saule blanc*, ainsi nommé parce que la face inférieure de ses feuilles est couverte de longs poils blancs, est plutôt cultivé en têtards. Le *saule marceau*, à larges feuilles, si commun dans les haies et dans les bois, a les rameaux trop fragiles pour servir aux vanniers, mais il fournit des échalas pour la vigne et des perches pour les fosses à charbon. Le *saule pleureur*, remarquable par l'extrême flexibilité de ses rameaux, est originaire d'Orient.

198. — Le **peuplier** a ses fleurs peu différentes de celles du saule. Ses graines sont couvertes d'un abondant duvet cotonneux, que l'on a essayé inutilement d'employer à la fabrication des étoffes, mais qui sert aux oiseaux pour garnir l'intérieur de leurs nids. S'il était plus abondant, on pourrait l'utiliser pour faire du papier. Le bois de peuplier est le type du bois blanc, mou, léger, sans résistance.

Parmi les espèces de peupliers indigènes, on peut citer le *peuplier blanc*, qui a la face inférieure des feuilles couverte d'un duvet blanc, et qui est cultivé dans les plaines humides de la Flandre et de la Hollande ; le *tremble*, à feuilles arrondies qui s'agitent au moindre vent ; le *peuplier noir* ou *liardier*, dont les feuilles d'un vert sombre sont presque triangulaires et crénelées sur les bords. Ses bourgeons sont enduits d'une résine odorante assez agréable. On doit considérer comme une variété du peuplier noir le *peuplier pyramidal* ou *peuplier d'Italie*, dont les rameaux se dressent le long de la tige et qui, en raison de son port, est fréquemment employé pour orner les avenues. On a aussi importé en France quelques espèces de peupliers d'Amérique.

199. — Le **platane**, type de la famille des **Platanées**, est un arbre originaire de l'Asie-Mineure ; son port majestueux et son feuillage abondant en font l'ornement des avenues et des parcs. Ses fleurs, comme celles des Amentacées, sont unisexuées, apétales, et enveloppées simplement de petites soies ou de bractées. Elles se composent soit d'une étamine, soit d'un ovaire uniloculaire et uniovulé, surmonté d'un long style crochu à l'extrémité. Ces fleurs sont réunies en petites boules qui sont elles-mêmes fixées au nombre de trois ou quatre le long de rameaux pendants (*fig.* 123). Après la maturation, les parois de l'ovaire deviennent ligneuses ; le style persiste et se dessèche, de sorte que les glomérules de fruit ressemblent à de petites brosses. Le bois de platane se découpe facilement, ce qui le fait employer surtout pour la boissellerie et pour la fabrication des jouets d'enfants.

Fig. 123. — Rameau florifère du platane (1/4 gr. nat.).

CLASSE DES MONOCOTYLÉDONÉES

200. Caractères essentiels. — Cotylédon unique ; radicule enveloppée d'une gaîne ; racine fasciculée, dont les filaments ne s'épaississent pas ; tige formée de faisceaux fibro-vasculaires disséminés sans ordre dans le parenchyme, et ne laissant distinguer ni moelle, ni corps ligneux, ni écorce. Feuilles à nervures parallèles ; fleurs généralement construites sur le type trimère à périanthe unicolore.

201. Caractères généraux. — La racine primitive des monocotylédonées cesse bientôt de croître. Les ramifications secondaires qui en naissent atteignent aussi rapidement une épaisseur qu'elles ne dépassent pas. Il en résulte que le système radical des monocotylédonées est formé d'un faisceau

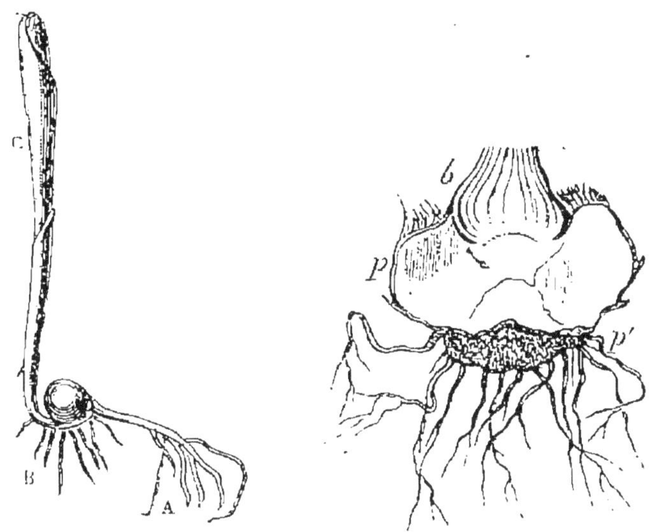

Fig. 124. — Monocotylédonées germant : A, racines provenant de la radicule ; B, racines adventives provenant de la jeune plante ; C, feuille cotylédonaire.

Fig. 125. — Bulbe solide de safran.

de filaments égaux. C'est ce qu'on appelle une racine *fasci-*

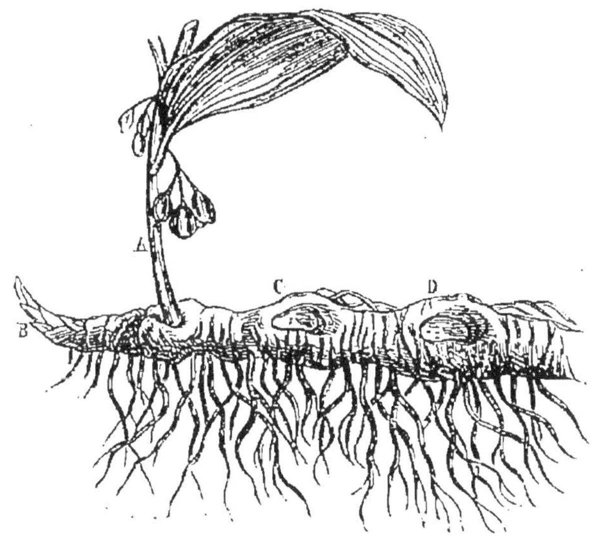

Fig. 126. — Tige souterraine du sceau de Salomon.

culée. Souvent il naît à la base de la tige des racines adventives. Le buttage du maïs a pour effet d'envelopper de terre le jeune pied afin de multiplier la production de ces racines.

La tige des monocotylédonées est rarement ramifiée. Ses formes sont très-variables. Elle est creuse (*chaume*), dans le blé et les autres graminées; elle est courte et épaisse (*bulbe solide*), dans le safran (*fig.* 125); courte et aplatie (*bulbe tuniqué*), dans l'oignon (*fig.* 208), elle s'allonge en rampant souterrainement (*rhizome*), dans l'iris et le sceau-de-Salomon (*fig.* 126); elle est ligneuse et s'élève sans se ramifier en portant au sommet un bouquet de feuilles (*stipe*), dans le palmier (*fig.* 127).

Fig. 127. — Tige aérienne du palmier (dattier).

Le caractère essentiel de la tige des monocotylédonées réside dans la disposition des faisceaux fibro-vasculaires qui, au lieu d'être disposés régulièrement autour de la moelle, comme chez les dicotylédonées, sont disséminés sans ordre au milieu du tissu cellulaire. Il en résulte qu'une tige ligneuse de monocotylédonée ne montre jamais les cercles concentriques que l'on voit dans le tronc des dicotylédonées de plusieurs années. On n'y peut pas distinguer non plus l'écorce, le corps ligneux et la moelle.

Les feuilles, à quelques exceptions près, ont toutes leurs nervures non ramifiées. Quand elles sont étroites, les nervures courent parallèlement à elles-mêmes d'une extrémité à l'autre; si elles sont un peu plus larges, les nervures décrivent des arcs convexes vers le bord de la feuille; enfin, si les feuilles sont plus larges encore, il y a une nervure médiane, et des nervures latérales, parallèles entre elles, s'échappent de cette nervure médiane, en se dirigeant vers le bord de la feuille.

Les fleurs des monocotylédonées, très-analogues à celles des dicotylédonées, ont en général leurs deux enveloppes florales semblables, tantôt colorées comme une corolle, tantôt vertes comme un calice. On a souvent donné à cette enveloppe, en apparence unique, le nom de *périanthe*. Les divers organes de la fleur présentent la symétrie trimère (*fig.* 128).

La graine des monocotylédonées renferme ordinairement un gros albumen et un petit embryon. Celui-ci se montre sous la forme d'une masse cellulaire unique et conique, portant dans une fente un bourgeon qui deviendra la tigelle. Dans les Graminées, le cotylédon s'épaissit en une plaque adossée à l'albumen; c'est ce que l'on nomme écusson. La radicule est enveloppée dans une gaîne qu'elle doit percer pour se développer. Dans le blé, outre la radicule principale, il y a de petites racines latérales qui sortent également d'une gaîne au moment de la germination.

Famille des Liliacées.

202. — Le **lis** [1], qui a donné son nom à la famille, possède une partie souterraine renflée d'où partent les racines; c'est ce que les botanistes appellent bulbe. La tige qui en sort ne se ramifie pas; elle porte tout le long de sa hauteur des feuilles étroites, allongées en forme de fer de lance, et se termine par une grappe de belles et grandes fleurs. Dans chacune de ces fleurs (*fig.* 128), on observe les folioles blanches chez le *lis ordinaire,* jaunes ou rouges chez le *lis martagon.*

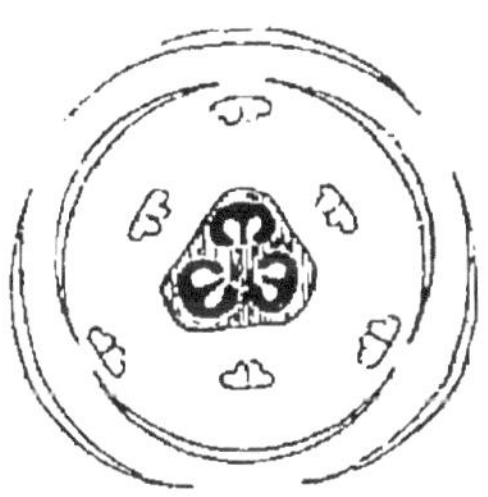

Fig. 128.
Diagramme du lis.

1. Été. Si on désire étudier cette famille au printemps, on peut prendre pour type la tulipe, la jacinthe, la fritillaire ou l'asphodèle.

Trois sont tout à fait extérieures, et trois situées un peu plus en dedans et recouvertes par les autres. Les premiers botanistes, jugeant d'après l'analogie de couleur, comparaient cette enveloppe florale unique à la corolle des autres fleurs; d'autres savants pensèrent qu'elle représente le calice et que la corolle manque. Pour trancher la discussion entre les partisans de la corolle et ceux du calice, on proposa de donner à cette enveloppe florale des lis et des Liliacées un nom nouveau, celui de *périanthe*. Depuis quelques années, on admet assez volontiers que les trois divisions externes représentent le calice et les trois divisions internes la corolle. Vis-à-vis de chacune des folioles du périanthe est une *étamine* composée d'un long filament nommé *filet* et d'une masse jaune appelée *anthère*. Cette masse est formée de deux petites boîtes ovales, fendues horizontalement au milieu. Lorsque la fleur est complétement épanouie, la fente s'ouvre, et il en sort une poussière jaune qui tombe sur le périanthe et sur tous les corps environnants, c'est le *pollen*. Au centre de la fleur s'élève une colonne appelée *pistil* (*fig.* 129). On y distingue trois parties : un renflement inférieur trigone, l'*ovaire*, une tige, le *style*, et un renflement supérieur légèrement trilobé, le *stigmate*. Si on coupe l'ovaire, on voit qu'il se divise en trois chambres ou *loges* et dans chacune d'elles, il y a un très-grand nombre de petits corps ovoïdes, les *ovules*, fixés sur deux rangs à l'angle interne. Plus tard la fleur se fane, l'ovaire grossit, se transforme en fruit, et les ovules en graines. Lorsque le fruit est mûr, chaque loge s'ouvre par une fente pour laisser échapper les graines.

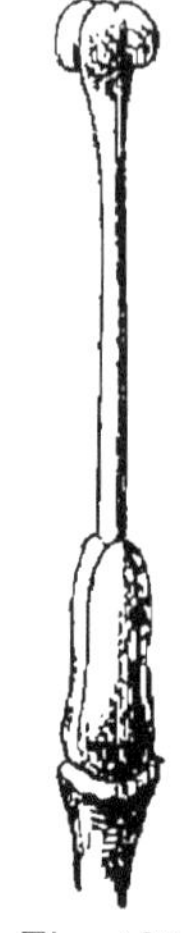
Fig. 129.
Pistil du lis.

203. — La **jacinthe** diffère du lis par deux caractères : d'abord toutes les feuilles partent du bulbe ; la tige est nue, c'est-à-dire dépourvue de feuilles et ne porte que les fleurs ; c'est ce que l'on nomme une *hampe ;* ensuite les six divisions du périanthe de la fleur sont soudées sur une grande partie de leur étendue.

204. — L'**asphodèle,** aux belles fleurs blanches, qui pousse spontanément dans les terrains sablonneux de la Gascogne, n'a pas de bulbe. Du bas de la tige s'échappent une foule de racines tubéreuses qui contiennent beaucoup de fécule. On pourrait les employer dans les temps de disette pour suppléer aux pommes de terre. Les anciens, persuadés que les mânes des morts s'en nourrissaient, les plantaient près des tombeaux.

205. — Outre les lis, les jacinthes et l'asphodèle, la famille des Liliacées fournit à nos jardins de belles fleurs qui, pour la plupart, paraissent au printemps : la **tulipe,** la **fritillaire,** l'**hémérocalle,** la **scille,** le **muscari,** le **yucca** et l'**aloès.** Ces deux dernières espèces, originaires, l'une de l'Amérique, l'autre de l'Afrique australe, ont une tige ligneuse. L'aloès a des feuilles épaisses et charnues d'où exsude un suc résineux, amer et purgatif très-employé en médecine. Le *Phormium tenax,* ou lin de la Nouvelle-Zélande, est cultivé depuis quelques années en France, parce que les fibres textiles de ses feuilles peuvent servir à faire des cordages.

206. — A ces quelques exceptions près, les seules plantes sérieusement utiles de la famille sont celles du genre *Ail.* Elles ont une saveur forte qu'elles doivent à une essence azotée et sulfurée ; leur âcreté est toujours moindre dans les pays chauds que dans nos climats de l'Europe centrale.

L'**oignon** en est l'espèce la plus généralement connue et la plus importante. Son bulbe est formé d'écailles ou tuniques continues qui s'emboîtent les unes dans les autres ; ses feuilles sont cylindriques et creuses ; les feuilles extérieures laissent passer par une fente les feuilles intérieures, ainsi que la hampe, qui est également creuse. Les fleurs ont toutes un pédoncule de même longueur et partent d'un même point, de manière à former une tête sphérique. C'est une disposition qui a été qualifiée du nom d'*ombelle.* Avant l'épanouissement, l'ombelle est enfermée dans une enveloppe membraneuse nommée *spathe.* Ces caractères se retrouvent dans toutes les espèces du genre ail.

L'oignon joue un grand rôle dans la cuisine ; on en connaît plusieurs variétés, qu'on peut grouper en trois divisions :

les oignons rouges, les oignons blancs, et les oignons pyriformes.

L'**ail** a les feuilles planes, carénées, fixées le long de la tige. Son bulbe est formé de tuniques minces et membraneuses; entre chacune d'elles on trouve un petit caïeu rose qui est la gousse d'ail. Les gousses d'ail ont une saveur brûlante; elles sont recherchées comme condiment dans le midi de la France, mais beaucoup moins estimées dans le nord. Les Grecs avaient l'ail en horreur, tandis que les soldats romains le prisaient beaucoup, et *manger de l'ail* était chez ce peuple synonyme de porter les armes.

L'**ail d'Espagne** ou *rocambole* porte au milieu des fleurs de petits bourgeons, qui peuvent servir à reproduire la plante comme les caïeux du bulbe.

L'**échalote,** également employée comme condiment, a une saveur moins forte et plus aromatique que l'ail; aussi lui est-elle souvent préférée. Ses feuilles sont cylindriques et creuses comme celles de l'oignon, dont elle a aussi la belle hampe nue. Son nom lui vient de ce qu'elle est originaire d'Ascalon, ville de Judée, aujourd'hui détruite.

Le **poireau** a les feuilles planes et le bulbe dépourvu de caïeux; il est allongé et d'une saveur beaucoup moins prononcée que les précédents. Le poireau sert à faire des potages; il accompagne toujours la carotte dans le pot-au-feu classique. Dans le nord de la France et en Belgique, on en fait de la pâtisserie.

Le **poireau d'été** pousse spontanément et en quantité prodigieuse dans les vignes de la Gascogne; les pauvres gens le mangent cru ou cuit.

La **ciboule** ou *civette* a des feuilles fines, creuses et cylindriques. On les coupe comme on le ferait d'un gazon, pour servir de condiment.

207. — En automne, les prairies naturelles et surtout les prairies humides sont ornées de belles fleurs violettes de **colchique,** qui sortent directement de terre; point de tiges pour les supporter, point de feuilles pour les entourer; elles ne tardent pas à se faner, et bientôt il n'en reste plus de traces. Au printemps suivant, on voit sortir de terre, au même endroit, un paquet de feuilles allongées semblables à celles du poireau, puis une petite tige centrale qui porte un seul fruit sec, triangulaire, divisé en trois loges remplies de graines. Lorsque le fruit est bien mûr, les loges se décollent et deviennent libres à la partie supérieure. C'est le seul caractère qui distingue la famille des **Mélanthacées**, à laquelle appartient le colchique, de celle des Liliacées; la conformation de la fleur est exactement la même. Le colchique est une plante vénéneuse que les bestiaux refusent de manger; aussi doit-on chercher à la détruire; mais ce n'est pas facile, car le bulbe dont elle provient est profondément enterré. Ce bulbe fournit à la médecine un médicament très-actif.

208. — **L'asperge** a une tige souterraine nommée griffe par les jardiniers. Au printemps, il pousse des bourgeons charnus (*turions*), que l'on coupe pour les manger peu de temps après leur sortie de terre. Ceux qu'on laisse pousser montent et se ramifient, et donnent naissance à un feuillage très-élégant. Quand on examine de près ces prétendues feuilles, on voit que ce sont simplement de petits rameaux verts, et que les véritables feuilles sont réduites à l'état d'écailles. Plus tard il pousse sur ces rameaux des fleurs vertes auxquelles succèdent des baies rouges (*fig.* 130). La nature charnue du fruit constitue le caractère qui distingue la famille des **Asparaginées** de celle des Liliacées. Cette famille comprend, outre l'asperge, le **muguet**, la **salsepareille**, dont les racines sont employées en médecine, et le **dragonnier**, arbre gigantes-

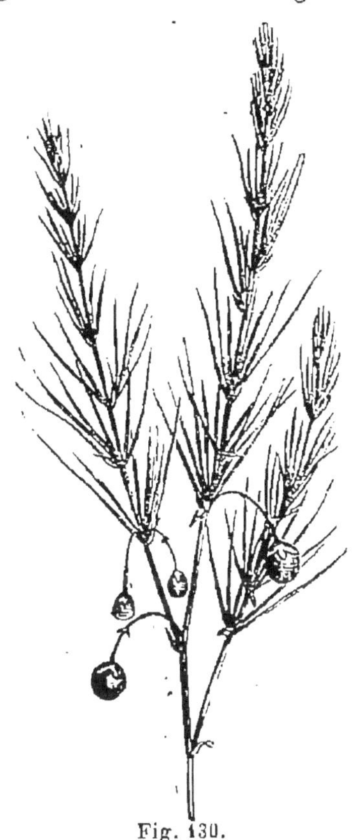

Fig. 130.
Branche d'asperge (1/2 gr. nat.).

que de l'Afrique tropicale. Le dragonnier d'Orotava, à Ténériffe, a vingt-quatre mètres de hauteur jusqu'aux branches et quinze mètres de circonférence. On lui a toujours connu les mêmes dimensions, et comme les dragonniers poussent très-lentement, on est conduit à admettre que c'est le plus vieil arbre du monde.

209. — La famille des **Amaryllidées** diffère de celle des Liliacées par la disposition de l'ovaire qui est *infère,* c'est-à-dire situé sous la fleur. Elle fournit à nos jardins de très-belles fleurs qui se montrent dès les premiers jours du printemps : la **nivéole** ou *perce-neige,* le **narcisse,** la **jonquille,** la **tubéreuse.** Les **agavés,** originaires du Mexique et naturalisés dans le midi, ont les feuilles épaisses, charnues, couvertes sur le bord de dents épineuses comme celles de l'aloès ; on les emploie à faire des clôtures. On en retire par le rouissage de la filasse qui peut servir comme celle du chanvre à faire des cordes et des toiles grossières. L'agavé est très-longtemps sans fleurir ; puis du milieu des feuilles s'échappe une hampe qui atteint en quelques jours une hauteur de cinq à six mètres ; elle se ramifie et porte plusieurs milliers de fleurs ; après qu'elle s'est formée, la plante elle-même périt. Chaque pied d'agavé ne fleurit donc qu'une seule fois.

210. — C'est encore dans le voisinage des Liliacées que l'on place les **ignames** (famille des **Dioscoréacées**), plantes originaires de la zone équatoriale des deux continents, dont on a préconisé les tubercules pour remplacer la pomme de terre. L'*arrow-root* est retiré des tubercules d'un végétal du même groupe qui pousse dans l'Océanie. Dans cette famille, les feuilles ont des nervures réticulées comme celles des Dicotylédonées.

211. — Les **joncs** (famille des **Joncées**) ont des fleurs sensiblement construites sur le même type que celles des lis, mais qui n'en ont pas les brillantes couleurs. Les divisions du périanthe sont vertes, sèches, semblables à de petites écailles.

Famille des Iris (Iridées).

212. — Les fleurs d'**iris** (*fig.* 131), enveloppées d'une spathe membraneuse, sont au premier abord assez compliquées. Il y a six divisions au périanthe. Les trois intérieures sont dressées; les trois extérieures sont au contraire repliées en dehors; elles portent sur leur surface supérieure une petite brosse de poils, et vis-à-vis de chacune d'elles il y a une étamine. Il n'existe point de ces organes vis-à-vis des divisions intérieures du périanthe. Ainsi les iris n'ont que trois étamines au lieu de six comme les familles précédentes. Au centre de la fleur, il y a trois lames pétaloïdes qui ont la couleur des divisions du périanthe; ce sont les branches du stigmate. L'ovaire est infère, à trois loges qui renferment chacune un grand nombre d'ovules, fixés sur deux séries à l'angle interne. Il lui succède un fruit sec, s'ouvrant à la maturité en trois valves qui portent les cloisons sur leur milieu. Il y a plusieurs espèces d'iris. L'*iris germanique*[1], d'un beau violet, est très-fréquent dans les jardins; ses fleurs macérées avec de la chaux, produisent le vert d'iris employé en peinture. L'*iris des marais* orne nos étangs de ses fleurs jaunes; quant à l'*iris de Florence*, dont les fleurs sont blanches, sa tige souterraine ou rhizome est usitée en médecine pour la fabrication des pois à cautère, et elle fournit à la parfumerie une poudre qui sent la violette.

Fig. 131. Diagramme de l'iris.

Les **glaïeuls** et les **crocus,** plantes de la même famille, contribuent avec les iris à la décoration des jardins.

213. — Le **safran** est une espèce de *crocus* dont la fleur est violette. Ses stigmates ont la forme de filaments trifides, linéaires et terminés par une partie élargie et dentelée. Ce sont eux qui constitue le safran du commerce. On les emploie pour aromatiser les mets sucrés, pour faire le laudanum et pour teindre en jaune. Les environs d'Orléans et le Gâtinais sont le centre de la culture du safran en France.

1. Été.

214. L'**ananas** (famille des **Broméliacées**), originaire d'Amérique, est cultivé en Asie, en Afrique et dans nos serres pour ses fruits charnus, dont la saveur est estimée comme l'une des plus délicates que l'on connaisse. L'ananas est composé de plusieurs fruits soudés les uns aux autres en une masse jaune que surmonte un bouquet de feuilles.

Les tiges de **tillandsia,** herbe de la même famille, constituent le *crin végétal.*

215. — Le **bananier**, de la famille des **Musacées,** est une plante des plus utiles à l'humanité. Il ne pousse que dans les pays chauds, mais il suffit à presque tous les besoins de la vie. La banane a la saveur de la pomme ; elle est fondante comme du beurre, et contient une grande quantité de fécule, qui peut servir à faire du pain ; on en fabrique aussi une liqueur fermentée appelée vin de banane. La moelle du bananier se mange comme un légume, ses feuilles sont assez grandes pour qu'une seule suffise à habiller un homme, sa tige fournit des fibres textiles que l'on peut filer, et dont on fait des tissus.

216. — La petite famille des **Cannées** comprend le **balisier** des Indes, que l'on a introduit dans nos jardins, et la **maranta** des Antilles, qui fournit une des fécules nommées *arrow-root.*

217. — Le **gingembre** de l'Inde (famille des **Zingibéracées**), a été transporté aux Antilles. Son rhizome a une saveur très-piquante, qui le fait employer comme condiment. Diverses espèces de **curcuma** fournissent de l'*arrow-root,* et une couleur jaune employée en teinture.

Famille des Palmiers

218. — Les **palmiers** sont des arbres au port élégant, au tronc élancé, généralement dépourvu de rameaux et terminé par un bouquet de feuilles. Ils sont propres aux pays chauds, cependant le palmier nain peut vivre en pleine terre en Provence. L'espèce la plus utile est le **dattier,** qui peuple les oasis du Sahara, et dont le fruit constitue la principale nourriture des Arabes et des Touaregs. Quand le maître a mangé la chair de la datte, il donne le noyau à son chameau, qui y trouve encore de quoi se nourrir. Le charbon du noyau de datte sert à fabriquer l'encre de Chine. Si on fait une incision circulaire vers le sommet de l'arbre, il s'en écoule un liquide laiteux, connu sous le nom de *vin de palme*. Le dattier, comme presque tous les palmiers, a les fleurs unisexuées; les fleurs mâles et les fleurs femelles sont sur des pieds différents. Pour assurer la récolte, les Arabes ont l'habitude de secouer les fleurs mâles au-dessus des fleurs femelles.

219.—Le **cocotier** (*fig.* 132) est aux indigènes de l'Océanie ce que le dattier est à ceux du Sahara, le végétal par excellence. La noix de coco a une enveloppe ligneuse, qui sert à faire des vases, et une amande blanche, ayant le goût de noisette. Au centre est un liquide blanc appelé lait de coco. Le tronc du cocotier fournit, par une incision, comme celui du dattier, du vin de palme; la partie fibreuse qui entoure la noix de coco peut servir à faire des cordes; avec les fibres des feuilles on fabrique de la filasse et des tissus. Les feuilles, elles-mêmes sont employées à confectionner des nattes, à couvrir les maisons, etc. Enfin, le bourgeon terminal du cocotier, comme celui de beaucoup d'autres palmiers, constitue un légume très-estimé, mais son ablation entraîne généralement la mort de l'arbre, aussi évite-t-on de le cueillir.

Fig. 132. — Cocotier.

220. — L'**élæis** du Sénégal et de la Guinée est un palmier de cinq à sept mètres de hauteur, qui croît abondamment sur toute la côte occidentale de l'Afrique tropicale. Il produit deux ou trois grappes, chacune de 1,000 à 1,500 fruits, qui ont l'apparence d'une grosse cerise. Ils donnent, par expression, de l'huile de palme, que l'on va chercher pour la fabrication du savon, et pour composer les graisses destinées à adoucir les frottements des wagons et des locomotives. L'huile de palme est fournie par la chair du fruit d'élœis; quand on l'a extrait, il reste les noyaux que l'on casse et dont on retire les amandes. Celles-ci servent à obtenir l'huile d'amande de palme dont on se sert pour la fabrication des bougies fines et des articles de parfumerie.

221. — De la moelle du **sagoutier** des Moluques, on extrait la farine appelée *sagou.*

Deux palmiers, l'un du Brésil, l'autre du Pérou, exsudent de la cire; la *noix d'arec* de l'Inde et des Moluques donne le *cachou*; celle du *Calamus draco* fournit le *sang-dragon.* Les **rotangs,** qui appartiennent aussi au genre *Calamus,* sont apportés en Europe, où ils servent à faire des chaises, des tables et des cannes, désignées sous le nom de joncs.

Famille des Orchidées.

222. — Les **orchis** et les autres plantes de cette famille doivent à la forme bizarre de leur fleur encore plus qu'à leur beauté, d'être à la mode depuis quelques années parmi les horticulteurs, malgré la difficulté de leur culture. Prenons comme exemple l'*orchis mâle*[1] (*fig.* 133 et 134), si commun dans

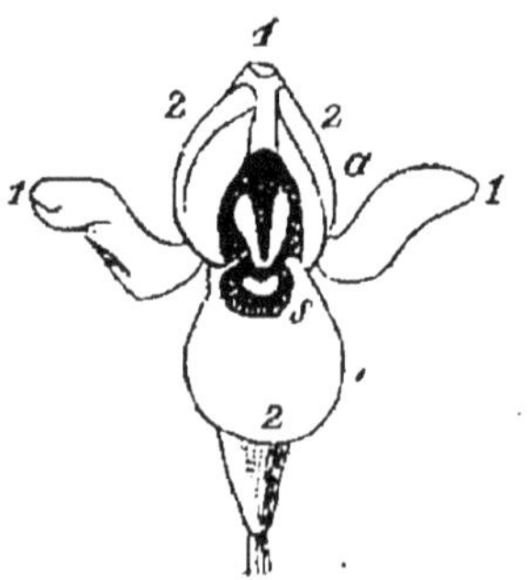

Fig. 133. — Fleur d'orchis.
1. Folioles externes. 2. Folioles internes.

Fig. 134. — Diagramme de la fleur d'orchis.

nos prairies. Du milieu de feuilles allongées, d'un vert som-

1. Été.

bre, maculées de taches noires, sort un épi de belles fleurs purpurines. Elles sont divisées en deux lèvres. La lèvre supérieure, devenue inférieure par le torsion de la fleur, est formée d'une des trois folioles internes (*labelle*), élargie, trilobée et prolongée à la base en un éperon creux. La lèvre inférieure constitue un capuchon dans la constitution duquel entrent les deux autres folioles internes et une des folioles externes. Enfin, deux folioles externes s'étalent sur les côtés en forme d'ailes. Ces différentes pièces circonscrivent une ouverture irrégulière, au fond de laquelle on aperçoit une colonne unique due à la soudure des étamines et du pistil. Du côté du capuchon, elle porte deux petits corps jaunes réunis ensemble par un pédicelle; ce sont les anthères dont le pollen, au lieu d'être sous forme de poussière comme dans la plupart des végétaux, est aggloméré en masses cohérentes. Du côté opposé, la colonne centrale est terminée par un corps saillant, concave, enduit d'humeur; c'est le stigmate. L'ovaire est infère, uniloculaire, contenant un grand nombre de graines fixées à trois placentas pariétaux. Le fruit est sec et s'ouvre en trois valves qui portent les placentas en leur milieu. Les graines sont très-petites. A la base des tiges d'orchis, il y a deux tubercules, l'un mou, à moitié creux, donne naissance à la fleur; l'autre dur et plein, porte un bourgeon qui fleurira l'année suivante. De ce second tubercule, on extrait la fécule qui porte le nom de *salep*. C'est principalement dans l'Asie-Mineure et dans la Perse que l'on extrait le salep des tubercules de quelques espèces d'orchis.

223. — La **vanille** est une orchidée du Mexique à tige très-longue, grimpante, produisant de nombreuses racines aériennes qui se fixent sur les corps voisins, ou pendent dans l'atmosphère pour y puiser la nourriture de la plante. Ses fruits sont de longues gousses d'un parfum exquis, qu'elles doivent principalement à de l'acide benzoïque. On s'en sert comme aromate.

Famille des Graminées.

224. — Cette famille est la plus utile du règne végétal, car elle fournit à l'homme et aux animaux herbivores leur principale nourriture.

Toutes les graminées ont une tige souterraine d'où s'échappent, à chaque nœud, un paquet de racines et une tige aérienne creuse, ou *chaume*, qui présente aussi par place des nœuds pleins d'où partent les feuilles. Celles-ci se divisent en deux parties : l'inférieure, qui représente le pétiole, enveloppe la tige en formant autour d'elle une gaîne fendue sur le côté ; la supérieure (le limbe), est plate, étroite, ou même linéaire, terminée en pointe ; à la jonction du pétiole et du limbe, on voit quelquefois une petite lame membraneuse nommée *ligule*.

Les fleurs ont une structure assez complexe pour rendre nécessaire une description détaillée.

225. — Prenons pour exemple un épi de **blé**. Il se divise en un certain nombre d'épillets ou groupes de fleurs, disposés alternativement de côté et d'autre d'un axe flexueux. Chaque épillet est plus ou moins complétement enveloppé dans deux folioles écailleuses nommées *glumes*. Il contient trois, quatre ou cinq fleurs fertiles et quelques fleurs stériles, en partie avortées.

Chaque fleur (*fig.* 135) se compose de quatre folioles, deux

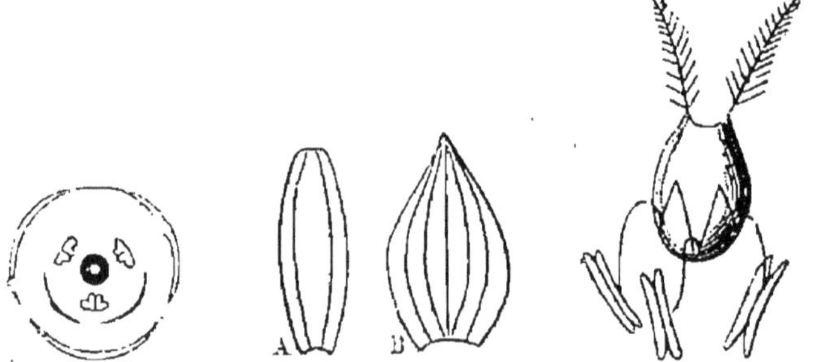

Fig. 135. — Diagramme. Fig. 136. — Glumelles. A, gl. sup. ; B, gl. inf. Fig. 137. — Glumellules, étamines et pistil.

Fleur du blé.

grandes, les *glumelles* (*fig.* 136), situées à des niveaux différents, et deux petites, les *glumellules* (*fig.* 137), enfermées dans les précédentes.

La glumelle inférieure (B) est convexe, écailleuse, terminée par une pointe et même, dans certaines variétés, par une longue arête. La glumelle supérieure (A) est concave, membraneuse, soutenue par deux nervures latérales. Les botanistes la considèrent comme formée par la soudure de deux folioles. Les glumelles représenteraient donc un périanthe extérieur à trois divisions.

Les glumellules sont très-petites, membraneuses, situées toutes deux du côté de la glumelle inférieure. C'est le reste d'un périanthe intérieur à trois divisions. La troisième glumellule, qui est avortée dans le blé, existe chez d'autres graminées.

Dans ces enveloppes florales, il y a trois étamines à filets longs et fins et à anthères volumineux; lors de la floraison, ils pendent en dehors de l'épillet (*fig.* 137). Au centre, est un ovaire uniloculaire et uniovulé surmonté de deux stigmates plumeux. Le fruit est sec, ses parois se sont soudées aux téguments de la graine; il constitue ce que l'on appelle un *cariopse*. Il est à peine besoin d'ajouter que la graine est farineuse.

226. — Le *blé* ou *froment commun* semble originaire de l'Asie-Mineure, où il a été cultivé dès les premiers temps de l'agriculture. On en connaît de nombreuses variétés. Les unes ont la graine tendre, flexible, de couleur jaune; les autres l'ont dur, difficile à casser, translucide. Les blés durs, spécialement cultivés dans les pays chauds, sont plus riches en gluten; ils peuvent seuls servir à faire la semoule, le vermicelle et les différentes pâtes. On distingue aussi les variétés suivant que l'épi est barbu ou qu'il est dépourvu de barbe. Enfin, certaines variétés doivent se semer en automne, d'autres, au contraire, peuvent être semées au printemps. On avait d'abord cru que les blés d'hiver et les blés de mars appartiennent à deux espèces distinctes, mais ce sont à peine des races, car on ne peut les maintenir qu'en ne modifiant pas l'époque de leurs semailles.

Le *blé poulard* est une seconde espèce caractérisée par la forme carrée de l'épi. Il est moins estimé que le précédent, on le cultive dans le midi de la France.

Le *blé de Pologne* est un blé dur, très-estimé, mais il lui faut un terrain riche et chaud. Les contrées qui le produisent en plus grande quantité sont la Roumanie et le sud de la Russie.

227. — L'**épeautre** a le grain vêtu, c'est-à-dire qu'il adhère assez à la glume pour ne pas s'en séparer par le battage. Il est plus robuste que le froment, demande moins de chaleur et un sol moins riche. On le cultive surtout dans les contrées schisteuses de l'Europe centrale.

228. — Le **seigle** appartient à un genre distinct du froment. Il a comme lui, les épillets sessiles, mais ils ne sont composés que de deux fleurs fertiles et d'une troisième stérile. Il vient, comme l'épeautre, dans les contrées pauvres et trop froides pour mûrir le froment. Cependant il tend chaque jour à disparaître devant les progrès de la culture. Dans les pays où le sol est peu fertile, on ensemence souvent du *méteil,* mélange de blé et seigle, dans lequel le premier grain entre pour deux tiers. Le pain de seigle est plus compacte que celui de blé, d'une couleur brunâtre et d'une saveur prononcée. C'est celui que l'on mange dans beaucoup de parties de l'Allemagne. Le pain d'épice se fabrique avec de la farine de seigle et du miel. La paille de seigle, longue et flexible, est très-estimée.

229. — L'**orge** a les épillets groupés trois par trois sur chaque dent de l'axe. Ils ne portent qu'une fleur fertile surmontée d'une fleur stérile. Les barbes des glumelles sont très-longues. Le pain d'orge est lourd, peu nourrissant, de digestion difficile, désagréable au goût. Le principal emploi de cette graminée est de servir à la fabrication de la bière. Les chevaux mangent le grain d'orge avec plaisir; il les échauffe moins que l'avoine.

Plusieurs espèces d'orges entrent dans la culture :

L'*orge à six rangs* est caractérisée par l'égalité des trois épillets qui croissent sur chaque dent. C'est la plus estimée par les brasseurs. Une variété, dite *escourgeon,* est souvent coupée en vert comme fourrage.

L'*orge à quatre rangs* ou orge vulgaire, a l'épillet du milieu plus petit que les deux latéraux.

Dans l'*orge à deux rangs* ou *paumelle,* les épillets latéraux sont petits et stériles, tandis que l'épillet central seul est fertile. La paumelle est particulièrement cultivée dans le midi. On la sème au printemps avec du trèfle, de la luzerne, etc.; au bout de cent jours, elle est arrivée à maturité complète; on peut la couper, et il reste une prairie artificielle dont elle a préservé la jeunesse.

230. — L'**avoine** diffère des espèces précédentes parce que ses épillets sont fixés à l'extrémité de longs pédoncules, formant un bouquet élégant dit *panicule*. Ils contiennent deux fleurs. La glumelle inférieure porte une barbe coudée et tordue à la base. Il y a deux espèces d'avoine cultivées; l'*avoine commune* qui présente plusieurs variétés, et l'*avoine de Hongrie,* dont les épillets sont droits et courtement pédonculés. L'avoine sert principalement de nourriture aux chevaux et aux oiseaux de basse-cour. On l'emploie aussi à la place d'orge pour fabriquer la bière. Dans certains pays pauvres du nord de l'Europe, on en fait un pain noir, compacte, visqueux, peu digestif. C'est une céréale de la région tempérée froide, et c'est souvent la seule qui puisse pousser sur les terrains schisteux du nord de la France, de la Belgique et de l'Allemagne.

231. — Le **riz** (*fig.* 138) diffère des autres graminées parce qu'il a six étamines. C'est une plante de l'Inde, où sa culture remonte à l'antiquité la plus reculée. Elle a été propagée en Europe par les Arabes. En France, on ne peut la cultiver qu'en Provence et dans le voisinage des rivières, de manière à avoir un courant d'eau constant, car le riz ne vient pas dans l'eau stagnante. On introduit l'eau dans le champ, on en exhausse successivement le niveau jusqu'à ce qu'elle ait atteint $0^m,12$ ou $0^m,15$, mais de manière qu'elle ne dépasse jamais l'extrémité des feuilles. On ne met le champ à sec qu'au moment de la moisson. Les rizières ont l'inconvénient d'être un voisinage insalubre pour les habitations environnantes. Celles qu'on avait établies en Auvergne, au siècle dernier, ont dû être supprimées parce qu'elles engendraient des épidémies. La Lombardie produit encore

Fig. 138. Riz.

beaucoup de riz. Toutefois, c'est principalement de l'Egypte, de l'Inde et de la Chine que nous tirons cette céréale. Le riz est un aliment de bonne qualité, quoique peu nourrissant. Sa farine, mélangée à celle du blé, donne un pain agréable et de digestion facile. Les Chinois en font grand usage. Les Arabes et les Turcs s'en servent pour préparer leur couscoussou.

232. — Le **maïs** est une plante à larges feuilles (*fig.* 139), terminée par une panicule élégante qui n'est composée que de fleurs mâles. A l'aisselle des feuilles il y a de grosses masses ovoïdes d'où sortent des touffes de longs filaments blancs. Ce sont les épis femelles et les filaments en sont les styles et les stigmates. Les fruits ont la forme de petits corps globuleux durs, dorés ou purpurins, serrés les uns contre les autres et disposés en dix ou douze séries qui s'étendent d'une extrémité à l'autre de l'épi. Le maïs demande un climat chaud; il ne vient bien que dans la région où la vigne pousse en plein air. Il porte vulgairement le nom de blé de Turquie, bien qu'il soit originaire de l'Amérique; sa culture s'est étendue dans l'Inde, en Egypte et dans toutes les contrées circumméditerranéennes. Elle est assez importante dans l'est et le sud de la France. En Europe, le maïs sert peu à l'alimentation de l'homme; on l'emploie plutôt pour engraisser les oiseaux de basse-cour. Sa farine peut, sans inconvénient, être introduite dans le pain; mais seule, elle donne une pâte qui lève difficilement.

Fig. 139. — Maïs.

233. — Parmi les Graminées alimentaires, on peut encore à la rigueur compter le **millet.** C'est une plante de plus d'un mètre, terminée par une forte panicule. Il est originaire de l'Inde. Les anciens le cultivaient assez généralement pour en faire du pain et des bouillies. Les modernes ne l'emploient plus guère que pour la nourriture des poules, des pigeons, des serins, des chardonnerets et autres petits habitants granivores de la volière. Les tiges servent à faire des balais.

234. — Les Graminées constituent en majorité la population végétale des prairies naturelles. Les plus estimées pour la qualité du foin qu'elles produisent sont : l'**avoine élevée,** les **fétuques** et les **bromes,** dont les fleurs, dis-

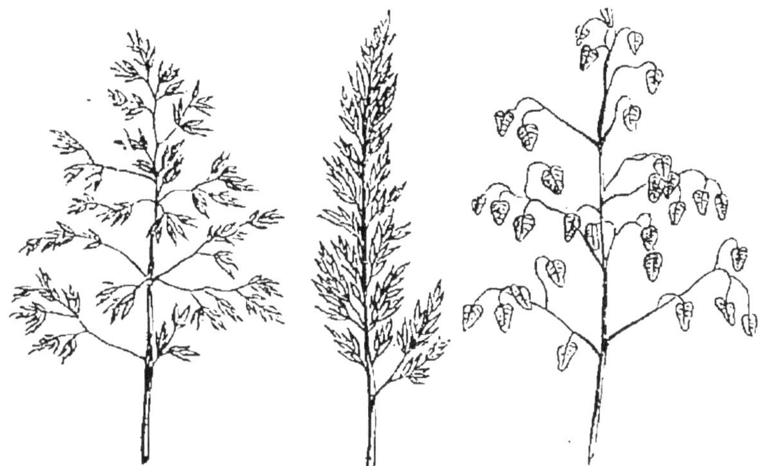

Fig. 140.—Paturin élevé. 141.—Houlque laineux. 142.— Brize moyenne.

posées en panicules élégantes, sont terminées par une barbe qui part du sommet de la glumelle chez les premiers, de dessous ce sommet chez les seconds; les **paturins** (*fig.* 140), qui en diffèrent par l'absence de barbes; les **houlques** (*fig.* 141), à feuille velue et dont l'épillet ne contient qu'une seule fleur fertile; la **brize** (*fig.* 142), au port si élégant qu'elle a reçu les noms d'*amourette, pain d'oiseau;* le **dactyle,** dont les épillets sont serrés en glomérules unilatéraux constituant par leur ensemble une panicule unilatérale; la **flouve** (*fig.* 143), qui donne au foin une odeur si agréable, et dont les épillets sont sessiles sur l'axe; l'**ivraie** ou *raygrass* (*fig.* 144), dont les épillets, composés d'un grand nombre de fleurs serrées les unes contre les autres, sont disposés alternativement des deux côtés d'un axe sinueux; les **vulpins** ou *queues de renard* (*fig.* 145), à épis cylindriques légèrement amincis aux extrémités; la **fléole** (*fig.* 146), dont l'épi, plus long et plus gros, est également cylindrique et s'arrondit à la base, ce qui le fait ressembler au fléau des batteurs en grange, etc.

235. — L'**ivraie** de l'Evangile est une graminée voisine du ray-grass, qui pousse spontanément dans les moissons.

Fig. 143. Flouve odorante. Fig. 144. Ivraie vivace. Fig. 145. Vulpin des champs. Fig. 146. Fléole des prés.

Lorsque sa graine se trouve mélangée dans le blé, le pain qu'on en fait cause des vertiges, des vomissements et pourrait même, dit-on, amener la mort.

Une autre graminée nuisible est le **chiendent,** qui appartient au même genre que le blé. Ses rhizomes, en se ramifiant sous terre, gênent le labour et remplissent le champ d'herbes inutiles. Il n'a qu'un avantage, c'est de servir en médecine à faire de la tisane.

236. — Deux petites graminées, l'**orge maritime** et l'**élyme des sables,** rendent d'immenses services en fixant par les ramifications de leurs rhizomes le sable mobile des dunes. Chaque pied d'élyme suffit pour maintenir un mètre cube de sable.

237. — Parmi les graminées utiles des pays étrangers, il faut mettre en première ligne la **canne à sucre** (*fig.* 147). Elle ressemble à un grand roseau de trois à quatre mètres de hauteur, terminé par une magnifique panicule de fleurs. Le sucre est contenu en dissolution dans la séve. Pour l'obtenir, on écrase la canne et on évapore le jus qui s'en échappe. Le sucre cristallise sous forme de *cassonnade* en laissant comme résidu la *mélasse*. C'est en faisant fermenter cette mélasse et en distillant l'alcool qui en provient que l'on obtient le *rhum*. La canne à sucre est originaire de l'Inde. Sa séve sirupeuse fut apportée en Grèce à la suite des conquêtes d'Alexandre; mais pendant longtemps on ignora le moyen d'en fabriquer du sucre, et pendant plus longtemps encore, cette substance précieuse, dont l'usage est aujourd'hui si répandu, ne fut considérée que comme un médicament, ou un condiment réservé aux riches. Au quinzième siècle, la canne à sucre fut introduite à Madère; au seizième siècle, elle fut portée aux Antil-

Fig. 147. — Canne à sucre.

les, et de là elle se répandit dans toute l'Amérique tropicale.

La tige d'une autre graminée, le **sorgho,** originaire de l'Inde, peut produire du sucre comme la canne.

238. — Les **bambous** ont un chaume ligneux qui rend dans les lieux de production les plus grands services. Car on l'emploie pour toutes les constructions et pour fabriquer une foule d'objets. Les échelles et les chaises en bambou sont d'une légèreté et d'une solidité remarquables.

Le **vétiver,** petite racine d'une odeur pénétrante et agréable qui sert à préserver le linge des insectes tout en le parfumant, est le rhizome d'une graminée de l'Inde.

239. — C'est aussi à la famille des Graminées qu'appartiennent les **roseaux.**

On voit souvent au milieu des roseaux un cylindre noir qui semble traversé par une tige; c'est le **typha,** végétal d'une autre famille, les **Typhacées,** mais d'habitat également aquatique. Le cylindre noir est un épi de fruits provenant de fleurs femelles; la petite tige, qui le surmonte, est l'axe sur lequel étaient fixées les fleurs mâles avant qu'elles fussent fanées.

240. — Les **Cypéracées** ont beaucoup d'analogie avec les Graminées. Elles ont de même de petites fleurs à périanthe écailleux, disposées en épillets sur des épis ou des panicules. Leurs tiges sont creuses et leurs feuilles engaînantes; mais les tiges, au lieu d'être rondes, sont triangulaires, et la gaine des feuilles, au lieu d'être fendue, reste entière.

Elles peuplent les endroits marécageux et y forment des gazons que les bestiaux n'aiment pas, parce qu'ils sont fort secs; mais on ne doit pas s'en plaindre, car les Cypéracées viennent sur un sol trop humide pour que les Graminées y prospèrent. On les emploie à faire des nattes. Le *papyrus* des anciens Egyptiens était fabriqué avec des feuilles de Cypéracées. La plante la plus utile de la famille est sans contredit le *Carex arenaria,* qui vient dans les sables et qui sert à fixer les dunes.

241. — C'est aux Monocotylédonées qu'appartiennent la plupart des plantes qui font l'ornement de nos ruisseaux : le **butome** ou *jonc fleuri,* l'**alisma** ou *plantain d'eau,* la **sa-**

gittaire ou *fléchiaire*, la **vallisnérie**, si curieuse par son mode de fécondation (§ 424), le **potamogeton**, etc. La **lentille d'eau**, qui couvre les eaux stagnantes nous offre l'exemple d'un végétal réduit à sa plus simple expression : une petite feuille ovale, que produit un simple filament radical, et une fleur composée d'un ovaire et de deux étamines. Les **zostères** forment des pelouses sous-marines sur les côtes vaseuses. On se sert de leurs feuilles pour faire des paillasses pour les enfants; elles ont l'avantage de supporter longtemps l'humidité sans pourrir.

Famille des Aroïdées.

242. — **L'arum maculé** [1], dit aussi *gouet* ou *pied de veau*, est très-commun dans les haies. La fleur (*fig.* 148) a une forme très-singulière; du fond d'un cornet verdâtre, s'élève une tige nommée *spadice*, qui se termine en massue et qui porte les organes floraux disposés en cercle à diverses hauteurs. A la base il y a quatre ou cinq rangées d'ovaires (*o*), puis, après un certain intervalle, un disque jaune formé d'un grand nombre d'anthères (*e*) fixées directement sur l'axe ; enfin vient une collerette de filaments stériles (*f*). Au moment de la floraison, la massue (*m*), qui termine le spadice, s'échauffe de plusieurs degrés, puis elle se fane et tombe, ainsi que toute la partie de l'axe supérieure aux ovaires. Ceux-ci donnent naissance à un épi de fruits rouges serrés les uns contre les autres. Toutes les parties de l'arum, et surtout les tubercules du rhizome, ont une saveur âcre et désagréable, ainsi que des propriétés purgatives énergiques ; mais on pourrait en retirer une fécule qui, torréfiée, serait alimentaire. La *colocasie*, plante de la même famille, servait aux Egyptiens à faire

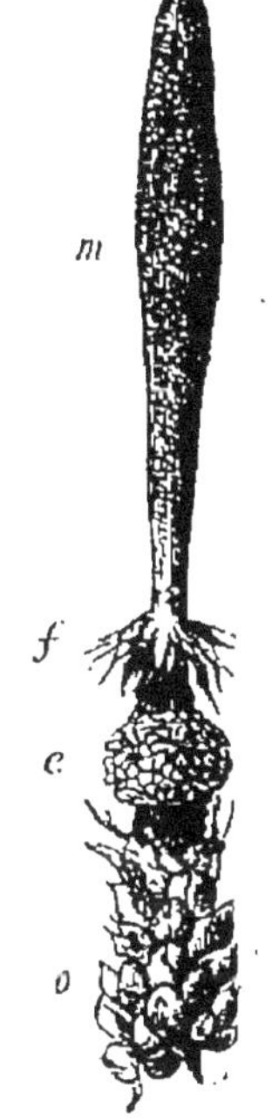

Fig. 148.
Spadice de l'arum.

1. Printemps.

du pain, et d'autres espèces font la base de la nourriture de certaines tribus de l'Inde et de l'Océanie.

CLASSE DES GYMNOSPERMES

243*. Caractères essentiels. — Cotylédons multiples; bois sans vaisseaux, formé de cellules ligneuses à ponctuations aréolées; feuilles petites à nervures parallèles; fleurs sans périanthe; pas d'ovaire ni de fruit; ovules nus; nucelle contenant plusieurs embryons.

244. Caractères généraux. — Les végétaux gymnospermes ont longtemps été confondus avec les Dicotylédonées. L'embryon, en effet, a souvent deux cotylédons; mais chez beaucoup d'espèces, il y en a trois, cinq ou même plus, jusqu'à onze (*fig.* 147). D'autres groupes, au contraire, ont un embryon à un seul cotylédon.

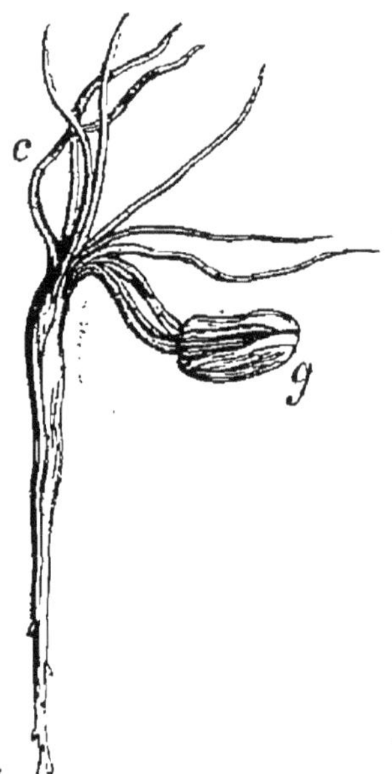

Fig. 149. — Pin germant. *g*, graine; *c*, cotylédons multiples.

Tous les Gymnospermes sont des arbres. Leur tige ligneuse a la structure générale de celle des Dicotylédonées et montre des zones annuelles concentriques. Mais à l'exception de quelques trachées situées dans le voisinage de la moelle, le bois ne renferme pas de vaisseaux proprement dits. Il est composé uniquement de cellules ligneuses très-allongées dont les parois latérales sont perforées de ponctuations aréolées (§ 338).

Les feuilles ont les nervures parallèles comme celles des Monocotylédonées.

Les fleurs n'ont jamais d'enveloppes florales, elles sont toujours unisexuées. La fleur femelle est réduite à un ovule nu. Ce caractère, origine du nom de *Gymnosperme*, est d'autant plus remarquable que, chez les Monocotylédonées et les

Dicotylédonées, l'ovule est toujours enfermée dans la cavité de l'ovaire, close de toutes parts. Puisqu'ils n'ont pas d'ovaire, les Gymnospermes ne peuvent avoir de fruit. Les graines sont nues ou enveloppées dans les feuilles florales.

L'ovule se compose du nucelle recouvert d'un tégument qui souvent le dépasse beaucoup et forme un canal micropylaire. Dans le nucelle se forme un sac embryonnaire qui se remplit de tissu cellulaire et donnera naissance à un gros endosperme. Au sommet du sac embryonnaire naissent plusieurs embryons dont un seul en général se développe.

Fig. 150. Feuilles du pin.

Les Gymnospermes sont intermédiaires sous beaucoup de rapports entre les Phanérogames et les Cryptogames. Ils ont joué un grand rôle dans les temps géologiques, car ils constituaient presque seuls les forêts de l'âge secondaire et ils étaient déjà abondants à l'âge primaire.

Famille des Conifères.

Cette famille, la seule qui nous intéresse parmi les Gymnospermes, comprend nos arbres verts et résineux.

245. — Les **pins** sont des arbres à petites feuilles linéaires (*fig.* 150) naissant deux à deux le long d'une tige, en un faisceau entouré d'écailles à la base. Les fleurs sont disposées en épis unisexués ou chatons. Les chatons mâles naissent à la base de jeunes pousses de l'année; ils sont formés d'écailles (*fig.* 151) qui portent à leur face interne une anthère à deux loges. Le pollen, qui est très-abondant, est souvent emporté en masse par le vent bien loin des forêts de pin. Il tombe alors dans la campagne sous forme d'une poussière jaune que les populations ont souvent prise pour une pluie

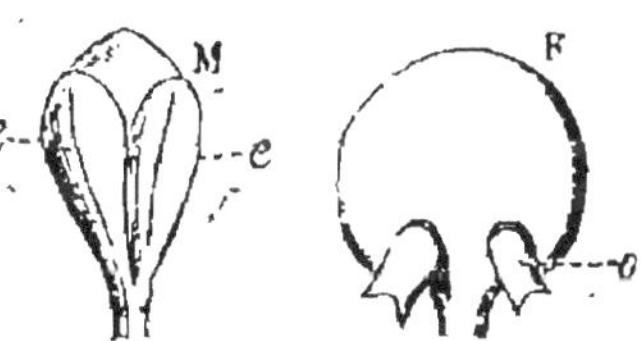

Fig. 151. — Fleurs du pin. M, écaille mâle portant les anthères (*e*); F, écaille femelle portant les ovules (*o*).

de soufre. Les chatons femelles, situés à l'extrémité de rameaux secondaires, sont composés d'écailles ligneuses (*fig.* 151) qui portent également à leur face interne deux ovules. Pendant la période de floraison, ces écailles sont séparées l'une de l'autre; plus tard, après la fécondation des ovules, elles se rapprochent, s'accolent les unes contre les autres de manière à protéger la graine, en même temps que leur sommet devient épais et tuberculeux. Le chaton s'est alors transformé en un corps conique qu'on nomme *cône* (*fig.* 152) et qui est l'origine du nom de la famille. La graine renferme une amande huileuse.

Fig. 152.
Cône du pin.

Le bois des pins fournit la résine dite *térébenthine*[1]. Pour l'extraire, on fait à l'arbre des incisions longitudinales : la résine coule et s'amasse dans une petite cavité que l'on a creusée au pied.

Les espèces de pin sont très-nombreuses :

Le *pin maritime* ou *pin des Landes* rend d'immenses services dans les landes de Gascogne en fixant le sable et en donnant de la valeur à des terres qui n'en avaient aucune avant sa plantation.

Le *pin pignon* croît dans le midi de la France, en Italie et en Algérie. Son bois est blanc, peu résineux, employé en menuiserie. On mange ses graines et on en fait de l'huile.

Le *pin d'alep* ou *pin blanc* pousse sur les rochers calcaires, brûlés par le soleil ; on le trouve en Provence, en Algérie (province d'Oran), en Italie et en Grèce.

Le *pin laricio* ou *pin de Corse* est un bel arbre de trente à

1. En distillant la térébenthine, on obtient l'*essence de térébenthine* et un résidu solide, la *colophane* qui sert à faire des savons. Le *galipot* est de la térébenthine épaisse, durcie au soleil. En brassant la colophane avec de l'eau, on a la *poix résine*. La *poix noire* s'obtient en brûlant à l'étouffé les fibres et autres matières végétales imprégnées de térébenthine. Le *goudron* s'extrait, par le même procédé, des fragments de bois de pin qu'on ne peut employer. Enfin, avec tous ces produits résineux, on prépare le *noir de fumée*.

quarante mètres de hauteur qui couvre les montagnes de la Corse, de l'Espagne et de l'Italie.

Le *pin sylvestre* ou *pin du nord* est très-recherché pour les constructions navales et surtout pour la mâture ; car il fournit des mâts qui cèdent en ployant, puis se redressent sans se rompre et sans se déformer. Il peuple de ses forêts les montagnes des Vosges et du nord de l'Allemagne, les plaines de la Baltique et de la Russie, ainsi que les régions élevées des Alpes.

Le *pin de montagne* accompagne le pin sylvestre dans les forêts des Alpes.

Le *pin cembro* a le grand avantage de vivre sur les montagnes couvertes de neige pendant une partie de l'année. On le trouve aussi en Sibérie, où ses fruits sont une précieuse ressource pour les habitants.

Le *pin nain*, qui pousse dans les Alpes, a un bois tellement résineux, qu'on peut en faire des torches. Il fournit la térébenthine de Hongrie.

La térébenthine de Boston vient d'une espèce de pin propre à l'Amérique.

246. — Les **sapins** ont les feuilles isolées le long de la tige, le cône allongé en forme de carotte et composé d'écailles minces. Il ne faudrait pas juger de leur port naturel par ce que nous voyons dans la plupart des jardins. Nous sommes habitués à considérer le sapin comme un arbre très-élevé (trente à quarante mètres), à tige droite, non rameuse, terminée supérieurement par une tête formée de branches horizontales, étagées par verticilles. Si on laissait le sapin pousser naturellement, il aurait dès la base des branches qui s'étendraient d'autant plus loin qu'elles sont plus anciennes. L'arbre formerait donc un immense buisson pyramidal couvrant et rendant stérile un cercle très-étendu. C'est surtout pour éviter cet inconvénient que l'on coupe les branches du bas à mesure que l'arbre grandit.

Le bois de sapin est très-recherché pour la charpente et la menuiserie ; il a la légèreté du bois blanc et possède une durée plus grande.

Le *sapin commun* dont les cônes sont dressés, est propre aux contrées montagneuses de l'Europe centrale. On l'y trouve à des altitudes où déjà le pin ne vient plus. Les Alpes, les Vosges et la Forêt-Noire sont couvertes d'épais bois de sapins, dont on tire la *térébenthine de Strasbourg* ou *térébenthine citron*. Les bergers la recueillent en râclant l'écorce avec des cornets de fer-blanc.

L'*épicea*, aux cônes pendants, est l'espèce la plus commune de nos parcs, parce qu'il aime les sols argileux. On le rencontre aussi dans les régions montagneuses, mais moins haut que le précédent. Sa térébenthine est connue sous le nom de *poix de Bourgogne*.

La *sapinette blanche*, originaire du Canada, n'a que seize mètres de hauteur. On la plante dans les endroits découverts pour faire des abris contre le vent.

Le *baume du Canada* est la résine d'un sapin d'Amérique.

247. — Le **mélèze** est intermédiaire entre les pins et les sapins. Ses feuilles, qui naissent par fascicules, deviennent solitaires par suite de l'allongement du bourgeon qui les porte. Les écailles du cône sont minces. Il est originaire des Alpes et des Carpathes, où il croît avec le pin, dans le voisinage des glaciers; aussi ne vient-il pas bien dans nos plaines tempérées. Son bois résiste parfaitement à l'humidité; on peut en faire des gouttières et des conduites d'eau. Il convient très-bien aux travaux hydrauliques. C'est en même temps un excellent bois de construction, remarquable par sa force et son inaltérabilité. Comme il est très-uni, on s'en sert pour les peintures sur bois. Sa térébenthine porte le nom de *térébenthine de Venise*. Il suinte des feuilles du mélèze une substance sucrée, qui se solidifie sous forme de petites perles gluantes, et que l'on appelle *manne de Briançon*.

Tous les autres conifères ont les feuilles persistantes, le mélèze est le seul de la famille qui renouvelle son feuillage chaque année.

248. — Le **cèdre** diffère peu du mélèze. Originaire du Liban et du Taurus, il a été apporté dans nos jardins pour son port majestueux. Il vit très-longtemps, et son bois passe pour incorruptible.

249. — Le **cyprès**, originaire d'Orient, a de petites

feuilles semblables à des écailles, serrées les unes contre les autres et contre la tige. La couleur sombre de son feuillage a de tout temps attaché au cyprès des idées funèbres. Nous en ornons nos cimetières ; les anciens en faisaient autant, et de plus plaçaient, en signe de deuil, des cyprès à la porte des maisons mortuaires. Son bois est excellent. Pline parle d'une statue de Jupiter en bois de cyprès qui durait depuis 661 ans.

Les **thuyas** diffèrent des cyprès par leurs rameaux, qui sont comprimés. Ils fournissent également un bois d'une grande durée.

Le **callitris** ou *thuya d'Algérie,* donne une résine connue sous le nom de *sandaraque.* Son bois est d'une beauté remarquable ; il est employé en ébénisterie.

250. — Le **genévrier** est un petit arbrisseau à feuilles linéaires, raides, presque épineuses, verticillées par trois. Dans le nord, il reste petit et n'est bon qu'à chauffer le four ; dans le midi, il peut atteindre six à sept mètres ; il fournit alors un bois rouge très-dur, dont on fait de beaux objets de tour et de marqueterie. Le chaton femelle est formé de trois écailles épaisses soudées à la base et portant chacune un ovule dressé. Il se transforme en un cône charnu, noir, que l'on appelle improprement baie. Ces fruits ont une saveur amère et résineuse. On en retire par expression un liquide fermentescible qu'on distille ensuite pour obtenir le *gin* ou *eau-de-vie* de *genièvre.*

L'**oxycèdre** du midi a la baie plus grosse, rougeâtre, d'une saveur agréable. Son bois sert comme celui du cyprès.

La **sabine,** autre espèce de genévrier croissant dans les Alpes, a été introduite dans les jardins à cause de son aspect agréable ; malheureusement ses feuilles portent sur le dos une petite glande qui renferme une huile volatile d'une odeur repoussante et tellement irritante, qu'il suffit d'en appliquer un peu sur la peau pour déterminer un ulcère.

Le **genévrier de Virginie** ou *cèdre rouge,* fournit les cylindres de bois dans lesquels on enferme les crayons de plombagine.

251. — L'**if** a les feuilles solitaires et très-rapprochées. Le cône femelle (*fig.* 153, A), se compose d'un seul ovule entouré à la base d'une capsule d'écailles imbriquées. Par suite de la fructification cette capsule devient charnue, rouge, et enveloppe la graine sans l'enfermer (*fig.* 153, B). Les feuilles de l'if sont un poison pour les animaux comme pour l'homme. Son bois est dur, rouge, susceptible d'un beau poli, incorruptible; aussi est-il estimé pour une foule d'usages. L'if jouait un grand rôle dans la décoration des jardins du siècle dernier; on le taillait en cônes, en pyramides, en vases, en figures diverses.

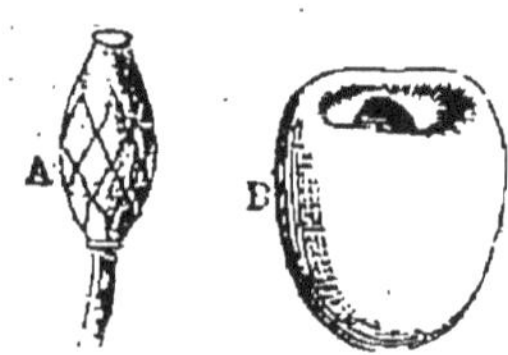

Fig. 153. — If.
A, cône femelle; B, fruit.

252. — Les plantes de la famille des **Cycadées** joignent à l'organisation des Conifères le port des palmiers. La moelle de quelques cycas renferme de la fécule dont on fabrique du *sagou* aux Moluques et au Japon.

Fig. 154. — Cycas.

EMBRANCHEMENT DES CRYPTOGAMES

253. — Les Cryptogames sont des végétaux qui se reproduisent par des spores et non par des graines.

Les *spores* diffèrent des graines parce que ce sont des cellules simples ; on n'y trouve jamais un embryon qui soit, comme dans les graines, un petit végétal en miniature.

Il y a plusieurs espèces de spores qui coexistent souvent dans la même espèce ; les unes germent directement, ce sont les *spores* proprement dites qui, selon leurs propriétés et les circonstances où elles se produisent, reçoivent les noms de *zoospores, sporidies*, etc., d'autres ne peuvent se développer qu'après avoir été fécondées : on les nomme *oospores*, et avant leur fécondation *oosphères*. Les agents de fécondation qui remplissent, chez les cryptogames, le rôle du pollen des phanérogames, sont des corpuscules mobiles nommés *anthérozoïdes*.

Les anthérozoïdes et les oosphères se forment dans des organes spéciaux qui portent, pour les premiers, le nom d'*anthéridies*, et pour les seconds, celui d'*oogone* ou d'*archégone*. Quant aux autres spores, tantôt elles sont contenues dans une grande cellule, le *sporange*, qui reçoit souvent le nom de *thèque* ou *asque*, tantôt elles sont extérieures et portées sur des cellules spéciales, dites *basides*, tantôt elles sont disposées à la suite les unes des autres en chapelets.

Le nom de Cryptogames a été donné à ces végétaux par Linné, parce que leur mode de reproduction lui était inconnu. Ce sont des études récentes et presque toutes postérieures à 1850 qui ont révélé les phénomènes remarquables qui président à leur reproduction. A l'aide de vues théoriques très-ingénieuses, mais qui n'ont pas leur place dans un cours élémentaire, on arrive à trouver de grandes analogies entre les Cryptogames et les Phanérogames.

CLASSE DES CRYPTOGAMES VASCULAIRES

254. — Les végétaux qui rentrent dans la classe des cryptogames vasculaires ont toujours une tige pourvue de feuilles contenant des faisceaux fibro-vasculaires où dominent les vaisseaux scalariformes (§ 339).

Ces végétaux se reproduisent par des spores de deux natures : les unes, les *spores* proprement dites, germent directement; les autres, appelées *oospores*, ne peuvent germer que si elles ont été fécondées par des *anthérozoïdes*. La génération est alternante, c'est-à-dire qu'une forme végétale A produit des spores qui, en germant, donne naissance à une forme végétale B, différente de la première; cette seconde forme végétale B porte des oospores et des anthérozoïdes, et les oospores après avoir germé reproduisent la forme A.

Ordre[1] des Fougères.

255. — On peut prendre comme type le **polypode**, si commun dans les bois, sur les rochers et sur les murailles humides (*fig.* 155). C'est une plante à tige souterraine et à grandes feuilles découpées qui sortent de terre enroulées comme une crosse d'évêque. On les désigne souvent sous le nom de *frondes*; car certains botanistes hésitent à y voir de véritables feuilles, parce qu'elles portent les organes de reproduction.

Ceux-ci, nommés *sporanges*, sont disposés régulièrement à la face inférieure des feuilles par petits groupes, qui, dans certains genres voisins, sont recouverts d'une membrane nommée *indusie*.

Le sporange est une petite capsule pédonculée renfermant un grand nombre de cellules ovoïdes qui sont les spores. Au moment de la maturité, un demi-anneau élastique fixé sur le côté du sporange se redresse, les parois de la capsule se déchirent, et les spores sont projetées au loin.

256. — La spore, en germant, produit un petit végétal membraneux, en forme de cœur, qui s'étale sur le sol, on le nomme *protothalle* (*fig.* 156). Sur sa face inférieure, on voit bientôt apparaître des poils radiculaires qui s'enfoncent dans

1. Les groupes des Fougères, des Mousses, etc., sont des divisions d'un degré plus élevé que les familles des Phanérogames. Ils se divisent eux-mêmes en familles dont il ne sera pas tenu compte dans cet ouvrage élémentaire.

la terre, puis de petits mamelons cellulaires qui sont, les uns des *anthéridies*, les autres des *archégones*.

257. — Les anthéridies (*fig.* 157) doivent leur nom à ce qu'elles correspondent aux anthères des phanérogames, mais au lieu de renfermer du pollen, elles contiennent de petits corps vermiculaires doués de mouvement, et terminés par une touffe de cils vibratiles. On les nomme *anthérozoïdes*. Chaque anthérozoïde prend naissance dans une cellule spéciale, dite cellule-mère, dans laquelle il est enroulé en tire-bouchon.

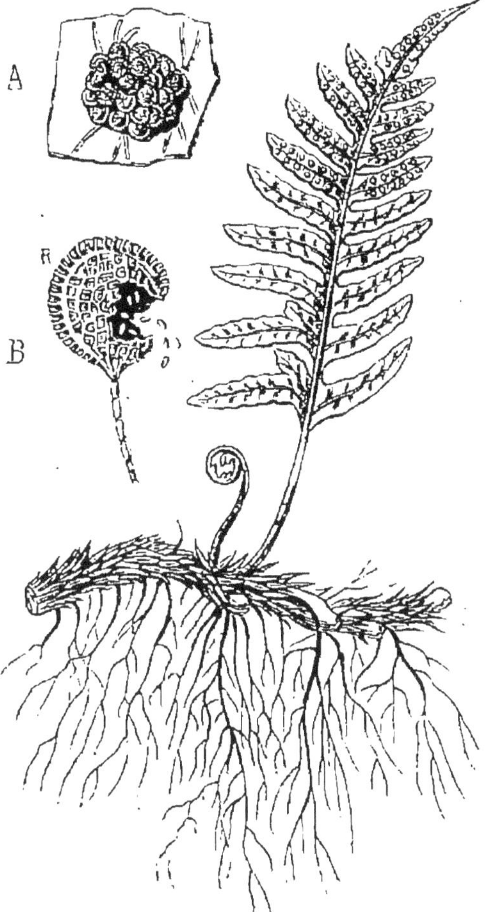

Fig. 155. — Polypode : rhizome portant des racines, des bourgeons et des feuilles chargées de sporanges. A, groupe de sporanges ; B, sporange isolée s'ouvrant par suite de la rupture de l'anneau élastique R, et laissant échapper les spores.

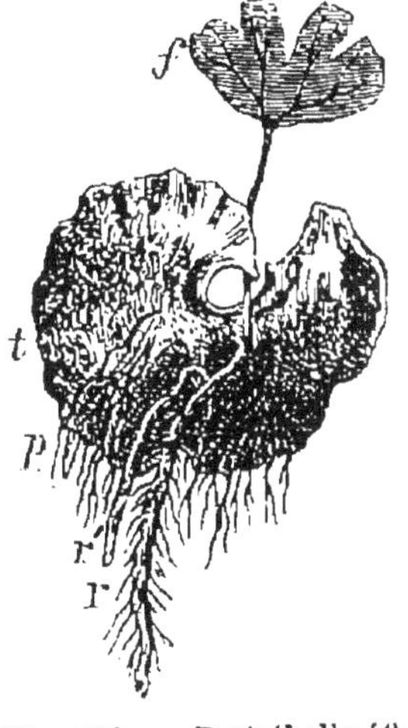

Fig. 156. — Prothalle (*t*) de fougère ayant émis par sa face inférieure des poils radicaux (*p*), des anthéridies et des archégones. D'un de ces archégones est né une jeune fougère (*f*) dont les racines sont représentées en *r* et *r'* (gr. 30 f.).

258. — Dans l'archégone (*fig.* 158), que l'on peut comparer à l'ovule des phanérogames, il y a une cellule, l'*oos-*

phère (*s*), qui représente la vésicule embryonnaire (§ 414). L'intérieur de l'archégone communique avec l'extérieur par un canal rempli d'une substance mucilagineuse.

259. — Les anthérozoïdes, qui nagent dans l'eau de pluie ou de rosée humectant la face inférieure du protothalle,

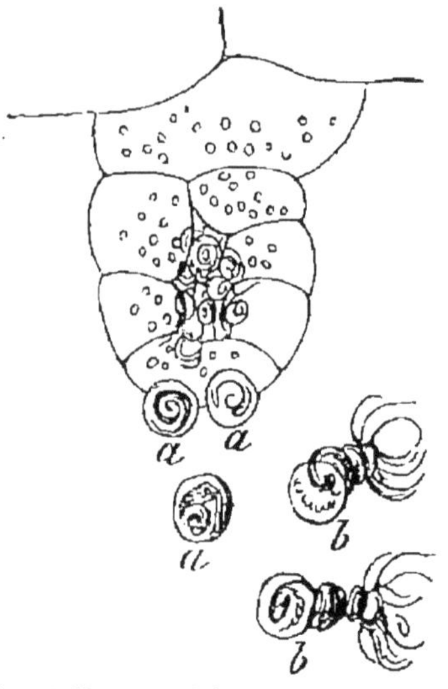

Fig. 157. — Anthéridies et anthérozoïdes de fougères. *a*, anthérozoïdes enveloppés dans la cellule mère; *b*, anthérozoïdes sortant de la cellule mère (gr. 550 fois).

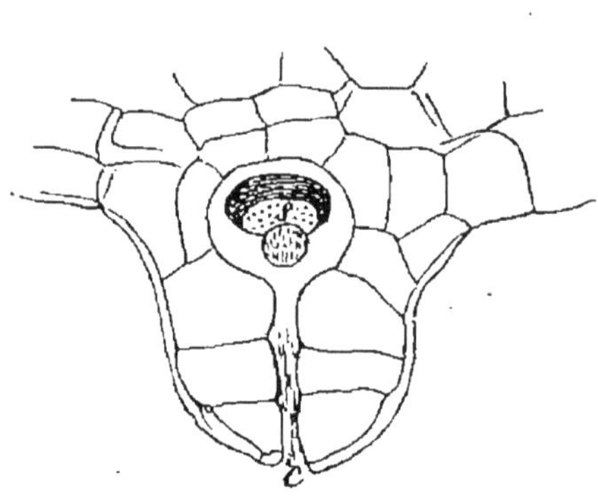

Fig. 158. — Archégone et oosphère de fougère. *s*, oosphère de forme discoïde; au-dessous on voit une cellule sphérique destinée à produire un mucilage qui remplira le col de l'archégone au moment de la fécondation (gr. 800 fois).

se trouvent arrêtés par cette goutte de mucilage. Ils pénètrent en foule dans l'archégone; quelques-uns arrivent jusqu'au contact de l'oosphère, qu'ils fécondent.

Celle-ci devenue une *oospore* (l'oospore est l'oosphère fécondée), s'organise sans toutefois quitter l'archégone; elle émet un prolongement sur lequel se produisent des racines et une feuille; il en résulte une nouvelle fougère. Le protothalle persiste encore quelque temps et sert à nourrir la jeune fougère.

Ce mode de reproduction est une véritable génération alternante comparable à celle des Méduses et des Tœnias. La fougère, sous sa forme bien connue, produit des spores qui donnent naissance à des protothalles, et le protothalle produit des anthérozoïdes et des oosphères qui, après fécondation, donnent naissance à des fougères.

260. — Dans les pays chauds et humides, tels que les

îles de l'Océanie, les fougères sont plus abondantes que dans nos climats ; elles y acquièrent des tiges aériennes qui, par leur forme et leurs dimensions, rappellent le palmier. Quelques-unes de leurs espèces contiennent assez de fécule pour servir à l'alimentation des indigènes. A Sainte-Hélène, sur cent plantes, il y a trente fougères. Ces végétaux étaient également très-abondants dans notre pays à l'époque houillère.

Les fougères sont actuellement recherchées comme plantes d'ornementation ; anciennement, quelques espèces étaient employées en médecine.

Ordre des Equisétacées.

261*. — Cet ordre ne se compose que du seul genre **prêle** (*f.* 159). Ces plantes ont un rhizome d'où sortent des tiges aériennes formées de cylindres cannelés fixés bout à bout et engaînés l'un dans l'autre. Chaque gaîne se termine par une collerette de folioles verticillées. Les sporanges sont disposés en épis au sommet de la tige.

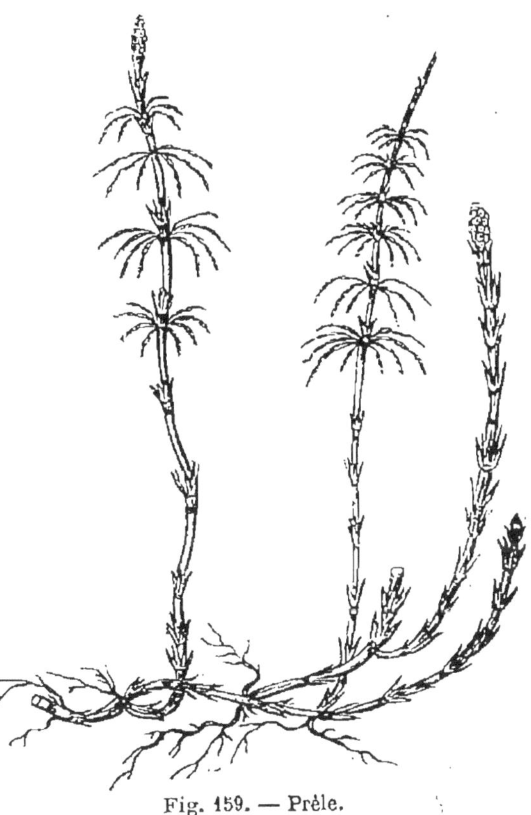

Fig. 159. — Prêle.

Les spores produisent un protothalle comme les fougères, et sur le protothalle se développent des archégones et des anthéridies.

Dans quelques espèces, le même protothalle porte ces deux organes. Dans d'autres espèces, il y a des protothalles à anthéridies et des protothalles à archégones.

La tige des prêles renferme de la silice, qui lui donne une dureté considérable ; aussi emploie-t-on la *prêle d'hiver* pour nettoyer les vases métalliques. Les menuisiers et les orfèvres s'en servent aussi pour polir les bois et les métaux.

En Italie, on mange les jeunes pousses de prêle comme les asperges, et la plante adulte sert de nourriture aux bestiaux. En France, la prêle est plutôt considérée comme une plante nuisible que l'agriculteur cherche à détruire.

Dans les temps géologiques les plus anciens, à l'époque houillère particulièrement, il y avait des Équisétacées dont le tronc égalait celui de nos plus grands chênes ; mais depuis le commencement de l'époque jurassique, les prêles ne sont représentées que par des espèces analogues à celles qui vivent de nos jours.

Ordre des Lycopodiacées.

262 *. — Il comprend un petit nombre de végétaux. Les uns, tels que les **lycopodes**, ont le même mode de reproduction que les fougères ; tandis que d'autres, les **sélaginelles**, ont des spores de deux natures et de taille différente : les plus petites (*microspores*), renferment des anthérozoïdes ; les plus grandes (*macrospores*), produisent en germant, dans l'intérieur même de leur tissu plusieurs archégones renfermant chacun une oosphère d'où naîtra une jeune sélaginelle. Ainsi, chez ces végétaux il n'y a pas de protothalle proprement dit. Ils forment un passage aux phanérogames, et particulièrement à ceux qui, comme les gymnospermes, ont dans leur sac embryonnaire plusieurs vésicules germinatives. Les spores de lycopodes, par suite de leur grande inflammabilité, sont employées dans les théâtres pour simuler les incendies. On s'en sert aussi en pharmacie pour rouler les pilules.

A l'époque houillère vivaient des Lycopodiacées de grande taille, les *lépidodendron* et les *sigillaria*.

CLASSE DES ANOPHYTES

263. — Les végétaux de cette classe ont encore presque tous une tige et des organes foliacés ; mais ils ne renferment pas de faisceaux fibro-vasculaires. Leurs tissus sont donc uniquement cellulaires.

Leur reproduction est alternante comme dans la classe des Cryptogames vasculaires.

Cette classe comprend les deux ordres des Mousses et des Hépatiques [1].

Ordre des Mousses.

264. L'une des mousses les plus communes, celle qui couvre d'un tapis velouté le sol de nos bois, appartient au genre **polytric** (*fig.* 160). Au premier abord on ne voit qu'un amas verdâtre doux au toucher; mais si on cherche ensuite à séparer les petits filaments qui constituent ces masses, on peut reconnaître à la loupe qu'ils ont la forme d'un végétal en miniature. On y distingue une petite tige ramifiée, garnie de feuilles nombreuses.

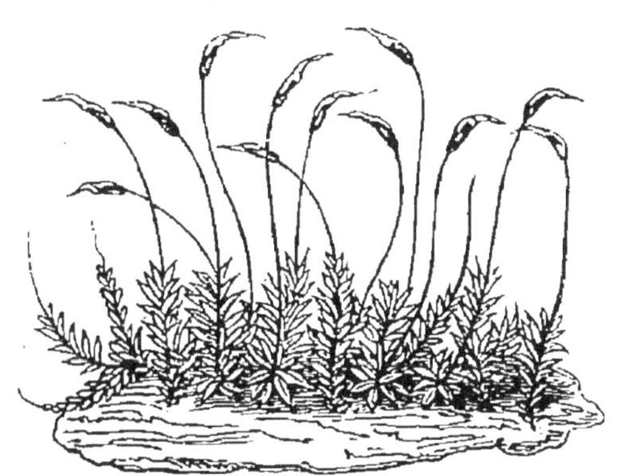

Fig. 160. — Polytric.

1. 263 *bis*. — Les **hépatiques** sont des végétaux voisins des mousses. Les unes ont des tiges dressées, les autres n'ont qu'un thalle foliacé qui s'aplatit sur le sol. Parmi ceux-ci on peut citer les *Marchantia*, qui croissent dans nos jardins et sur les pavés de nos cours humides. Ils portent leurs anthéridies et leurs archégones sur des espèces de parasols et leurs bulbilles arrondis dans de petites cupules sessiles à la surface du thalle. Quand le terrain est fort humide, les parasols ne se développent pas et les cupules à bulbilles sont seules chargées de la propagation de l'espèce. Les *Marchantia* sont dioïques. Les parasols à anthéridies ont leur pourtour divisé en quatre lobes à peine marqués tandis que les parasols à archégones sont profondément divisés en huit lanières.

265. — Au printemps beaucoup de ces petites tiges se terminent par une capsule en forme d'*urne* (*fig.* 161, *u*), dont l'ouverture est ciliée. Un *opercule c*, ou couvercle conique, la ferme, et le tout est recouvert d'une coiffe *o*. Dans l'intérieur de l'urne, il y a des spores fixées à une colonnette centrale.

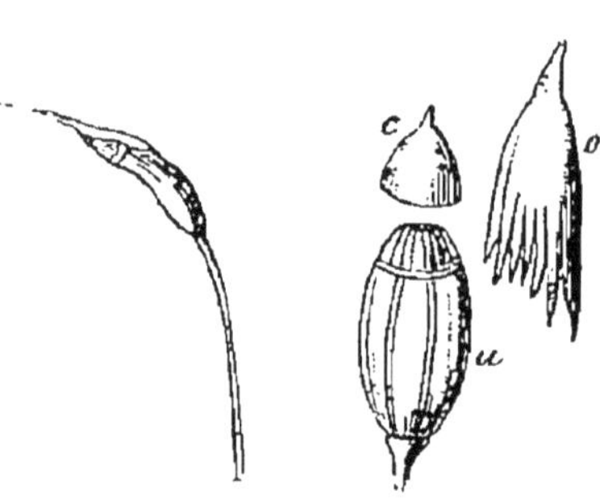

Fig. 161. — Urne de polytric. *a*, urne à bords ciliés ; *c*, opercule ; *o*, coiffe.

266*. — Outre ces organes de reproduction, que l'on peut qualifier du nom d'agames, il y a des *anthéridies*, sous forme de sacs cylindriques, et des *archégones*, qui ressemblent à une bouteille à long col. On trouve mélangés à ces organes des poils formés de cellules placées bout à bout et nommés *paraphyses*.

Anthéridies et archégones sont situés à l'extrémité des tiges et entourés d'une rosette de feuilles que l'on a nommée *périchèse*. Tantôt on trouve des anthéridies et des archégones dans le même périchèse, tantôt ils sont situés dans des périchèses différents.

Lorsqu'ils sont mûrs, les anthéridies s'ouvrent pour laisser sortir les *anthérozoïdes* : ce sont de très-petits corps vermiformes munis de deux cils vibratiles et doués de locomotion. Devenus libres, ils pénètrent dans l'archégone. Au fond de celui-ci se trouve l'*oosphère* ou *oospore*, qui se développe sous l'influence fécondante de l'anthérozoïde, s'organise dans l'intérieur même de l'archégone et devient un sporange.

Ce sporange est l'*urne*, fermée par son opercule mobile ; au centre est une colonnette (*columelle*) autour de laquelle se forment les spores. L'archégone ne grandit pas assez vite pour suivre les progrès du sporange. Il se déchire transversalement, et sa partie supérieure reste fixée sur l'urne sous forme de coiffe. L'urne est portée à l'extrémité d'un long pédoncule qui s'est développé en même temps qu'elle.

A la maturité, les spores tombent de l'urne ; elles produisent en germant un protothalle filamenteux sur lequel naissent un ou plusieurs bourgeons. Chacun d'eux pousse une tige, des racines, et devient une mousse.

On retrouve donc chez les mousses la même génération alternante que dans les fougères, puisqu'il y a alternativement, reproduction par des spores et reproduction par des oospores fécondées par des anthéridies. Mais la forme végétale la plus parfaite de la mousse doit être comparée au protothalle des fougères, et l'analogue physiologique de la fougère, c'est-à-dire la forme végétale née de l'archégone et produisant des spores, c'est l'urne avec son pédicelle.

Les mousses se reproduisent aussi à l'aide de *bulbilles* ou petites masses cellulaires qui naissent à l'angle des rameaux, à l'aisselle des feuilles ou dans une sorte de cupule.

266. — Les mousses nous sont peu utiles : à l'exception du *polytric*, dont on fait des brosses, on ne s'en sert guère que pour les emballages. Mais elles jouent un rôle important dans la nature ; certaines tourbes en sont presque entièrement formées. Dans les contrées du nord, elles servent de nourriture aux rennes et de combustible aux Lapons.

CLASSE DES CHAMPIGNONS

267. — Les champignons sont des plantes cellulaires, dépourvues de chlorophylle et par conséquent ne décomposant pas l'acide carbonique de l'air. Ils vivent en parasites sur des plantes ou des animaux, soit vivants, soit morts, même sur des excréments. Comme ils n'ont pas de chlorophylle, ils peuvent remplir toutes leurs fonctions à l'abri de la lumière. Jamais ils ne forment d'amidon. Leur organisation est très-variable. On peut y distinguer plusieurs ordres et de nombreuses familles.

268. — L'**agaric comestible** (*fig.* 162) présente deux parties distinctes : les organes de végétation et ceux de reproduction. Les premiers, ou *mycelium,* sont formés de filaments blancs enchevêtrés les uns dans les autres et connus vulgairement sous le nom de blanc de champignon. Le végétal peut être réduit longtemps à ces seuls organes ; mais lorsque les années sont favorables, on voit sur une portion du mycelium pousser des masses cellulaires qui, en se développant, sortent de terre et prennent la forme bien connue du champignon. La surface inférieure du *chapeau* est couverte de lames rayonnantes qui portent les spores, fixées deux par deux, ou quatre par quatre, à l'extrémité de grosses cellules nommées *basides* [1] (*fig.* 163.)

Fig. 162. — Agaric. Mycelium portant des chapeaux en voie de développement.

269. — L'agaric comestible a deux variétés principales : l'une atrophiée, cultivée en couches dans les caves et les souterrains; l'autre qui possède un parfum bien supérieur et qui paraît pendant l'automne dans les prairies. On ne doit manger que ceux dont les lames sont roses pendant la jeunesse et brunes à un âge plus avancé. Il faut éviter de le confondre avec l'**agaric printanier,** à lamelles blanches, qui est un poison violent. Du reste, un grand nombre d'agarics sont vénéneux, et on doit s'en défier.

Parmi les espèces comestibles du même genre il faut encore citer l'**oronge,** très-renommée des gourmets, mais qu'il faut se garder de confondre avec la **fausse oronge,** l'un des champignons les plus vénéneux. Tous deux sont rouges au-dessus et blancs en dessous; la fausse oronge porte en outre à la surface du chapeau des points blancs qui paraissent le siége du principe toxique.

270. — Le genre *bolet* a la partie inférieure du chapeau

1. 268 *bis.* — Les basides reposent sur un tissu cellulaire particulier nommé *hymenium* qui tapisse la surface des lamelles et elles sont mélangées de cellules claviformes et stériles, nommées *paraphyses.*

recouverte, non par des lames, mais par de petits tubes dont les parois portent les basides. Tel est le **cèpe** si recherché dans le midi et qui croît pendant l'été dans les bois de sapins.

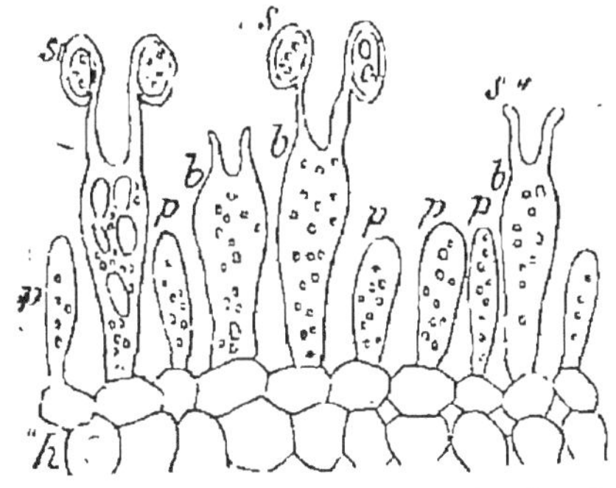

Fig. 163. — Organes de reproduction de l'agaric. *s*, *s'*, spores; *s''*, spores en voie de développement; *b*, basides servant de supports aux spores; *p*, paraphyses ou cellules stériles analogues aux basides; *h*, hymenium, tissu cellulaire qui tapisse la surface des lames situées sous le chapeau de l'agaric.

Les **polypores** sont des bolets sans pied, c'est à-dire réduits à un chapeau qui est fixé aux arbres par le côté. Quelques espèces servent à préparer l'amadou.

La **chanterelle** a un pied très-court, peu distinct du chapeau, qui lui-même est irrégulier et à bords sinueux. Sa surface inférieure est couverte de plis qui s'étendent jusque sur le pied et qui portent les basides. Ce champignon, d'un jaune pâle, pousse pendant l'été dans les bois de chênes et de châtaigniers. On l'estime beaucoup dans le centre de la France et en Allemagne. Une espèce voisine, d'un jaune d'ocre, est vénéneuse.

Les **lycoperdons** ou *vesses de loup* sont des champignons dont le chapeau ne s'étale pas. Lorsqu'ils sont mûrs, le tissu interne se résorbe, et l'enveloppe crève en laissant échapper les spores sous forme d'une poussière jaune.

271. — La morille et la truffe diffèrent des champignons cités précédemment, les agarics, les bolets, etc., par leurs spores qui sont *enfermées* dans de grandes cellules nommées *asques* ou *thèques* et non point *portées* sur des basides.

La **morille** a un pédoncule cylindrique surmonté d'une masse ovoïde, creusée à la surface de cavités alvéolaires très-irrégulières. Sur les parois extérieures de ces cavités se trouvent les *thèques*, qui renferment les spores. On mange la morille fraîche ou desséchée.

La **truffe** est une masse charnue à forme irrégulière, à surface verruqueuse (*fig.* 164). Les thèques qui renferment les spores sont sphériques et de couleur noire; elles remplissent une foule de canalicules internes qui communiquent avec l'extérieur chacun par un petit pore. Dans chaque thèque il y a trois ou quatre spores. Il y a trois variétés, peut-être même trois espèces de truffes que l'on distingue par leur couleur noire, grise et violette. Elles viennent spontanément

Fig. 164. — Tissu de la truffe montrant les thèques (*t*) avec les spores. *a*, tissu cellulaire formant l'enveloppe du champignon.

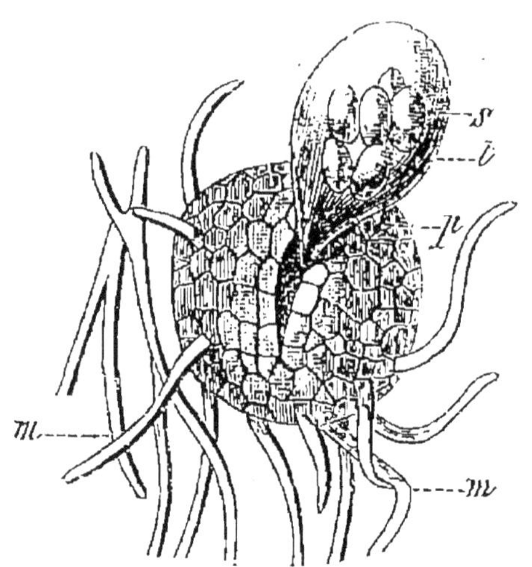

Fig. 165. — Erysiphe, conceptacle et thèques. *m*, mycelium; *p*, conceptacle; *t*, thèques; *s*, spores.

dans les bois de chênes, et on n'est pas encore parvenu à les cultiver. Comme elles sont cachées sous terre et que rien ne décèle leur présence, on les fait chercher par des porcs, qui sentent la truffe et annoncent sa présence par des grognements de plaisir. Mais ce sont des auxiliaires peu dociles qui ne se laissent pas frustrer facilement du prix de leur découverte. Il est préférable de dresser des chiens à sentir et à signaler la truffe.

272. — Une foule de maladies des plantes et des animaux sont dues à des champignons.

Le **rhizoctone** ou *mort du safran,* qui ressemble à une petite truffe, développe son mycélium dans le bulbe du safran et le détruit peu à peu.

273. — L'**érysiphe** du houblon, nommé aussi *blanc* ou *meunier*, se développe à la surface des feuilles de cette plante pendant les temps de sécheresse et les fait paraître comme saupoudrées de farine. Il est formé de filaments blancs rameux portant de petites capsules globuleuses, dits *conceptacles* (*fig.* 165). Celles-ci s'ouvrent à maturité et montrent dans leur intérieur quatre *thèques* ou sporanges qui contiennent les spores.

274. — Les érysiphes ont deux autres modes de reproduction, les *conidies* et les *pycnides*. Les conidies (*fig.* 166) sont des filaments de cellules placés bout à bout comme les

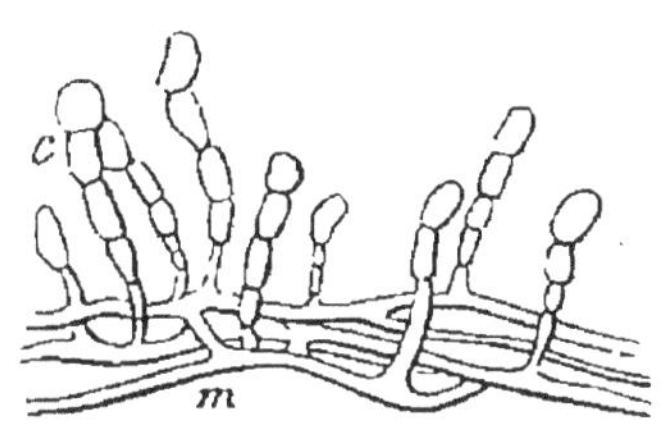

Fig. 166. — Oïdium avec conidies. *m*, mycelium.

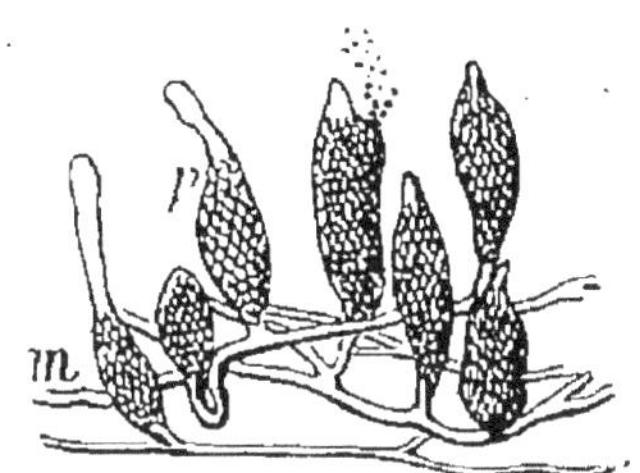

Fig. 167. — Erysiphe avec pycnides. *m*, mycelium.

grains d'un chapelet. Ces cellules, à maturité, se détachent les unes des autres et constituent autant de petits bourgeons capables de reproduire la plante. Les pycnides (*fig.* 167) sont des vésicules ovoïdes renfermant un très-grand nombre de petits corps reproducteurs analogues aux spores.

275. — L'**oïdium**, qui cause la maladie de la vigne est aussi un érysiphe, mais il ne produit presque jamais de sporanges, et les pycnides mêmes y sont rares. Il ne se reproduit guère que par ses conidies, mais ce moyen lui suffit toutefois pour mettre en péril nos plus riches vignobles. Il se montre dans les années chaudes et humides sous forme de petites taches farineuses sur les feuilles, les tiges et les fruits. Si on ne lui apporte aucun obstacle, et que l'année lui soit favorable, il a bientôt tout envahi. Les filaments de son mycelium enserrent le grain de raisin, l'empêchent de croître, détruisent l'épiderme qui se fend, et la pulpe intérieure, mise à jour, ne tarde pas à se dessécher.

C'est en 1847 que l'on signala pour la première fois la présence de l'oïdium sur les raisins venus dans des serres en Angleterre; l'année suivante, on le retrouva également sur le continent. En 1851, tous les vignobles furent envahis, mais déjà on avait trouvé le remède efficace contre cette terrible maladie. Il consiste à projeter de la fleur de soufre sur la plante malade. Sous l'influence du soufre, le champignon s'altère, se désorganise, se détruit plus ou moins complétement. Mais que la pluie ou le vent viennent à emporter le soufre, l'oïdium peut reparaître, ou bien des spores qui n'avaient pas été atteints par les émanations sulfurées peuvent se développer; aussi est-il utile de soufrer dès qu'on voit la maladie envahir les vignes.

276. — Le seigle est attaqué par un champignon, le **cla-**

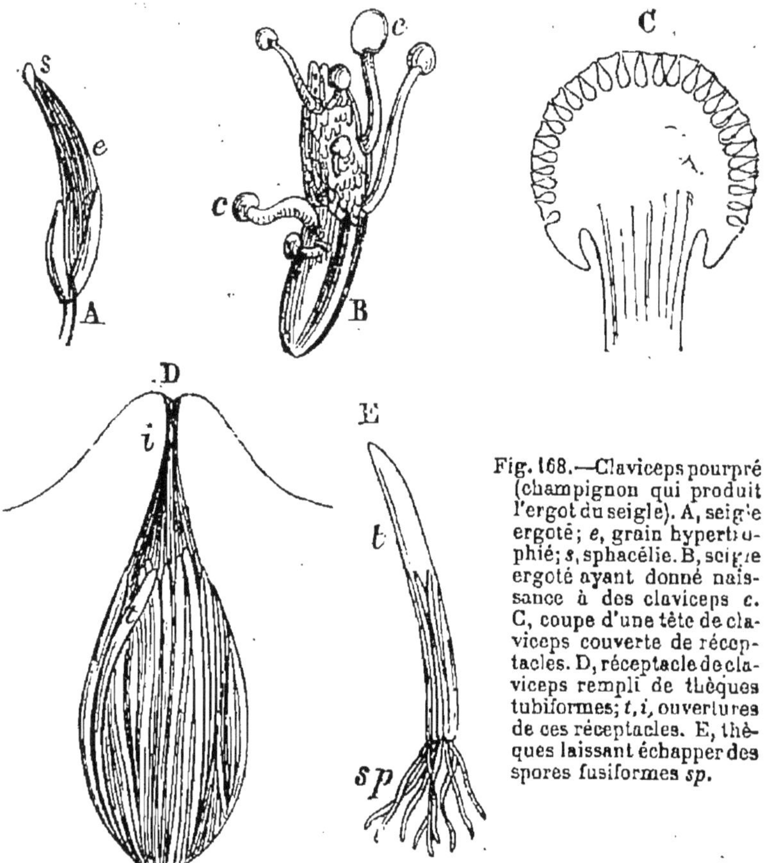

Fig. 168.—Claviceps pourpré (champignon qui produit l'ergot du seigle). A, seigle ergoté; *e*, grain hypertrophié; *s*, sphacélie. B, seigle ergoté ayant donné naissance à des claviceps *c*. C, coupe d'une tête de claviceps couverte de réceptacles. D, réceptacle de claviceps rempli de thèques tubiformes; *t*, *i*, ouvertures de ces réceptacles. E, thèques laissant échapper des spores fusiformes *sp*.

viceps pourpré (*fig.* 168), dont le mycelium s'établit à la surface de l'ovaire lorsqu'il est encore jeune, l'enserre de ses mailles, pénètre dans son tissu et le transforme en une masse tendre, spongieuse (*sphacélie*), creusée de sillons profonds qui portent sur leur surface des chapelets de conidies. Ces conidies, portées sur d'autres fleurs de seigle, peuvent y produire une nouvelle sphacélie.

Mais la sphacélie cesse bientôt de croître. A la base de l'ovaire paraît un petit point noir qui grandit rapidement, sort des glumelles en emportant à son sommet la sphacélie et devient un cylindre courbe que l'on a comparé pour la forme à l'*ergot* des gallinacés. Ce n'est pas autre chose qu'un mycelium compacte.

L'ergot du seigle est un corps noir d'une odeur fétide, de $0^m,01$ à $0^m,02$ de longueur. C'est un poison violent utilisé dans la pratique médicale.

Lorsque, pendant la moisson, l'ergot vient à tomber sur le sol, il y séjourne l'hiver, puis au printemps suivant on voit s'élever à la surface plusieurs petits champignons ayant la forme d'une tête sphérique pédicellée. La surface de la tête est criblée de trous qui servent d'ouvertures à autant de réceptacles internes. Ceux-ci contiennent un grand nombre de thèques tubiformes qui renferment chacun plusieurs spores fusiformes destinées à reproduire la plante. Quand les spores sont mûres, elles s'échappent par l'ouverture du réceptacle, et si elles parviennent dans des fleurs de seigle ou d'autres graminées, elles y produisent une sphacélie.

L'ergot se trouve dans toutes les céréales, mais il est peu commun sur le blé.

Le champignon qui produit l'ergot du seigle, possède donc deux formes toutes différentes, produites par des générations successives et alternantes.

277. Puccinie des graminées. — La *rouille du blé* est une poussière rouge disposée par taches à la surface des céréales. Non-seulement la plante en souffre, mais la paille rouillée peut rendre les bestiaux malades. Chaque grain de rouille est un champignon du genre *Uredo* (*fig.* 169). Il se produit une petite masse grumeleuse et mucilagineuse d'où s'élèvent des spores pédicellées jaunâtres. Ces spores se détachent lorsqu'elles sont mûres, et si elles viennent à tomber sur l'épiderme d'une feuille ou d'une tige de graminée, donnent naissance à un mycelium qui produira un autre grain de rouille. A la fin de la saison, on voit apparaître au milieu de ces spores simples des corps d'un brun foncé, divisés

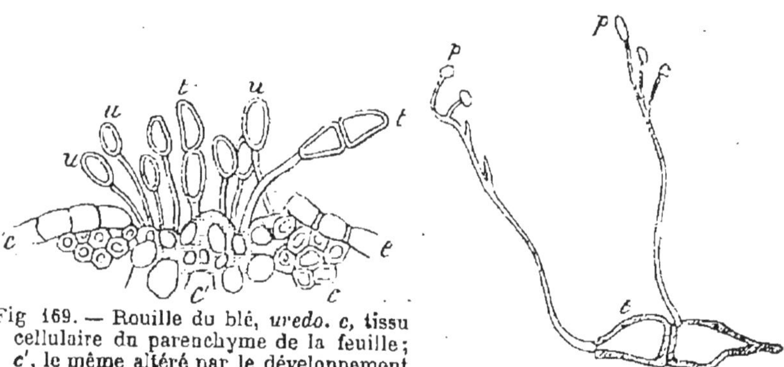

Fig 169. — Rouille du blé, *uredo*. *c*, tissu cellulaire du parenchyme de la feuille; *c'*, le même altéré par le développement du mycelium du champignon; *e*, cellules épidermiques; *u*, spores simples de l'*uredo*; *t*, téleutospores.

Fig. 170. — Puccinie des graminées. Télentospore *t* germant et produisant des sporidies *sp*.

en deux cellules nommées *téleutospores* (*t*). Les téleutospores passent l'hiver sur les chaumes des graminées, pour germer au printemps suivant. Il en sort des filaments rameux qui portent de petites spores désignées sous le nom de *sporidies* (*sp*). Cette nouvelle végétation (*fig.* 170) avait été considérée comme un végétal parasite sur l'uredo et on lui avait donné le nom de *puccinie*.

Lorsqu'une de ces sporidies est portée par le vent à la surface des feuilles de l'*épine-vinette*, arbuste qui sert à faire des haies vives, elle s'y présente sous une forme végétale différente, nommée *œcidium* (*fig.* 171). C'est encore un champignon dont le mycélium se ramifie entre les cellules du parenchyme de la feuille. Sur la surface supérieure de celle-ci, on voit paraître une tache rouge correspondant à la formation de petits tubercules jaunâtres à la face inférieure. Chaque tubercule est un réceptacle (*c*) en forme de coupe profonde, rempli de *conidies*, c'est-à-dire de chapelets de spores. Lorsqu'elles sont mûres, ces spores s'échappent du réceptacle sous l'apparence d'une poussière orangée. La tache rouge de la partie supérieure de la feuille, présente aussi un ensemble d'autres appareils reproducteurs. Ce sont encore de petits réceptacles arrondis (*sp*), et tapissés de poils qui sortent en dehors sous forme de pinceaux. Au fond les poils sont entremêlés de chapelets de toutes petites cellules nommées *spermaties*, qui paraissent aussi capables de reproduire la plante. Les réceptacles à spermaties se développent avant ceux à conidies.

Il y a longtemps que l'on avait remarqué que dans le voisinage d'une épine-vinette, le blé est fréquemment rouillé;

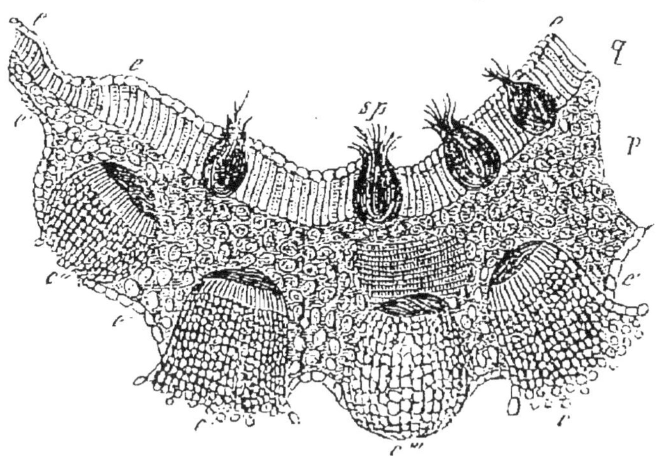

Fig. 171. — Œcidium de l'épine-vinette. — *p*, tissu cellulaire de la feuille de l'épine-vinette; *q*, couche cellulaire de la partie supérieure de la feuille; *e*, épiderme supérieur; *e*, épiderme inférieur; *cc'*, œcidium ouverts d'où s'échappent les spores; *c''*, œcidium sur le point de s'ouvrir; *c'''*, œcidium fermé (on n'en voit que l'enveloppe cellulaire périphérique formant une cupule dite peridium); *sp*, spermogonies.

mais c'est depuis peu d'années seulement qu'on a eu l'explication de ce fait. On a reconnu que les spores de l'œcidium, quand elles tombent sur les feuilles des graminées, y germent en produisant la rouille.

Voici donc l'exemple d'un champignon qui présente deux formes très-différentes (*œcidium* et *uredo*) parasites, chacune sur un végétal particulier et possédant aussi chacune deux espèces de spores (conidies et spermaties pour l'*œcidium*, spores et téleutospores pour l'*uredo*), plus une troisième forme (*puccinie*) passagère, mais produisant néanmoins une cinquième espèce de spores (sporidies), et nécessaire pour le retour de la forme *uredo* à la forme *œcidium*. C'est cette troisième forme qui a donné son nom à l'espèce.

278. — On voit souvent, vers le mois de juin, apparaître sur les feuilles du poirier des taches rouge orange marquées de points noirs. Depuis quelques années, on avait remarqué que la présence de la sabine dans un jardin déterminait cette maladie. Les espaliers d'un jardin étaient infestés par un pied de sabine, et dès qu'on retirait celui-ci, la maladie du poirier disparaissait. On a fini par reconnaître qu'il y avait entre le champignon qui se développait sur le poirier [1] et un autre champignon de la sabine [2], la même relation qu'entre l'œcidium de l'épine-vinette et l'uredo du blé.

279. — Le grain de blé est attaqué par deux autres champignons qui produisent la carie et le charbon.

Dans la carie, le grain se remplit d'une pulpe blanche verdâtre d'une odeur désagréable, au milieu de laquelle se développent des spores. La pulpe disparaît ensuite pour faire place à une poussière noire composée de spores mûres.

Le charbon s'attaque aux enveloppes florales des graminées, particulièrement de l'orge et de l'avoine. Le tissu de ces organes s'hypertrophie, tandis que la fleur proprement dite disparaît ; ils se remplissent d'une matière gélatineuse homogène au milieu de laquelle se forment les spores. A la maturité, la matière gelatineuse a disparu ; les spores s'échappent sous forme de poussière noire, et il ne reste de l'épillet qu'un squelette noirci sans la moindre apparence de grain.

Une espèce voisine, le charbon du maïs se développe non-seulement dans les enveloppes florales, mais dans le tissu même de l'ovaire. Sous cette influence, le volume du grain de maïs peut acquérir la grosseur d'une noix.

280. — Nous n'en avons pas fini avec les ravages que les champignons produisent dans nos cultures. Depuis 1845, la pomme de terre est attaquée par le **peronospora infes-**

1. A la face inférieure de la feuille sous la tache rouge il se produit plusieurs réceptacles coniques fermés par une coiffe qui est composée de soies, distinctes par le bas et réunies par le haut. Les réceptacles sont remplies de conidies. Ils ont reçu le nom de *rœstelia*.

2. Le *posidonia* de la sabine est un corps cylindrique de 0m,008 à 0m,010 de longueur, de consistance gélatineuse, de couleur fauve ou brune, sa surface d'un aspect velouté porte des spores qui naissent sur des cellules biloculaires.

tans. On voit les feuilles et la tige se couvrir de taches noires dues au développement du mycelium de ce champignon. Il en sort des filaments microscopiques semblables à de petits arbres dont toutes les branches portent une spore à leur extrémité (*fig.* 172). Cette spore, devenue mûre, tombe à terre,

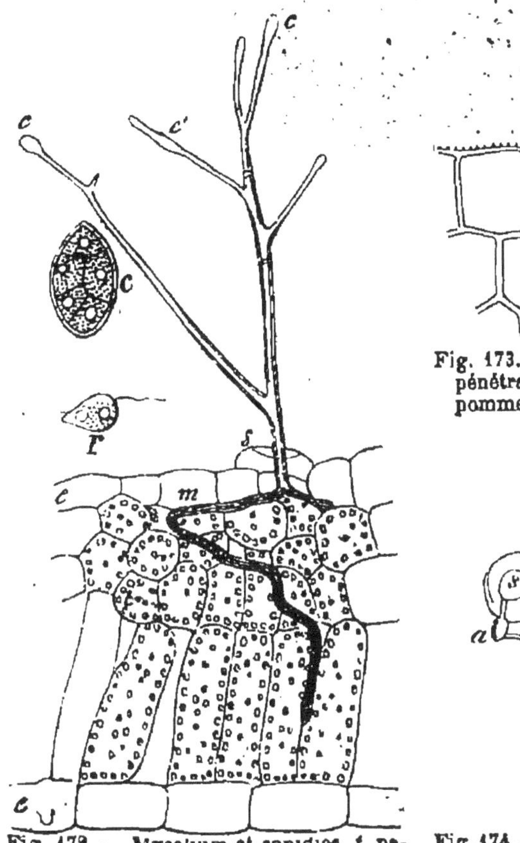

Fig. 172. — Mycelium et conidies. *t*, parenchyme de la feuille; *e*, épiderme; *s*, stomate de la surface inférieure de la feuille (celle-ci est renversée); *m*, mycelium du peronospora; *c*, spores; *c'*, spore en voie de formation. C, spore ayant germé et remplie de zoospores; *r*, zoospores.

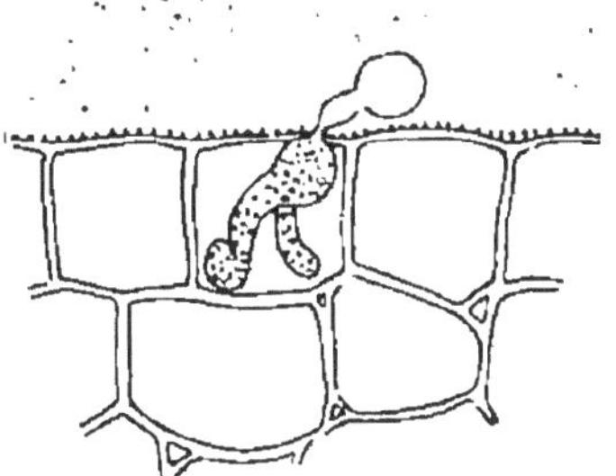

Fig. 173. — Zoospore germant et pénétrant dans le tissu de la pomme de terre.

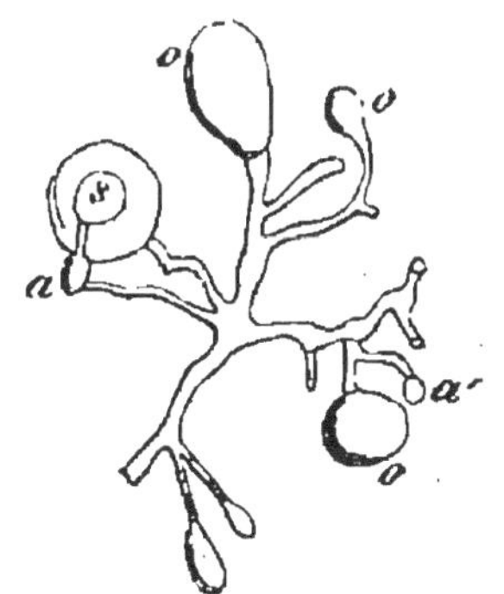

Fig. 174. — Second mode de reproduction du peronospora; *o*, oogone; *s*, oosphère; *a*, anthéridia.

Peronospora infestans, champignon qui produit la maladie de la pomme de terre (gr. 150 fois).

mais elle ne germe pas immédiatement. Quand elle est plongée dans une goutte de rosée ou de pluie, il s'y produit un travail interne, et bientôt elle s'ouvre pour laisser passer quelques corpuscules ovoïdes munis de deux cils vibratiles. Ces corpuscules, nommés *zoospores* (*fig.* 172, *r*), se meuvent pendant une demi-heure comme des animaux. Ils pénètrent dans le sol, parviennent à la surface des tubercules et s'y fixent. Alors ils s'allongent, percent l'épiderme (*fig.* 173), s'accroissent dans les méats intercellulaires où ils se développent en un mycelium ramifié. Ce mycelium peut hiberner dans la pomme de terre pour poursuivre au printemps suivant son développement dans de nouvelles pousses.

Les peronospora ont encore un autre mode de reproduction (*fig.* 174). Certains filaments du mycelium se renflent, se séparent par une cloison du reste de la plante. C'est un *oogone* dans lequel se produit un gros corpuscule, l'*oosphère*. Un autre filament voisin du précédent se renfle également et se sépare aussi de la plante par une cloison, c'est l'*anthéridie*. Il se dirige vers l'oogone, s'applique à sa surface, émet une branche fine qui traverse les parois de l'oogone et de l'oosphère. Celle-ci se trouve fécondée. Elle s'enveloppe d'une membrane épaisse et s'y produit des *oospores*, qui peuvent passer l'hiver sur le sol humide pour aller au printemps, lorsqu'elles sont soulevées par le vent, porter la maladie sur les tiges et les pousses nouvelles.

281. Maladies épidémiques. — Les exemples précédents ont montré combien les champignons font de dommage à l'humanité, et encore n'a-t-on pu voir qu'une partie des maux qu'ils causent. Il paraît maintenant probable que beaucoup de maladies épidémiques sont dues au développement de certains champignons dans l'organisme.

Fig. 175. — Saccharomycète, champignon qui constitue la levûre de bière.

282. Ferments. — Mais à côté de ces préjudices, les champignons nous rendent aussi des services, et même des services éminents. Nous leur devons toutes nos boissons fermentées. Les champignons qui produisent la fermentation alcoolique (*fig.* 175) se composent de chapelets de cellules sphéroïdes ou elliptiques qui s'accroissent par le bourgeonnement de nouvelles cellules sur les parois des anciennes ; ces cellules peuvent d'ailleurs se séparer et chacune d'elles vivre isolément et en produire un nouveau chapelet, toujours par bourgeonnement. Placées dans certaines conditions, ces cellules peuvent prendre des dimensions plus considérables que de coutume, et il se forme alors dans leur intérieur une ou plusieurs spores. Un champignon ferment ne peut vivre et se développer que s'il rencontre dans le liquide nourricier du sucre, une substance azotée et une matière minérale. C'est probablement par un acte de nutrition qu'il décompose le sucre en acide carbonique et en alcool.

283. — Les **lichens** constituent une famille de la classe des champignons, dont ils diffèrent surtout par les organes de végétation. C'est une lame de tissu cellulaire nommée *thalle*, de forme plus ou moins découpée, d'une consistance crustacée formée de *gonidies* ou cellules colorées en vert par de la chlorophylle, et de filaments entre-croisés comparables à ceux du mycelium des champignons. Sur leur face supérieure, on voit de petites coupes désignées sous le nom d'*apothécies* (*fig.* 176); elles contiennent des thèques qui renferment les spores.

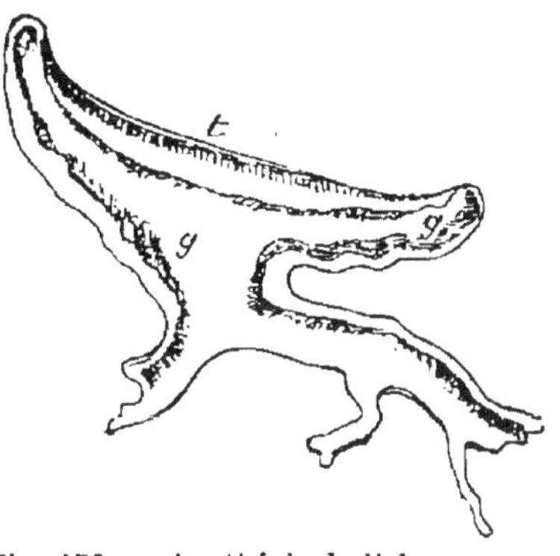

Fig. 176. — Apothécie de lichen, grossie 25 fois. *t*, couche formée de thèques ; *g*, couche de gonidies.

284*. — D'après des observations récentes, un lichen serait un champignon dont le mycelium vivrait au dépens d'une algue qu'il enveloppe et enferme dans les mailles de son mycelium. C'est cette algue qui a été considérée comme partie intégrante du lichen et désignée sous le nom de *gonidie* (*fig.* 177, *g* et *g'*). L'algue souffre à certains égards d'un parasitisme qui trouble son développement ; mais sous d'autres rapports, elle y trouve avantage et elle paraît puiser chez son commensal les principes albuminoïdes qui lui sont nécessaires, de même que le champignon trouve dans l'algue les principes hydrocarbonés qu'il ne peut élaborer faute de chlorophylle. On est parvenu à détruire le champignon, alors l'algue a repris son développement normal et a produit des zoospores.

285. — Les lichens vivent en général fixés sur des arbres, mais on les voit parfois attachés sur les rochers. Ils sont même un des agents les plus puissants de la formation de la terre végétale. Les premiers végétaux qui apparaissent sur une couche de lave sont des lichens. Ils enfoncent leurs filaments dans les pores de la roche, y entretiennent l'humidité, car ils sont très-hygrométriques, et amènent peu à peu la désagrégation de la lave.

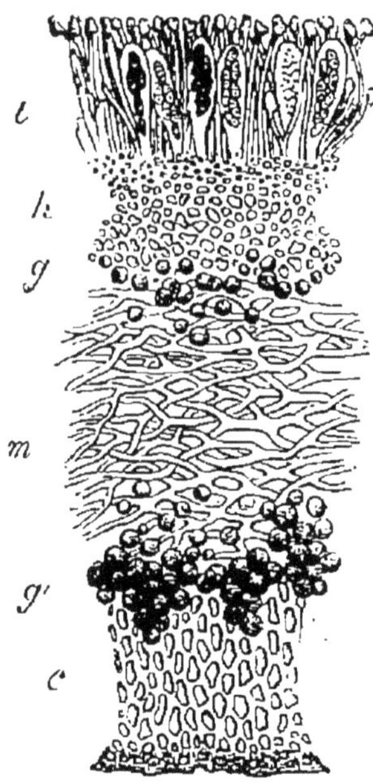

Fig. 177. — Structure d'une apothécie (gr. 150 fois). *t*, couche formée de thèques et de paraphyses; *h*, couche corticale supérieure; *c*, couche corticale inférieure; *g* et *g'*, gonidies; *m*, couche médullaire (mycelium).

Les lichens sont les plantes qui supportent le mieux le froid : on les trouve au sommet des plus hautes montagnes et dans les régions glacées des pôles. En hiver, les rennes vivent de lichens qu'ils vont déterrer sous la neige à l'aide de leurs bois et de leurs pieds.

En Islande, un lichen sert à l'alimentation des habitants. Il croît dans tout le nord de l'Europe, mais il n'est guère employé que comme plante médicinale. C'est avec lui que l'on fait la pâte et la gelée de lichen.

Dans les déserts de la Tartarie et de l'Asie-Mineure, on trouve un lichen bien plus curieux. Il tombe parfois sous forme de pluie, en petits corpuscules qui ont généralement la grosseur d'une tête d'épingle, bien qu'ils puissent atteindre parfois celle d'une noisette. On raconte qu'il en tomba en Perse une pluie si abondante, que le sol en fut couvert jusqu'à une hauteur de plusieurs décimètres. Les hommes et les bestiaux en mangèrent. Le même fait se renouvela en Asie-Mineure en 1863.

Certains lichens fournissent des couleurs pour la teinture; ainsi l'orseille, qui vient dans le midi de la France, et la parelle, qui pousse sur les rochers volcaniques de l'Auvergne, servent à teindre en rouge.

CLASSE DES ALGUES

286. — Les algues sont des végétaux aquatiques uniquement cellulaires. Elles diffèrent essentiellement des champignons parce qu'elles contiennent toujours des grains verts de chlorophylle; mais il arrive souvent que leur couleur verte est masquée par un pigment différent. C'est ce qui a lieu dans la famille des Floridées, belles algues marines rouges ou violettes.

287. — L'algue la plus commune sur nos côtes est le **fucus vésiculeux** (*fig.* 178), dont le thalle brun, ramifié par bifurcation, porte de nombreuses vésicules remplies d'air destinées à soutenir la plante dans l'eau. A l'extrémité des ra-

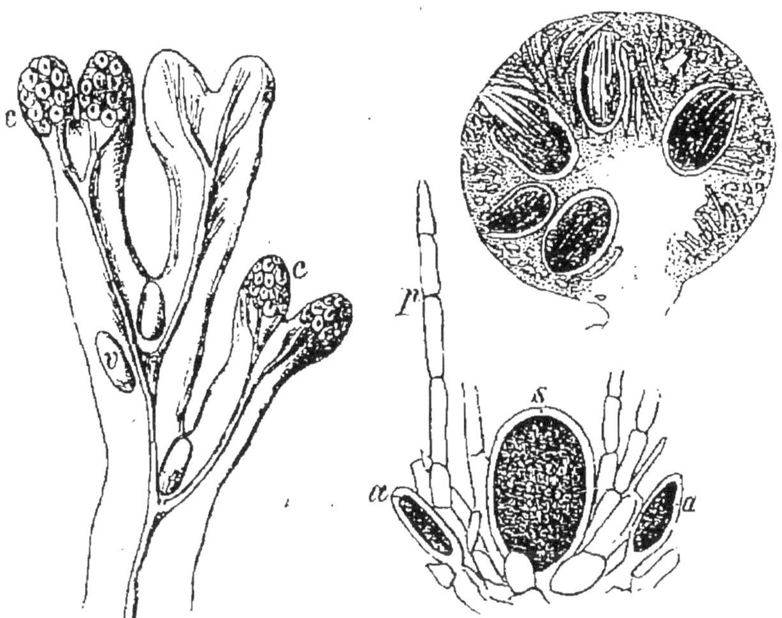

Fig. 178. — Fucus vésiculeux. *v*, vésicules remplies d'air; *c*, conceptacles.

Fig. 179. — Conceptacle du fucus, contenant des sporanges, des anthéridies et des paraphyses (gr. 160 fois). *s*, sporange; *a*, anthéridies; *p*, paraphyses (gr. 160 fois).

mifications, il y a de légers renflements couverts de tubercules. Chacun de ces tubercules est creusé d'une cavité, nommée *conceptacle* (*fig.* 179), qui communique avec l'extérieur par une étroite ouverture. Elle est tapissée de poils au milieu desquels poussent les *sporanges* et les *anthéridies*. Les sporanges sont de grosses cellules où se développent huit *oospores*. Les anthéridies sont des cellules ovales portées sur des poils rameux et remplies d'*anthérozoïdes*. Ceux-ci ont la forme d'un petit granule orangé et portent deux cils vibratiles qui leur servent à se mouvoir rapidement dans l'eau.

Si on mélange, sous le microscope, une goutte d'eau remplie d'anthérozoïdes avec de l'eau qui contient des oospores, on est témoin d'un fait des plus curieux. « Les anthérozoïdes s'attachent en grand nombre aux spores, leur communique au moyen de leurs cils vibratiles un mouvement de rotation quelquefois très-rapide. Bientôt tout le champ du microscope est couvert de ces grosses sphères qui roulent dans tous les sens au milieu du fourmillement des anthérozoïdes. Après s'être prolongée environ une demi-heure, rarement plus longtemps, la rotation des spores cesse, les anthérozoïdes continuent à s'agiter quelque temps, mais avec moins de vivacité jusqu'à ce qu'enfin tout mouvement s'arrête. » L'oospore est fécondée (*fig.* 180).

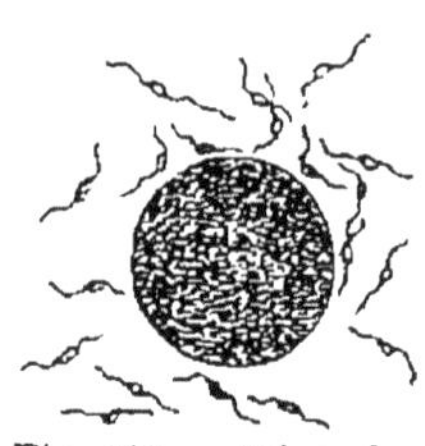

Fig. 180. — Fécondation d'une oospore de fucus par les anthérozoïdes.

Elle s'entoure d'une membrane cellulaire, se fixe sur quelque corps solide, s'allonge, se subdivise en plusieurs cellules. Au point d'attache se produit un crampon qui fait adhérer la plante, tandis que l'extrémité supérieure s'accroît et donne naissance à un nouveau thalle.

288. — Les **laminaires** ont des thalles ressemblant à de longs rubans plissés sur les bords et rétrécies à la base en forme de tiges. Les sporanges, au lieu d'être renfermés dans des conceptacles, comme chez les fucus, sont disposés par paquets sur différents points de la surface du thalle. Les spores, au moment où elles sortent du sporange, sont animées de mouvements de locomotion comparables à ceux des animaux inférieurs. Au bout de quelques heures, elles se fixent, germent et produisent une nouvelle laminaire. Il n'y a pas de fécondation. Ces spores, mobiles comme les animaux, ont été nommées *zoospores*.

Les laminaires et les fucus sont fréquemment rejetés par la vague sur nos côtes. Ces plantes croissent près de la plage à une assez faible profondeur pour être découvertes à marée basse. Les habitants du littoral vont les ramasser pour les mettre sur leurs terres comme engrais, ou les font brûler pour extraire l'iode et la soude de leurs cendres; car ces végétaux ont la propriété d'absorber l'iodure et le bromure de sodium et de les accumuler dans leurs tissus.

Les profondeurs de l'Océan nourrissent des algues qui ont des dimensions beaucoup plus considérables.

Les **macrogystis** ont l'énorme longueur de 500 mètres. Dans l'océan Antarctique, les **durvillea**, quoique moins grands, arrêtaient la marche des vaisseaux de Dumont d'Urville. Entre l'Europe et l'Amérique il y a une étendue de mer grande comme six fois la France, qui n'est affectée par aucun courant, et que les navires évitent parce qu'elle est remplie de thalles de **sargasses** arrachés du fond de l'Océan. Les vésicules des sargasses ont la grosseur d'un grain de raisin et sont portées à l'extrémité de fines ramifications qui leur servent de pédoncules. Les marins les ont nommées *raisins des tropiques*.

Les **conferves** ou *algues* qui habitent nos eaux douces se reproduisent comme les laminaires, à l'aide de *zoospores* (*fig.* 181). Ces corpuscules ovalaires, munis à leur petite extrémité de deux ou de quatre cils vibratiles, nagent avec rapidité pendant quelques heures, tantôt dans une direction, tantôt dans une autre, puis peu à peu leur mouvement se ralentit, il s'arrête; la spore tombe au fond, les cils vibratiles disparaissent et la germination commence.

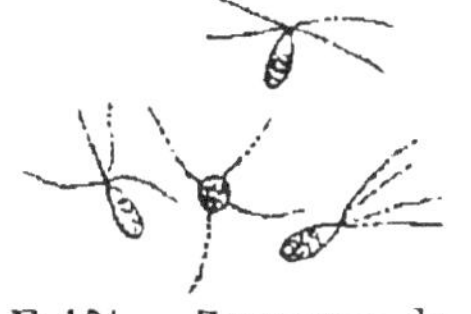
F. 181. — Zoospores de conferves (gr. 280 f.).

289. — Ainsi les algues, comme certains champignons, nous présentent des êtres qui, pendant la première partie de leur vie, ressemblent, par leur forme, à des animalcules infusoires et jouissent de la motilité, ce caractère essentiel de l'animalité. Ces êtres, moitié animaux, moitié végétaux, servent donc à relier les deux grands règnes organiques.

290. — Plantes alimentaires ou condimentaires.

Pomme de terre,	*Solanum tuberosum,*	Solanées,	cultivée,	tubercules.
Tomate,	*Solanum lycopersicum,*	—	—	fruit.
Aubergine,	*Solanum melongena,*	—	—	—
Piment,	*Capsicum annuum,*	—	—	—
Patate,	*Convolvulus batatas,*	Convolvulacées,	—	tubercules.
Thym,	*Thymus vulgaris,*	Labiées,	indigène,	tiges et feuilles.
Basilic,	*Ocymum basilicum,*	—	cultivé (Inde),	—
Sauge,	*Salvia officinalis,*	—	indigène,	—
Sarriette,	*Satureia hortensis,*	—	—	—
Hysope,	*Hyssopus officinalis,*	—	—	—
Olivier,	*Olea europæa,*	Oléinées,	cultivé,	fruit.
Arbousier,	*Arbutus unedo,*	Ericiniées,	indigène,	—
Myrtille,	*Vaccinium myrtillus,*	Vacciniées,	—	—
Caféier,	*Coffea arabica,*	Rubiacées,	zone intertropicale (Abyssinie.)	graines.
Topinambour,	*Helianthus tuberosus,*	Composées,	cultivé,	tubercules.
Pissenlit,	*Taraxacum dens leonis,*	—	indigène,	feuilles.
Laitue,	*Lactuca sativa,*	—	cultivée,	—
Endive,	*Cichorium endivia,*	—	—	—
Chicorée,	*Cichorium intybus,*	—	—	feuilles et racines torréfiées.
Salsifis,	*Tragopogon porrifolium,*	—	—	racine.
Scorzonère,	*Scorzonera hispanica,*	—	—	—
Scolyme,	*Scolymus hispanicus,*	—	—	—

Artichaut,	*Cynara scolymus,*	Composées,	cultivé,	réceptacle et bractées.
Carde,	*Cynara cardunculus,*	—	—	racine et pétiole.
Estragon,	*Artemisia dracunculus,*	—	—	feuilles.
Mâche,	*Valerianella olitoria,*	Valérianées,	—	—
Melon,	*Cucumis melo,*	Cucurbitacées,	—	fruit.
Concombre,	*Cucumis sativus,*	—	—	—
Courge,	*Cucurbita pepo,*	—	—	—
Pastèque,	*Citrillus vulgaris,*	—	—	—
Prunier,	*Prunus domestica,*	Rosacées.	—	—
Cerisier,	*Cerasus vulgaris,*	—	—	—
Merisier,	*Cerasus avium,*	—	—	—
Bigarreautier,	*Cerasus duracina,*	—	—	—
Guignier,	*Cerasus juliana,*	—	—	
Abricotier,	*Armenica vulgaris,*	—	—	—
Pêcher,	*Persica vulgaris,*	—	—	—
Amandier,	*Amygdalus communis,*	—	—	graine.
Poirier,	*Pyrus communis,*	—	—	fruit.
Pommier,	*Malus communis,*	—	—	—
Néflier,	*Mespilus germanica,*	—	—	—
Cognassier,	*Cydonia vulgaris,*	—	—	—
Fraisier,	*Fragaria vesca,*	—	—	—
Framboisier,	*Rubus idæus,*	—	—	—
Ronce,	*Rubus fruticosus,*	—	—	—
Giroflier,	*Caryophyllus aromaticus,*	Myrtacées,	Moluques,	bouton de fleur
	Eugenia pimenta,	—	Antilles,	fruit.
	Bertholetia excelsa,	—	Brésil,	graine.

Grenadier,	*Punica granatum,*	Granatées,	cultivé (midi),	fruit.
Oranger,	*Citrus aurantium,*	Aurantiacées,	—	—
Limonier,	*Citrus limonum,*	—	—	—
Cédratier,	*Citrus medica,*	—	—	—
Haricot,	*Phaseolus vulgaris,*	Papillonacées,	cultivé,	graine et fruit.
Haricot d'Espagne,	*Phaseolus multiflorus,*	—	—	—
Dolic d'Egypte,	*Dolichos lablab,*	—	—	—
Dolic d'Italie,	*Dolichos melanophtalmus,*	—	—	—
Pois,	*Pisum sativum,*	—	—	—
Lentille,	*Vicia lens,*	—	—	—
Fève,	*Vicia faba,*	—	—	—
Caroubier,	*Ceratonia siliqua,*	Légumineuses,	indigène (midi),	fruit.
Pistachier,	*Pistacia vera,*	Térébinthacées,	indigène et cultivé,	—
Cresson de fontaine,	*Nasturtium officinale,*	Crucifères,	cultivé,	toute la plante.
Cresson alénois,	*Lepidium sativum,*	—	—	feuilles.
Chou,	*Brassica oleracea,*	—	—	feuilles, bourgeons, quelquefois tiges.
Navet,	*Brassica napus,*	—	—	racine.
Radis,	*Raphanus sativus,*	—	—	—
Raifort,	*Cochlearia armoracia,*	—	—	—
Crambé,	*Crambe maritima,*	—	—	feuilles.
Sénevé,	*Brassica nigra,*	—	—	graines.
Cacaoyer,	*Theobroma cacao,*	Sterculariées,	Amérique,	—
Thé,	*Thea viridis,*	Caméliacées,	Chine,	—
Carotte,	*Daucus carotta,*	Ombellifères,	cultivée,	feuilles.
Panais,	*Pastinaca oleracea,*	—	—	racine.
Céleri,	*Apium graveolens,*	—	—	—
				— et feuilles.

Persil,	*Petroselinum sativum,*	Ombellifères,	cultivé,	racine et feuilles.
Fenouil,	*Fœniculum vulgare,*	—	—	tige et feuilles.
Criste marine,	*Crithmum maritimum,*	—	—	feuilles.
Angélique,	*Angelica archangelica,*	—	—	tige.
Anis,	*Pimpinella anisum,*	—	—	graines.
Carvi,	*Bunium carvi,*	—	—	—
Coriandre,	*Coriandrum sativum,*	—	—	—
Cumin,	*Cuminum cyminum,*	—	—	—
Vigne,	*Vitis vinifera,*	Ampélidées,	—	fruit.
Jujubier,	*Zizyphus vulgaris,*	Rhamnées,	— (midi),	—
Groseillier épineux,	*Ribes uva crispa,*	Grossulariées,	—	—
Groseillier à grappes,	*Ribes rubrum,*	—	—	—
Cassis,	*Ribes nigrum,*	—	—	—
Sarrasin,	*Polygonum fagopyrum,*	Polygonées,	—	graines.
Patience,	*Rumex patientia,*	—	— indigène,	feuilles.
Oseille,	*Rumex acetosa,*	—	— —	—
Rhubarbe,	*Rheum ribes,*	—	—	—
Epinard,	*Spinacia oleracea,*	Chénopodées,	—	—
Arroche,	*Atriplex hortensis,*	—	—	—
Bette,	*Beta vulgaris,*	—	— indigène,	— et racines.
Pourpier,	*Portulaca oleracea,*	—	—	feuilles.
Claytone,	*Claytonia perfoliata,*	—	—	—
Laurier,	*Laurus nobilis.*	Laurinées,	— (midi),	—
Cannelle,	*Cinnamomum zeylanicum,*	—	contrées tropicales,	écorce.
Muscadier,	*Myristica fragrans,*	Myristicées,	—	graine et arille.
Ortie,	*Urtica dioica,*	Urticées,	indigène,	pousses.
Mûrier noir,	*Morus nigra,*	—	cultivé (midi),	fruit.

Figuier,	*Ficus carica*,	Urticées,	cultivé (midi),	fruit.
Arbre à lait,	*Galactodendron utile*,	—	Colombie,	suc.
Arbre à pain,	*Artocarpus incisa*,	—	Océanie,	fruit.
Poivrier,	*Piper nigrum*,	Pipéracées,	Iles de la Sonde,	—
Noyer,	*Juglans regia*,	Amentacées,	cultivé,	graine.
Noyer noir,	*Juglans nigra*,	—	—	—
Châtaignier,	*Castanea vulgaris*,	—	—	—
Coudrier,	*Corylus avellana*,	—	—	—
Pin pignon,	*Pinus pinea*,	Conifères,	—	—
Genévrier,	*Juniperus communis*,	—	indigène,	fruit.
Oignon,	*Allium cepa*,	Liliacées,	cultivé,	bulbe.
Oignon d'Espagne,	— *fistulosum*,	—	—	—
Ail,	— *sativum*,	—	—	—
Rocambole,	— *scorodoprasum*,	—	—	—
Echalote,	— *ascalonicum*,	—	—	—
Poireau,	— *porrum*,	—	—	— et feuilles
Poireau d'été,	— *ampeloprasum*,	—	indigène (Gascogne),	— —
Ciboule,	— *schœnoprasum*,	—	—	feuille.
Asperge,	*Asparagus officinalis*,	Asparaginées,	cultivée,	bourgeons.
Igname,	*Dioscorea batatas*,	Dioscoréacées,	—	tubercules.
Ananas,	*Ananassa sativa*,	Broméliacées,	Amérique,	fruit.
Bananier,	*Musa paradisiaca*,	Musacées,	Inde,	—
Gingembre,	*Zingiber officinale*,	Zingibéracées,		rhizome.
Dattier,	*Phœnix dactylifera*,	Palmiers,	Afrique,	fruit.
Cocotier,	*Cocos nucifera*,	—	Océanie,	—
Vanille,	*Vanilla aromatica*,	Orchidées,	Mexique,	—
Blé commun.	*Triticum vulgare*.	Graminées,	cultivé,	—

Blé poulard,	*Triticum turgidum,*	Graminées,	cultivé,	fruit.
Blé de Pologne,	— *polonicum,*	—	—	—
Epeautre,	— *spelta,*	—	—	—
Petit épeautre,	— *monococcum,*	—	—	—
Seigle,	*Secale cereale,*	—	—	—
Orge à six rangs,	*Hordeum hexastichon,*	—	—	—
Orge à quatre rangs,	— *vulgare,*	—	—	—
Orge à deux rangs,	— *distichon,*	—	—	—
Orge pyramidal,	— *zeocriton,*	—	—	—
Avoine,	*Avena sativa,*	—	—	—
Avoine de Hongrie,	— *orientalis,*	—	—	—
Riz,	*Oriza sativa,*	—	— (midi),	—
Maïs,	*Zea maïs,*	—	— —	—
Millet,	*Panicum miliaceum,*	—	—	—
Agaric,	*Agaricus campestrus,*	Champignons,	indigène,	chapeau.
Oronge,	— *aurantiacus,*	—	—	—
Cèpe,	*Boletus esculentus,*	—	—	—
Chanterelle,	*Cantarellus cibarius,*	—	—	—
Morille,	*Morchella esculenta,*	—	—	—
Truffe,	*Tuber cinereum,*	—	—	tubercule.

291. — Plantes industrielles fournissant des denrées alimentaires.

Pomme de terre,	*Solanum tuberosum,*	Solanées,	cultivée,	tubercules (fécule et alcool).
Topinambour,	*Helianthus tuberosus,*	Composées,	—	tubercules (alcool).

Chicorée,	*Cichorium intybus*,	Composées,	cultivée,	racine (café chicor.)
Absinthe,	*Artemisia absinthium*,	—	—	sommités (liqueur).
Merisier,	*Cerasus avium*,	Rosacées,	indigène,	fruit (alcool, kirsch).
Poirier,	*Pyrus communis*,	—	cultivé,	— (alcool, poiré).
Pommier,	*Malus communis*,	—	—	— (alcool, cidre).
Cacaoyer,	*Theobroma cacao*,	Sterculariées,	Amérique,	graine (chocolat).
Marronnier d'Inde,	*Æsculus hippocastanum*,	Hippocastanées,	cultivé,	graine (fécule).
Betterave,	*Beta vulgaris*,	Chénopodées,	—	racine (sucre, alcool).
Manioc,	*Manihot utilissima*,	Euphorbiacées,	—	racine (fécule, tapioca).
Houblon,	*Humulus lupulus*,	Urticées,	—	bractées (bière).
	Cycas (plusieurs espèces),	Cycadées,	Moluques,	tige (fécule).
Maranta,	*Maranta arundinacea*,	Cannées,	Antilles,	rhizome (arrow-root).
	Curcuma (plusieurs espèces),	Zingibéracées,		rhizome (arrow-root.
Sagou,	*Sagus* (plusieurs espèces),	Palmiers,	Moluques,	moelle (fécule).
Orchis,	*Orchis mascula*,	Orchidées,	indigène,	tubercules (salep).
Canne à sucre,	*Saccharum officinarum*.	Graminées,	Inde et cont. tropic.	séve (sucre, alcool, rhum).
Sorgho,	*Sorghum saccharatum*,	—	—	séve (sucre, alcool, rhum).

292. — Plantes industrielles diverses.

Tabac,	*Nicotiana tabacum*,	Solanées,	cultivé,	feuilles.
Bruyère,	*Erica scoparia*,	Ericacées,	indigène,	tiges et branches.

Cardère,	*Dipsacus fullonum*,	Dipsacées,	cultivé et indigène,	réceptacles.
Cognassier,	*Cydonia vulgaris*,	Rosacées,	indigène,	pepins.
Genêt à balai,	*Genista scoparia*,	Papillonacées,	indigène,	tige.
Saponaire,	*Saponaria officinalis*,	Caryophyllées,	—	toute la plante.
Bourgène,	*Rhamnus frangula*,	Rhamnées,	—	bois (charbon).
Fusain,	*Evonymus europæus*,	Célastrinées,	—	— —
Soude,	*Salsola kali*,	Chénopodées,	—	tige (soude).
	— *soda*,	—	—	—
	Quercus infectoria,	Amentacées,	Asie-Mineure,	noix de galles.
Chêne-liége,	— *suber*,	—	indigène (midi),	écorce (liége).
Bouleau,	*Betulus alba*,	—	indigène,	branches (balais).
	Myrica cerifera,	—	Amérique,	fruit (cire).
Iris,	*Iris florentina*,	Iridées,	indigène (midi),	rhizome (poudre).
	Tillandsia usneoides,	Musacées,	Amérique,	feuille (crin végét.)
Vétiver,	*Andropogon muricatum*,	Graminées,	Inde,	rhizome.
Prêle,	*Equisetum hyemale*,	Equisétacées,	indigène,	tige.
Amadouvier,	*Polyporus igniarius*,	Champignons,	—	chapeau.
	— *fomentarius*,	—	—	—
Fucus varech,	*Fucus vesiculosus*,	Algues,	—	fronde.
Laminaire,	*Laminaria saccharina*,	—	—	—

293. — Plantes industrielles servant à la fabrication du cuir.

Myrte,	*Myrtus communis*,	Myrtacées,	indigène,	écorce et feuilles.
Grenadier,	*Punica granatum*,	Granatées,	— (midi),	enveloppe du fruit.
Sumac,	*Rhus coriaria*,	Térébinthacées,	Afrique,	feuilles.
Buis,	*Buxus sempervirens*,	Euphorbiacées,	indigène,	—

Chêne.	*Quercus pedunculata,*	Amentacées,	indigène et cultivé,	écorce.
	— *sessiflora,*	—	— —	—
Saule.	*Salix* (plusieurs espèces).	—	— —	—

294. — Plantes industrielles tinctoriales.

Orcanette,	*Onosma echioides,*	Borraginées,	indigène,	racines.
Garance,	*Rubia tinctorum,*	Rubiacées,	cultivée,	—
Carthame,	*Carthamus tinctorius,*	Composées,	—	fleurs.
Indigotier,	*Indigotifera* (plus. espèces),	Papillonacées	Inde,	feuilles.
Fernambouc,	*Cæsalpinia echinata,*	Légumineuses,	Brésil,	bois.
Campêche,	*Hematoxylon campechianum,*	—	Antilles,	—
Pastel,	*Isatis tinctoria,*	Crucifères,	cultivé,	feuilles.
Gaude,	*Reseda luteola,*	Résédacées,	—	tige et feuilles.
Nerprun,	*Rhamnus catharticus,*	Rhamnées,	—	fruit (vert de vessie).
	— *utilis,*	—	—	— (vert de Chine).
	— *infectorius,*	—	—	graine (stil de grain).
Tournesol,	*Crozophora tinctoria,*	Euphorbiacées,	indigène (midi),	
Safran,	*Crocus sativus,*	Iridées,	cultivé,	stigmates.
Curcuma,	*Curcuma* (plusieurs espèces),	Zingibéracées,	Canaries,	racine.
Orseille des Canaries,	*Roccella tinctoria,*	Lichens,	indigène (midi),	thalle.
Orseille de France,	*Variolaria* (plusieurs espèces).	—	— —	—
Parelle,	*Patellaria* (plusieurs espèces).	—	— —	—

295. — Plantes industrielles textiles.

Cotonnier,	*Gossypium herbaceum* (et autres espèces),	Malvacées,	Orient et Amérique,	graines.
Genêt,	*Genista scoparia,*	Papillonacées,	indigène,	tiges.
Genêt d'Espagne,	— *juncea,*	—	— (midi),	—
Lin,	*Linum usitatissimum,*	Linées,	cultivé,	—
Tilleul,	*Tilia europæa,*	Tiliacées,	— et indigène,	écorce.
Chanvre,	*Cannabis sativa,*	Urticées,	cultivé et indigène,	tige.
Houblon,	*Humulus lupulus,*	—	—	—
Ortie,	*Urtica dioica,*	—	indigène,	—
	— *nivea,*	—	Chine,	— (china-grass)
Lin de la Nouv.-Zél.,	*Phormium tenax,*	Liliacées,	Nouvelle-Zélande,	feuilles.
Agavé,	*Agave americana,*	Amaryllidées,	Mexique,	—

296. — Plantes industrielles oléagineuses.

Sésame,	*Sesamum orientale,*	Sésamées,	contrées tropicales,	graines.
	— *indicum,*	—	—	—
Olivier,	*Olea europæa,*	Oléinées,	cultivé,	fruit.
Amandier,	*Amygdalus communis,*	Rosacées,	—	graine.
Arachide,	*Arachis hypogæa,*	Papilionacées,	contrées tropicales,	—
Pavot,	*Papaver somniferum,*	Papavéracées,	cultivé,	—
Navet,	*Brassica napus,*	Crucifères	—	—
Cameline,	*Camelina sativa,*	—	—	—
Lin,	*Linum usitatissimum,*	Linées,	—	—
Chanvre,	*Cannabis sativa,*	Urticées,	—	—

Noyer,	*Juglans regia*,	Amentacées,	cultivé,	graine.
Hêtre,	*Fagus sylvatica*,	—	—	—
Avoira,	*Elæis guineensis*,	Palmiers,	Guinée,	fruit.

297. — Plantes industrielles fournissant des résines, gommes, essences, etc.

Menthe,	*Mentha piperita*,	Labiées,	indigène,	feuilles (essence).
Mélisse,	*Melissa officinalis*,	—	—	— —
Patchouly,	*Pogostemon*,	—	Inde,	— —
Sauge,	*Salvia officinalis*,	Labiées,	indigène,	feuilles (essence).
Romarin,	*Rosmarinus officinalis*,	—	—	— —
Lavande,	*Lavandula spica*,	—	—	— ess. d'aspic.
Jasmin,	*Jasminum officinale*,	Jasminées,	cultivé,	fleur (essence).
Rose musquée,	*Rosa moschata*,	Rosacées,	—	— —
Giroflier,	*Caryophyllus aromaticus*,	Myrtacées,	Moluques,	— —
Myrte,	*Myrtus communis*,	—	indigène (midi),	— —
Bigaradier,	*Citrus communis*,	Aurantiacées,	cultivé —	— —
	Hymenea verrucosa,	Légumineuses,	Madagascar,	résine copale.
	Pterocarpus draco,	—	Antilles,	sang-dragon.
	Acacia (plusieurs espèces),	—	Asie et Afrique,	gomme arabique.
Lentisque,	*Pistacia lentiscus*,	Térébinthacées,	Grèce,	résine mastic.
Térébinthe,	— *terebinthus*,	—	—	térébenth. de Chio.
	Boswellia thurifera,	—	Inde, Arabie,	oliban, encens.
	Canarium commune,	—	Ceylan,	résine élemi.
	Balsamodendron.	—	Arabie,	baume de la Mecque
	Hendelotia africana,	—	Afrique,	— bdellium.

Anis,	*Pimpinella anisum,*	Ombellifères,	cultivé,	essence.
	Ficus elastica,	Urticées,	Inde,	suc (caoutchouc).
Pin maritime,	*Pinus pineaster,*	Conifères,	cultivé et indigène,	téréb. de Bordeaux.
Pin nain,	— *pumilio,*	—	— —	— de Hongrie.
	— *palustris,*	—	Amérique,	— de Boston.
Sapin commun,	*Abies pectinata,*	—	cultivé et indigène,	— de Strasbourg.
Epicéa,	— *excelsa,*	—	— —	poix de Bourgogne.
	— *balsamifera,*	—	Canada,	baume du Canada.
Mélèze,	*Larix europæa,*	—	Alpes et Carpathes,	téréb. de Venise.
Thuya d'Algérie,	*Callitris quadrivalvis,*	—	Algérie,	sandaraque.
	Ceroxylon andicola,	Palmiers,	Pérou,	cire.
	Corypha cerifera,	—	Brésil,	—
	Calamus draco,	—	Indes,	sang-dragon.

298. — Plantes industrielles employées pour la charpente, la menuiserie, l'ébénisterie.

Troëne,	*Ligustrum vulgare,*	Oléinées,	indigène,	bois.
Frêne,	*Fraxinus excelsior,*	—	—	—
Prunier,	*Prunus domestica,*	Rosacées,	cultivé,	—
Cerisier,	*Cerasus vulgaris,*	—	—	—
Bigarreautier,	— *duracina,*	—	—	—
Guignier,	— *juliana,*	—	—	—
Mahaleb,	— *mahaleb,*	—	indigène,	—
Merisier,	— *avium,*	—	cultivé et indigène,	—
Amandier,	*Amygdalus communis,*	—	—	—
Poirier,	*Pyrus communis,*	—	—	—
Pommier,	*Malus communis,*	—	—	—

Alisier,	*Sorbus aria,*	Rosacées,	indigène,		bois.
Alisier tranchant,	— *torminalis,*	—	—		—
Cormier,	— *domestica,*	—	—		—
Sorbier,	— *aucuparia,*	—	—	et cultivé,	—
Cognassier,	*Cydonia vulgaris,*	—	—	—	—
Myrte,	*Myrtus communis,*	Myrtacées,	—		—
Campêche,	*Hematoxylon campechianum,*	Légumineuses,	Antilles,		—
Palissandre,	*Dalbergia latifolia,*	—	Brésil,		—
Tilleul,	*Tilia europæa,*	Tiliacées,	cultivé et indigène,		—
Erable.	*Acer campestre,*	Acérinées,	—	—	—
Houx,	*Ilex aquifolium,*	Ilicinées,	indigène,		—
Cornouiller,	*Cornus mas,*	Cornées,	indigène,		—
Buis,	*Buxus sempervirens,*	Euphorbiacées,	—		—
Orme,	*Ulmus campestris,*	Urticées,	—		—
Orme blanc,	— *effusa,*	—	—		—
Micocoulier,	*Celtis australis,*	—	—	(midi),	—
Chêne,	*Quercus pedunculata,*	Amentacées,	—		—
	— *sessiliflora,*	—	—		—
Yeuse,	— *ilex,*	—	—	(midi),	—
Chêne-liége,	— *suber,*	—	—	(midi),	—
Charme,	*Carpinus betulus,*	—	—		—
Coudrier,	*Corylus avellana,*	—	—		—
Bouleau,	*Betulus alba,*	—	—		—
Aulne,	*Alnus glutinosa,*	—	—		—
Saule marceau,	*Salix capræa,*	—	indigène et cultivé,		—
Saule blanc,	— *alba,*	—	—	—	—
Saule fragile,	— *fragilis,*	—	—	—	—

Osier jaune,	— *vitellina*,	Amentacées,	indigène	et cultivé,	bois.
Osier rouge,	— *monandra*,	—	—	—	—
Osier des vanniers,	— *viminalis*,	—	—	—	—
Peuplier blanc,	*Populus alba*,	—	—	—	—
Tremble,	— *tremula*,	—	—	—	—
Peuplier noir,	— *nigra*,	—	—	—	—
Platane,	*Platanus vulgaris*,	Platanées,	—	—	—
Pin maritime,	*Pinus pineaster*,	Conifères,	cultivé,		—
Pin sylvestre,	— *sylvestris*,	—	indigène	et cultivé,	—
Pin nain,	— *pumilio*,	—	—	—	—
Pin pignon,	— *pinea*,	—	—	—	—
Pin cembro,	*Pinus cembro*,	—	—	—	—
Sapin commun,	*Abies pectinata*,	—	—	—	—
Epicéa,	— *excelsa*,	—	—	—	—
Sapinette,	— *alba*,	—	cultivée,		—
Mélèze,	*Larix europæa*,	—	—		—
Cèdre,	*Cedrus Libani*,	—	Asie,		—
Cyprès,	*Cupressus sempervirens*,	—	cultivé,		—
Thuya,	*Thuya orientalis*,	—	—		—
	— *occidentalis*,	—	—		—
Thuya d'Algérie,	*Callitris quadrivalvis*,	—	Algérie,		—
Genévrier,	*Juniperus communis*,	—	indigène,		—
Oxycèdre,	— *oxycedrus*,	—	—	(midi),	—
Genévrier de Virginie.	— *virginiaca*,	—	cultivé,		—
If,	*Taxus baccata*,	—	—		—
Rotangs,	*Calamus* (plusieurs espèces),	Palmiers,	Inde,		—
Bambous,	*Bambusa* (plusieurs espèces),	Graminées,	contrées tropicales.		—

299. — Plantes agricoles utilisées pour la nourriture des bestiaux.

Pomme de terre,	*Solanum tuberosum,*	Solanées,	cultivée,		tubercules.
Garance,	*Rubia tinctorum,*	Rubiacées,	—		fourrage.
Topinambour,	*Helianthus tuberosus,*	Composées,	—		tubercule, fourrage.
Chicorée,	*Cichorium intybus,*	—	—		fourrage,
Pisaille,	*Pisum arvense,*	Papillonacées,	—		fourrage, graine.
Lentille,	*Vicia lens,*	—	—		fourrage.
Fève,	— *faba,*	—	—		graines, fourrage.
Vesce,	— *sativa,*	—	—		— —
Ers,	— *ervilia,*	—	—		— —
Gesse,	*Lathyrus sativus,*	—	—		— —
Lupin,	*Lupinus* (plusieurs espèces),	—	—		— —
Trèfle,	*Trifolium pratense,*	—	—	et indigène,	fourrage.
Trèfle incarnat,	— *incarnatum,*	—	—		—
Triolet,	— *repens,*	—	—	—	—
Lotier,	*Lotus corniculatus,*	—	—	—	—
Ajoncs,	*Ulex europæus,*	—	indigène,		—
—	— *nanus,*	—	—		—
Genêt à balais,	*Genista scoparia,*	—	—		—
Genêt d'Espagne,	— *juncea,*	—	—		—
Luzerne,	*Medicago sativa,*	—	cultivé,		—
— en faucille,	— *falcata,*	—	—		—
Minette,	— *lupulina,*	—	—	et indigène.	—
Sainfoin,	*Hedysarum onobrychis,*	—	—		—

Sainfoin d'Espagne,	*Hedysarum coronarium,*	Papillonacées,	cultivé,	fourrage.
Serradelle,	*Ornithopus sativus,*	—	—	—
Chou,	*Brassica oleracea,*	Crucifères,	—	—
Navet,	— *napus,*	—	—	feuilles.
Carotte,	*Daucus carotta,*	Ombellifères,	—	— et racine.
Mûrier blanc,	*Morus alba,*	Urticées,	—	— —
Ortie,	*Urtica dioica,*	—	—	—
Avoine,	*Avena sativa,*	Graminées,	indigène,	fourrage.
Avoine de Hongrie,	— *orientalis,*	—	cultivée,	fruit.
Avoine élevée,	— *elatior,*	—	—	—
Maïs,	*Zea maïs,*	—	indigène,	fourrage.
Millet,	*Panicum miliaceum,*	—	cultivé,	fruit.
Flouve odorante,	*Anthoxanthum odoratum,*	—	—	—
Vulpins,	*Alopecurus pratensis,*	—	indigène,	fourrage.
	— *agrestis,*	—	—	—
	— *geniculatus,*	—	—	—
	— *bulbosus,*	—	—	—
Fléoles,	*Phleum pratense,*	—	—	—
	— *nodosum,*	—	—	—
Houlques,	*Holcus lanatus,*	—	—	—
	— *mollis,*	—	—	—
Brize,	*Briza media,*	—	—	—
Paturins,	*Poa pratensis,*	—	—	—
	— *annua,*	—	—	—
Dactyle,	*Dactylus glomerata,*	—	—	—
Brome,	*Bromus erectus,*	—	—	—
Fétuques,	*Festuca pratensis,*	—	—	—

Fétuques,	*Festuca rubra,*	Graminées,	indigènes,	fourrage.
	— *ciliata,*	—	—	—
Ivraie,	*Lolium perenne,*	—	—	—

300. — Principales plantes médicinales.

Belladone,	*Atropa belladona,*	Solanées,	indigène,	feuilles et racine.
Jusquiame,	*Hyoscyamus niger,*	—	—	— et graines.
Pomme épineuse,	*Datura stramonium,*	—	—	— —
Digitale,	*Digitalis purpurea,*	Personées,	—	—
	Convolvulus jalappa,	Convolvulacées,		racine (jalap).
	— *scammonea,*	—		— (scammonée)
Bourrache,	*Borrago officinalis,*	Borraginées,	—	sommités.
Consoude,	*Symphytum officinale,*	—	—	racines.
Menthe,	*Mentha piperita,*	Labiées,	—	feuilles et sommités.
Mélisse,	*Melissa officinalis,*	—	—	— —
Sauge,	*Salvia officinalis,*	—	—	— —
Lierre terrestre,	*Glecoma hederacea,*	—	—	plante.
Marrube,	*Marrubium vulgare,*	—	—	—
Orne,	*Ornus europæa,*	Oléinées,	région méditerrann.,	suc (manne).
	— *rotundifolia,*	—	—	
Quinquina,	*Chinchona* (plusieurs espèces),	Rubiacées,	Amérique,	écorce.
Ipécacuhana,	*Cephælis ipecacuhana,*	—	Brésil,	racine.
Tussilage,	*Tussilago farfara,*	Composées,	indigène,	fleurs.
Camomille,	*Anthemis nobilis,*	—	—	—
Arnica,	*Dorinicum arnica,*	—	—	— et racine.
Laitue,	*Lactuca sativa,*	—	—	tiges.

Chicorée,	*Cichorium intybus,*	Composées,	indigène,	tiges et racines.
Absinthe,	*Artemisia absinthium,*	—	—	feuilles et fleurs.
Valériane,	*Valeriana officinalis,*	Valérianées,	—	racine.
Bryone,	*Bryonia dioica,*	Cucurbitacées,	—	— et fécule.
Coloquinte,	*Citrillus colocynthis,*	—	—	fruit.
Laurier-cerise,	*Cerasus laurocerasus,*	Rosacées,	région méditerrann.,	feuilles.
Amandier,	*Amygdalus communis,*	—	cultivé (midi),	graine.
Rose,	*Rosa gallica.*	—	—	pétales.
Rose à cent feuilles,	*Rosa centifolia,*	—	—	—
Limonier,	*Citrus limonum,*	Aurantiacées,	—	fruit.
Cédratier,	— *medica,*	—	—	—
Bigaradier,	— *vulgaris,*	—	—	feuilles.
Aconit,	*Aconitum napellus,*	Renonculacées,	indigène et cultivé,	racine et feuilles.
Staphisaigre,	*Delphinium staphysagria,*	—	—	graines.
Cachou,	*Acacia catechu,*	Légumineuses,	Inde,	bois.
Séné,	*Cassia* (plusieurs espèces),	—	contrées tropicales,	feuilles et fruits.
Casse,	— *fistula,*	—	Inde,	fruit.
Réglisse,	*Glycyrrhiza glabra,*	—	indigène (midi),	racine.
Coquelicot,	*Papaver rheas,*	Papavéracées,	indigène,	pétales.
Pavot,	— *somniferum,*	—	cultivé,	fruit et suc (opium).
Cresson de fontaine,	*Nasturtium officinale,*	Crucifères,	—	toute la plante.
Cochléaria,	*Cochlearia officinalis,*	—	— et indigène,	feuilles.
Raifort,	— *armoricia,*	—	— —	racine.
Sénevé,	*Brassica nigra,*	—	—	graines.
Lin,	*Linum usitatissimum,*	Linées,	—	—
Mauves,	*Malva rotundifolia*	Malvacées,	indigène,	feuilles et fleurs.
	— *sylvestris,*	—	—	— —

Guimauve,	*Althea officinalis*,	Malvacées,	indigène,	feuilles et fleurs.
Tilleul,	*Tilia europæa*,	Tiliacées,	—	fleurs.
	Ferula assafœtida,	Ombellifères,		gomme résine (assa fœtida).
	—	—		gomme (galbanum).
	Dorema ammoniacum,	—		gomme ammoniaq.
Nerprun,	*Rhamnus cathartinus*,	Rhamnées,	indigène,	fruit.
Rhubarbe,	*Rheum palmatum*,	Polygonées,	—	racine.
Camphrier,	*Camphora japonica*,	Laurinées,	Japon,	huile essentielle (camphre)
Garou,	*Daphne gnidium*,	—	indigène,	écorce.
Ricin,	*Ricinus communis*,	Urticées,	Asie,	graine.
Croton,	*Croton tiglium*,	—	—	—
Poivre cubèbe,	*Piper cubeba*,	Pipéracées,	Java,	fruit.
Oxycèdre,	*Juniperus oxycedrus*,	Conifères,	indigène (midi),	bois (huile de cade).
Sabine,	— *sabina*,	—	—	feuilles.
Aloès,	*Aloe soccotrina*,	Liliacées,	Afrique australe,	résine.
Salsepareille,	*Smilax* (plusieurs espèces),	Asparaginées,	Amérique tropicale,	racine.
Colchique,	*Colchicum autumnale*,	Colchicacées,	indigène,	bulbe.
Iris,	*Iris florentina*,	Iridées,	— (midi),	rhizome.
Safran,	*Crocus sativus*,	—	cultivé,	stigmate.
Chiendent,	*Triticum repens*,	Graminées,	indigène,	rhizome.
Canne de Provence,	*Arundo donax*,	—	— (midi),	—
Lycopode,	*Lycopodium clavatum*,	Lycopodiacées,	—	spores.
Ergot du seigle,	*Claviceps purpurea*,	Champignons,	—	mycelium.
Lichen d'Islande,	*Citraria islandica*,	Lichens,	contrées du nord,	thalle.

DEUXIÈME PARTIE

ANATOMIE ET PHYSIOLOGIE VÉGÉTALE

LIVRE PREMIER

Organes et fonctions de la vie individuelle.

301. Rôle des végétaux dans la nature. — Le rôle des végétaux, envisagé d'une manière générale, est de prendre dans le monde inorganique certains éléments, de se les assimiler et de les rendre propres à servir à la nourriture des animaux. C'est à la terre et à l'air que les végétaux empruntent les substances qu'ils doivent élaborer. Il leur faut par conséquent deux sortes d'organes spéciaux pour puiser ces matières premières, les unes dans la terre, les autres dans l'air ; il leur faut aussi un laboratoire et des agents chargés de confectionner les produits. Les *racines* remplissent la première de ces trois fonctions, les *feuilles* s'acquittent de la seconde ; quant à la troisième, commencée par les feuilles et dans les feuilles, elle s'achève dans tous les tissus du végétal. Celui-ci pourrait donc être formé uniquement d'une racine et d'une feuille. C'est la plante réduite à sa plus simple expression ; c'est l'état où on la voit lorsqu'elle naît, lorsque la graine vient de germer. Beaucoup de végétaux, à tout âge, ne sont formés (outre les fleurs dont il sera question plus tard) que de feuilles et de racines ; on les nomme plantes *acaules,* mais généralement les feuilles, en nombre considérable, sont jointes entre elles et reliées aux racines par une *tige*.

Nous étudierons d'abord la structure de ces divers organes, et nous passerons ensuite à l'examen des fonctions qu'ils remplissent.

CHAPITRE PREMIER

RACINE.

302. Fonctions des racines.— Les racines sont les organes chargés de puiser dans la terre les éléments nutritifs des végétaux; elles servent en outre à fixer la plante au sol; c'est même leur rôle principal chez les plantes grasses, telles que les *Cactus* qui tirent de l'air presque tous leurs aliments. On voit souvent d'énormes *Opuntia* (*fig.* 181) de trois mètres de hauteur pousser dans des creux de rocher où il y a à peine une poignée de terre qui ne se renouvelle pas et n'est que rarement arrosée par les eaux pluviales.

303. Direction des racines. — Les racines sont

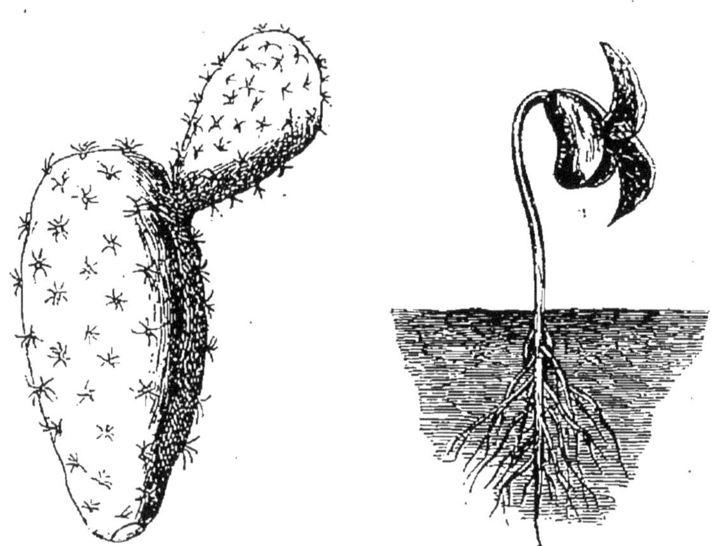

Fig. 181. — Opuntia. Fig. 182. — Germination du haricot.

caractérisées par leur tendance à fuir la lumière et à se diriger vers le centre de la terre. Que l'on fasse germer un haricot (*fig.* 182), quelle que soit la position que l'on donne à la graine, la petite racine (*radicule*) s'enfoncera dans la terre, tandis que la petite tige (*tigelle*) tendra à s'élever; que l'on retourne le jeune végétal en mettant la radicule en haut et la tigelle en bas, chacun de ces organes se courbera pour reprendre sa direction primitive.

On a donné plusieurs explications de la tendance constante des racines à s'enfoncer dans la terre, mais toutes soulèvent de graves objections. Ainsi on a dit que les racines étaient attirées par l'humidité du sol, qu'elles fuyaient la lumière, qu'elles obéissaient à la gravitation. Dutrochet fit une expérience qui montra le peu de fondement des deux premières raisons. Il suspendit en l'air une caisse remplie de terre et dont le fond était percé de trous. Il fit germer dans ces trous des haricots, de telle sorte que les graines recevaient d'en bas la lumière et d'en haut l'humidité. Cependant les petites racines sortirent par les trous et descendirent dans l'atmosphère, fuyant ainsi l'humidité et se dirigeant vers la lumière; quant aux tigelles, elles traversèrent la terre. Le physicien anglais Knight crut avoir trouvé la cause de la direction des racines et des tiges dans la gravitation. Pour le prouver, il faisait germer des graines dans de petites auges placées à la circonférence d'une roue qui faisait cent cinquante à deux cents révolutions par minute; soit qu'il fît tourner la roue dans un plan vertical ou dans un plan horizontal, la tigelle se dirigeait vers le centre, et la radicule vers la circonférence comme chassée par la force centrifuge. On ne peut cependant attribuer la direction des racines à la force centrifuge du mouvement de la terre; car si on appliquait l'expérience de Knight à la lettre, la radicule, au lieu de s'enfoncer dans la terre, prendrait une direction opposée. Mais Knight conclut que la force centrifuge ayant une action marquée sur la racine, la pesanteur doit également avoir une action spéciale, indépendante de celle qu'elle exerce sur tous les corps. Ce serait donc par une sorte d'exagération de la pesanteur que la racine s'enfoncerait dans la terre. La tige, de son côté, attirée par la lumière et repoussée par la pesanteur prendrait sa direction en sens inverse de la racine. Quoi qu'il en soit de ces théories, on peut dire que la cause de la direction de la racine et de la tige est encore un mystère.

304. Diverses parties de la racine. — Elles sont au nombre de quatre : 1° l'*axe* ou *souche*, 2° le *chevelu*, 3° les *poils radicaux*, 4° les *spongioles*.

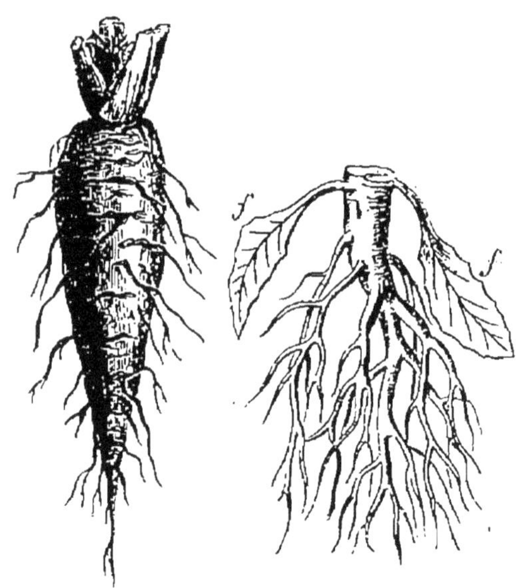

Fig. 183. Racine pivotante.

Fig. 184. — Racine rameuse, *f*, feuilles caulinaires.

305. — 1° Souche. L'axe de la racine ou la *souche* peut avoir plusieurs formes. Elle est *simple* ou *pivotante* quand elle ne se ramifie pas et ne donne naissance qu'à de légères fibrilles, comme dans le Pissenlit, le Scorsonère, la Carotte, la Rave (*fig.* 183). Elle est *rameuse* (*fig.* 184) lorsque l'axe principal se divise ; et quelquefois ces ramifications peuvent devenir plus grosses que l'axe lui-même ; ex. : le Chêne, la Giroflée, etc. Enfin, la racine est *fibreuse* ou *fasciculée* (*fig.* 185) quand il n'y a pas d'axe principal proprement dit, mais plusieurs filaments égaux en grosseur et partant du même point ; ex. : le Poireau, l'Asperge, les Palmiers.

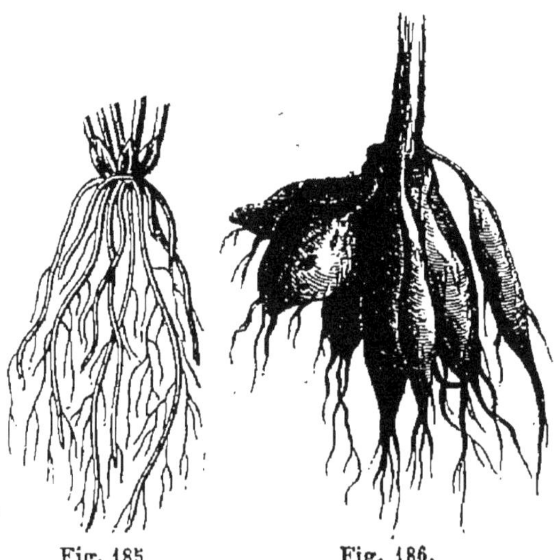

Fig. 185. Racine fasciculée.

Fig. 186. Racine tubéreuse.

les racines fasciculées sont propres aux Monocotylédonées, tandis que les racines pivotantes et rameuses appartiennent aux Dicotylédonées. Lorsque la racine présente certaines parties renflées en masses plus ou moins ovoïdes, on dit qu'elle est *tubéreuse* (*fig.* 186); ex. : Dahlia, Topinambour. Chacun de ces renflements ou *tubercule* est un amas de matière nutritive destinée à servir aux besoins de la plante, et que l'homme utilise souvent pour son alimentation.

306. — 2° **Chevelu.** On désigne sous le nom de *chevelu* les filaments très-fins qui sont les dernières ramifications des racines; on les nomme souvent aussi *radicelles*. Ils ne croissent pas au hasard sur l'axe; ils sont superposés les uns aux autres de manière à tracer par leur ensemble des lignes longitudinales, bien manifestes lorsque la racine est jeune, mais qui s'obscurcissent par suite du développement. Le nombre de ces lignes varie avec les espèces, il est de deux dans le Radis, de trois dans le Trèfle, de quatre dans la Carotte, de cinq dans le Scorsonère.

Si une racine, dans son prolongement souterrain, vient à rencontrer un cours d'eau, elle s'y ramifie à l'infini, et toutes les fibrilles s'entrelacent de manière à former un paquet connu sous le nom de *queue de renard*. Ce fait est très-fréquent dans les tuyaux de drainage où pénètrent des racines de Saule et de Peuplier; le paquet radiculaire remplit le drain et, agissant comme un filtre, arrête les particules de terre entraînées par l'eau de pluie et finit ainsi par boucher complétement le tube.

307. — 3° **Poils radicaux.** Les *poils radicaux* couvrent la surface de la racine et des radicelles vers leur extrémité[1]; ce sont eux qui paraissent spécialement chargés de l'absorption.

308. — 4° **Spongioles.** Les botanistes de la fin du dernier siècle ont donné le nom de *spongioles* aux extrémités des radicelles; ils supposaient qu'elles étaient formées de tissus très-jeunes agissant comme une éponge et s'imprégnant du liquide ambiant; ce seraient ainsi les organes nour-

1. Ils s'arrêtent à $0^m,02$ ou $0^m,03$ de l'extrémité de la racine.

riciers du végétal. Mais on a constaté depuis que l'extrémité des racines est privée de poils radicaux; de plus elle est couverte par une membrane cellulaire dure, peu perméable, qui la revêt comme le ferait un doigt de gant. Cette membrane, nommée *coiffe*, s'oppose probablement à l'absorption; car si on dispose un végétal de manière que l'extrémité seulement de sa racine plonge dans l'eau, il ne tarde pas à se faner; mais si on entoure d'eau la partie moyenne en laissant dépasser hors du liquide l'extrémité munie de spongioles, le végétal continue à vivre. Ces expériences, dues à un savant allemand, Ohlert (1837), prouvent que l'absorption des liquides nutritifs de la plante ne se fait pas par les spongioles, mais bien par les portions de la racine couvertes de poils radicaux et par l'intermédiaire de ceux-ci.

Quand les poils radicaux sont desséchés, ils ne peuvent plus remplir leurs fonctions; c'est ce qui arrive lorsque la racine a été déplantée depuis quelque temps et laissée dans un endroit trop sec. Les jardiniers coupent alors l'extrémité des radicelles; l'eau pénètre directement dans celles-ci par capillarité; en même temps il se produit autour de la blessure un redoublement d'activité vitale, et bientôt apparaissent de nouvelles radicelles munies de poils absorbants.

309. Racines adventives. — Outre les racines qui naissent de la souche, c'est-à-dire de la partie du végétal qui se dirige de haut en bas dans l'intérieur de la terre; il peut encore s'en produire sur d'autres parties de la plante. On nomme *adventives* les racines qui ont une autre origine que la souche.

Ainsi chez le Manglier, du milieu du tronc et des branches mêmes il naît des racines qui descendent dans le sol. Le Figuier des Banyans ou Figuier à pagodes présente ce phénomène sur une échelle plus grandiose encore. Cet arbre étend au loin ses branches horizontales d'où descendent de nombreuses racines adventives qui arrivent sur le sol et s'y enfoncent. Dès lors, elles servent à la nourriture des rameaux dont elles proviennent et se développent elles-mêmes de manière à acquérir des dimensions considérables. Les Indiens ont un profond respect pour cet arbre, sous lequel, croient-ils, est né leur dieu Vichnou : ils le transforment souvent en pagodes. L'arbre-pagode de Narbuddah possède trois cent cinquante grosses racines, sortes de colonnes qui semblent soutenir la voûte formée par l'immense feuillage du figuier.

La Vanille, plante grimpante originaire du Mexique transplantée et acclimatée dans les Indes, également cultivée en serre dans nos climats tempérés, émet des divers points de sa tige des racines adventives qui pendent dans l'atmosphère et

Fig. 187. — Vanille grimpant le long d'une colonne de fer et émettant des racines adventives.

y puisent leur nourriture (*fig.* 187). Aussi nous offre-t-elle le spectacle d'une plante de grande dimension pourvue d'une très-petite racine et beaucoup plus mince à sa base que dans ses parties moyennes et supérieures, qui sont nourries par les racines adventives.

On ne peut pas trouver de plus bel exemple de racines adventives que dans le *Rhizocaulon*, plante marécageuse qui vivait à la fin de la période crétacée et au commencement de la période éocène (*fig.* 188).

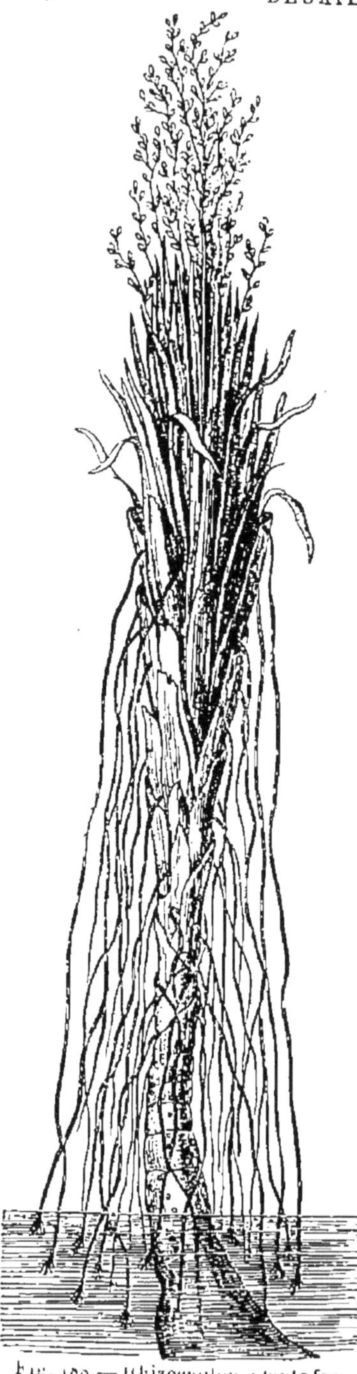
Fig. 188. — Rhizocaulon, plante fossile de la période crétacée.

Des racines adventives peuvent aussi naître des feuilles chez les *Gloxinia* et chez certains *Begonia*. Un jardinier allemand ayant haché une feuille de Bégonia en une centaine de petits morceaux, a pu obtenir de ceux-ci autant de pieds distincts et séparés.

Enfin on a vu prendre racine, les fleurs et les fruits de certaines plantes appartenant à la famille des Cactus.

Il n'est pas besoin du reste d'aller chercher chez les végétaux étrangers ou fossiles des exemples de racines adventives : il s'en produit souvent chez les plantes indigènes dont la tige émet des rameaux rampants. Chez le Fraisier (*fig.* 189) par exemple, il se détache de la rosette de feuilles qui constituent à elle seule toute la partie aérienne du végétal des branches ou rameaux qui traînent sur le sol et que l'on nomme pour cette raison *traçants* ou *coulants*, et d'une façon plus scientifique *filets* ou *stolons*. En certains points de ces coulants, il se produit quelques feuilles et des racines adventives qui s'enfoncent dans la terre. C'est l'origine d'un nouveau pied de fraisier, qui vit d'abord aux dépens de la plante mère, puis finit par avoir une existence indépendante par suite de la destruction du filet qui les unissait.

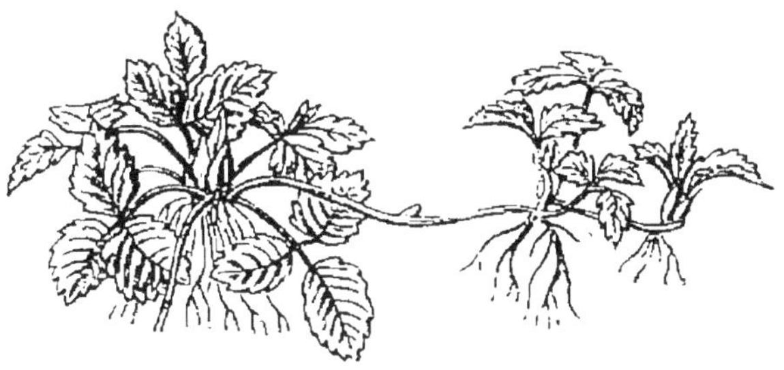
Fig. 189. — Racines adventives de fraisier.

Fig. 190. — Marcottage.

310. — Marcottage. — Les hommes ont appliqué ce mode naturel de propagation de certaines plantes à des espèces chez lesquelles il ne se produit pas spontanément. On couche une branche de vigne par exemple, et on la recouvre de terre en n'en laissant sortir que l'extrémité (*fig.* 190). Dans les parties enterrées, il se produit des racines adventives qui acquièrent bientôt un développement suffisant pour nourrir à elles seules la branche. L'on sépare alors celle-ci de la plante mère. Cette opération de jardinage porte le nom de *couchage* ou de *marcottage* (du nom de l'inventeur, Marcotte). Quelque-

Fig. 191. — Marcottage.

fois, quand il est impossible de faire plier la branche pour l'amener sur le sol, on lui crée un sol factice en la faisant pénétrer dans de petites caisses ou pots, ou en l'entourant d'une feuille de plomb roulée en cornet (*fig.* 191), que l'on remplit de terre. Lorsque les racines adventives sont formées, on coupe la branche en dessous et on obtient un pied isolé de même nature que celui dont il provient.

311. Bouturage. — Dans les espèces où les racines adventives se produisent facilement, telles que les Saules, les Peupliers, les Héliotropes, il suffit de placer dans de la terre humide un rameau déjà séparé de la plante originaire; il ne tarde pas à reprendre, pourvu qu'il soit dans des conditions favorables, c'est-à-dire que la terre soit maintenue humide et que la chaleur soit suffisante. Ce procédé de multiplication par boutures est d'un emploi très-fréquent dans le jardinage et même dans la grande culture pour les arbres de bois blanc.

Buttage du Maïs. — Dans la culture du Maïs, lorsque la plante a $0^m,40$ de hauteur, on relève la terre autour de chaque pied, on le *butte,* comme on dit, afin d'y faire développer des racines adventives qui rendront plus facile et plus abondante l'alimentation du végétal.

312. Influence des lésions sur la production des racines adventives. — Les racines adventives peuvent naître dans toutes les parties d'une tige, mais elles se reproduisent préférablement soit au point d'attache d'une feuille, soit dans les endroits où l'écorce aurait été coupée ou déchirée, soit sur un bourrelet déterminé par la ligature du rameau. Il arrive souvent que lorsqu'on veut aider la reprise d'une bouture, on active la formation de racines adventives par un de ces derniers moyens. Les lésions faites aux racines y déterminent également la formation de nouveaux filaments radicaux, que l'on pourrait aussi appeller racines adventives. C'est l'origine de l'opération nommée, en agriculture, *serfouillage,* et qui consiste à gratter profondément la terre autour du pied pour lui faire produire plus de racines.

313*. Anatomie des racines[1]. — Les racines des

1. On ne doit traiter cette question qu'après avoir étudié l'anatomie des tiges.

végétaux vasculaires offrent toutes un parenchyme extérieur cortical, un parenchyme intérieur ou moelle et une zone intermédiaire de faisceaux fibro-vasculaires. Ces faisceaux sont en nombre variable, mais toujours pair. Dans les Cryptogames et les Monocotylédonées, les faisceaux fibreux ou libériens sont séparés des faisceaux vasculaires et alternent avec eux. Il en est de même dans le premier âge des Gymnospermes et des Dicotylédonées (*fig.* 192), mais plus tard, à la partie interne des faisceaux libériens primitifs, il se produit un secteur fibro-vasculaire, libérien à l'extérieur, vasculaire au centre; ces deux parties sont séparées par une zone génératrice et s'accroissent comme les parties correspondantes de la tige. Les faisceaux fibro-vasculaires secondaires prennent un grand développement tandis que les faisceaux primitifs diminuent d'importance.

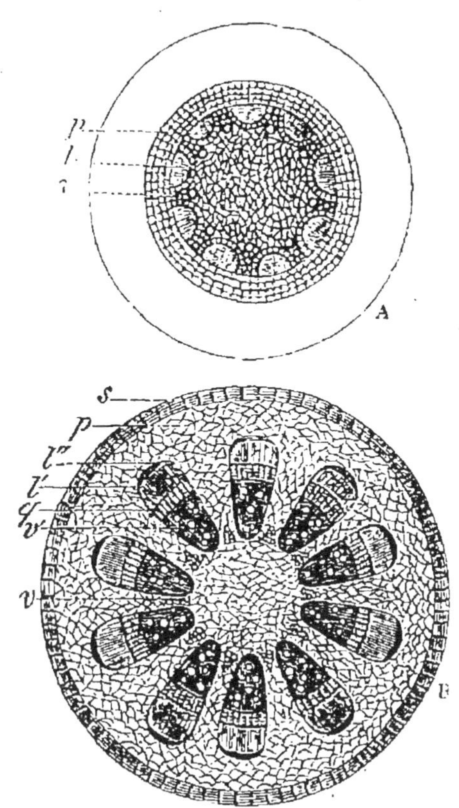

Fig. 192. — Coupe d'une racine dicotylédonée. A, première phase; B, deuxième phase. *s*, couche subéreuse; *p*, parenchyme extérieur; *v*, faisceaux vasculaires primitifs; *l*, faisceaux libériens primitifs; *l''*, les mêmes repoussés à l'extérieur; *l'*, zone libérienne secondaire; *g*, zone génératrice; *v'*, zone vasculaire secondaire.

314. Accroissement des racines. — Elles s'accroissent en longueur seulement à leur extrémité et par la formation de nouveaux tissus entre la racine proprement dite et la coiffe, qui est toujours poussée en avant. L'accroissement en diamètre se fait de la même manière pour la racine que pour la tige. Cette circonstance que les racines s'allongent seulement par le bout a été utilisée dans quelques procédés de culture. Ainsi les pépiniéristes ont l'habitude de couper l'extrémité des racines pour empêcher la souche de s'enfoncer trop profondément et de s'opposer à la transplantation du sujet. Cette opération a encore pour effet de donner naissance à un plus grand nombre de racines latérales, qui produisent un bon empâtement. On obtient les mêmes résultats en pavant à $0^m,40$ de profondeur le terrain dans lequel on veut semer les arbres. L'axe principal de la racine va butter contre le pavé et s'y atrophie.

315. Profondeur des racines. — La profondeur à laquelle parviennent les racines d'une plante est importante à connaître pour sa culture, surtout si on détermine la nature du sol et du sous-sol auquel on la destine. Des plantes à racines profondes et exigeant de fortes nourritures ne viendraient pas dans un terrain où une faible couche de terre végétale serait superposée à un épais banc de sable, puisque les racines, une fois qu'elles auraient pénétré dans cette roche stérile, n'y trouveraient plus les aliments nécessaires. Au contraire, des plantes, à racines traçantes pourraient prospérer dans le même terrain. Il arrive souvent que l'on sème avec les céréales qui prennent leur nourriture dans la partie supérieure du sol d'autres plantes, telles que la luzerne, le trèfle, etc., dont les racines atteignent une profondeur plus considérable. On doit aussi avoir ces conditions présentes à l'esprit lorsqu'on pratique les assolements ; il est préférable de faire succéder à une plante qui a épuisé la couche superficielle du sol, une autre qui va chercher plus bas sa nourriture. On voit fréquemment une racine suivre jusqu'à une profondeur considérable une veine de bonne terre située dans une fente de rochers stériles. Il y a des exemples de racines de Vigne rencontrées à treize mètres au-dessous du sol.

Quelques plantes sont cultivées en raison du développement que prend leur racine. Ainsi la Luzerne et l'Arrête-bœuf sont employées pour soutenir les terres sur les talus. On se sert aussi, pour le même usage, du Faux-Acacia dans les terres sablonneuses, et du Saule, sur le bord des fossés humides.

CHAPITRE II

TIGE.

316. Tige; ses dimensions. — La *tige* est la partie du végétal qui porte les feuilles et les fleurs. Elle est quelquefois si réduite qu'on peut considérer pratiquement certaines de ces plantes (Pissenlit) comme privées de tige. On les nomme *acaules*. La dimension des tiges est très-variable, depuis l'humble Mousse jusqu'au gigantesque *Séquoia* de Californie, qui élève à plus de cent mètres un tronc dont la circonférence de base peut atteindre trente mètres.

Rameaux. — La tige est *simple* (ex. : Palmier, Blé), ou *ramifiée* (ex.: Chêne, Sauge).

Les ramifications des tiges sont les *branches*; quand elles sont jeunes, on les nomme en arboriculture, *pousses* ou *scions*.

Fig. 193. — Stipe du palmier.

317. Principales espèces de tiges. — D'après la forme, la consistance et la durée des tiges, on a divisé les végétaux en plusieurs catégories, qu'il est plus facile d'apprécier que de définir.

Les tiges ligneuses d'assez grande taille, persistante dans toute leur étendue, sont propres aux *Arbres*; celles qui sont simples (*fig.* 193) portent le nom de *stipes* (Palmier); celles qui sont ramifiées reçoivent la désignation de *troncs* (Chêne).

Les ***Arbrisseaux*** ou ***Arbustes*** sont des végétaux ayant une tige ligneuse dans toute son étendue et se ramifiant dès la base (ex. : Noisetier).

Les ***Sous-Arbrisseaux*** ont une tige ligneuse, ramifiée dès la base; mais l'extrémité des rameaux est herbacée et meurt tous les ans (ex. : Sauge).

Les *Herbes* ont une tige non ligneuse, flexible, souvent molle, et périssent tous les ans. Parmi les tiges herbacées, il faut distinguer le *chaume*. Cette tige, propre au Blé, au Roseau et aux plantes voisines, est creuse dans toute sa longueur,

Fig. 194. Cladode du petit houx (*Fragon épineux*). *r*, fleur; *c*, cladode; *f*, feuille.

Fig. 195. — Asperge.

sauf certains points où la cavité est traversée par une sorte de plancher que l'on appelle *nœud*.

Les *cladodes* sont des tiges ou plutôt des rameaux qui ont

quelquefois l'apparence des feuilles, dont il est difficile de les distinguer au premier abord. Ainsi le Petit-Houx (*fig.* 194), de la famille des Asparaginées, qui croît abondamment au pied des haies, offre sur une tige demi-ligneuse, des expansions coriaces ayant la couleur verte et la forme des feuilles. Cependant ce sont des rameaux, car ils portent des fleurs qui se transforment pendant l'hiver en fruits rouges charnus, de la grosseur d'une cerise. Les véritables feuilles du végétal sont de petites écailles visibles à la base extérieure des rameaux.

L'Asperge (*fig.* 195) nous offre une disposition analogue. Les faisceaux de filaments verts, que l'on prend pour le feuillage découpé du végétal, sont des rameaux avortés; quant à la feuille, c'est encore une petite écaille membraneuse qui se trouve à leur base extérieure.

Les plantes grasses ont des tiges charnues gorgées de sucs. Dans le Figuier d'Inde (*fig.* 196), de la famille des Cactus,

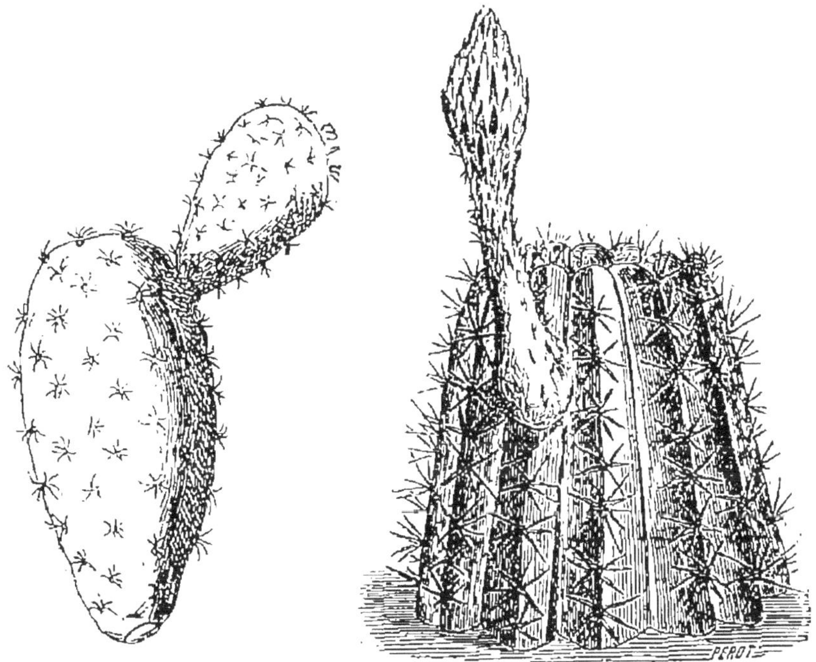

Fig. 196.— Raquettes de Figuier d'Inde. Fig. 197.—Tige de l'Echinocactus.

qui couvre les rochers stériles de la Sicile et de l'Afrique, elles rappellent encore les feuilles par leur aspect général ; on les nomme *raquettes*. Les véritables feuilles sont de petites écailles très-caduques situées à la base des épines. D'autres plantes de la même famille (*Echinocactus* (*fig.* 197), *Melanocactus*, etc.). présentent des tiges de forme cylindrique ou sphérique qui n'ont d'analogie avec les feuilles que par les fonctions qu'elles remplissent.

318. Bourgeons. — Les rameaux proviennent de bourgeons; ils paraissent d'abord sur la tige comme un léger renflement, un petit mamelon charnu où se forment plus tard un axe et des feuilles. Dans nos climats froids, lorsque le bourgeon doit passer l'hiver et se développer seulement au printemps suivant, il est entouré d'écailles garnies intérieurement de duvet pour le préserver contre la gelée et extérieurement d'une sorte de vernis résineux qui ne permet pas à l'eau de mouiller les écailles et de s'introduire entre elles.

Au point de vue de leur rôle dans l'accroissement et par suite dans le port du végétal, on peut diviser les bourgeons en deux catégories : les bourgeons *terminaux* et les bourgeons *axillaires* ou *latéraux*. Les premiers, situés à l'extrémité de la tige et des rameaux, sont destinés à les prolonger; les seconds, placés à l'aisselle des feuilles, c'est-à-dire dans l'angle aigu qu'elles forment avec l'axe, ont pour but de donner naissance à de nouvelles branches. Chaque feuille présente ou peut présenter un bourgeon à son aisselle; il en résulte que la position des rameaux sur la tige dépend de celle des feuilles. On peut distinguer trois modes principaux de ramification.

La ramification est :

1° *Opposée*, lorsque les bourgeons, et par suite les branches, naissent deux par deux en face l'un de l'autre au même point de la tige. Ex. : Cornouiller, Frêne.

2° *Verticillée*, lorsqu'ils se produisent au nombre de trois, quatre ou plus à la même hauteur. Ex. : Pin.

3° *Eparse*, lorsqu'ils sont disposés sans ordre apparent. Si tous les bourgeons se développaient, les racines ne pourraient suffire à leur alimentation, et tout le végétal en souffrirait, aussi arrive-t-il souvent qu'un grand nombre de bourgeons avortent. Lorsque cet avortement se produit d'une manière constante pour la même espèce de bourgeons, il peut influer sur la forme de la tige. Si les bourgeons axillaires avortent tous, la plante ne se ramifie pas; c'est ce qui a lieu pour le stipe du Palmier. Si au contraire le bourgeon terminal avorte ou se développe en fleur, la plante ne croît plus que par ses rameaux axillaires. Lorsque ceux-ci sont opposés, la tige va toujours en se bifurquant; on la dit *distique* ou *dichotome*[1]. Ex. : Mâche, Gui (*fig.* 198).

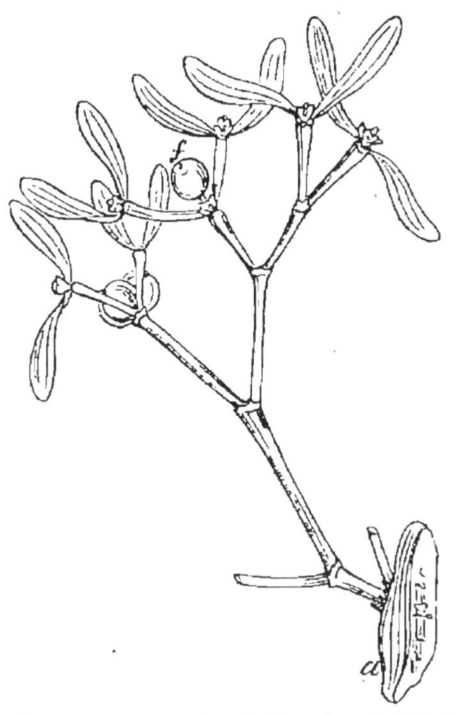

Fig. 198.—Ramification distique du gui. *f*, fruit; *a*, portion de l'arbre sur lequel est fixé le gui.

Lorsque l'avortement des bourgeons se fait d'une manière irrégulière, il n'influe pas sur le port de l'arbre, à moins qu'il ne s'agisse du bourgeon terminal d'une tige dont les rameaux ont une direction horizontale. Alors la plante cesse de grandir en hauteur, c'est ce qui est arrivé au Cèdre du Liban planté sur la montagne du labyrinthe, au Jardin des Plantes à Paris. Cet arbre, que Bernard de Jussieu avait rapporté de l'Asie-Mineure dans son chapeau, se développait très-bien, lorsqu'un coup de pistolet lui brisa la tête. Dès lors il cessa de croître en hauteur, mais ses rameaux latéraux

1. La véritable dichotomie, qui ne se rencontre guère que dans le thalle (§ 283, 286) des végétaux inférieurs (mousse, lichens) ou dans la tige des Lycopodiacées (§ 262), est caractérisée par la formation originaire de deux points d'accroissement égaux à l'extrémité de la tige. Dans le Gui, où il ne s'en produit qu'un seul qui avorte, la dichotomie résulte du développement de deux bourgeons latéraux voisins.

continuèrent et continuent encore à s'étendre de manière à couvrir de leur ombrage une grande partie du monticule.

319. Eborgnage, taille. — Les jardiniers déterminent quelquefois l'avortement des bourgeons ; ils désignent cette opération sous le nom d'*éborgnage* (les jeunes bourgeons sont appelés *yeux* en jardinage), lorsqu'elle a lieu à l'automne ou en hiver, et d'*ébourgeonnage*, lorsqu'elle se fait au printemps, au moment du développement des bourgeons. Ils ont pour but d'empêcher l'arbre de produire trop de bois et de forcer la séve à se rendre sur les bourgeons à fruits. Il leur importe de distinguer ces derniers de ceux qui ne doivent donner naissance qu'à un rameau ; ils sont généralement de forme ovoïde, tandis que les bourgeons à bois sont plus allongés (*fig.* 199).

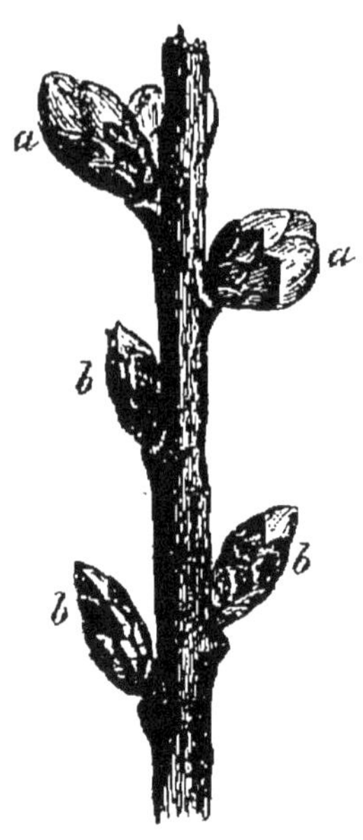

Fig. 199. — Rameau de poirier. *a*, bourgeons à fruits ; *b*, bourgeons à bois.

C'est aussi dans le même but que l'on opère la taille des arbres fruitiers. On arrête la croissance des *gourmands* ou rameaux qui prennent un développement exagéré, et on retranche le bois inutile, tout en ayant soin d'en laisser assez pour attirer la séve dans les fleurs et dans les fruits.

D'autres fois, la taille a pour but de multiplier les bourgeons et les branches. Nous avons dit que la position normale des bourgeons est à l'aisselle des feuilles ; mais il peut s'en produire en tout autre point de la tige, et même sur les racines. La moindre blessure amène la séve sur un point et y détermine la formation de bourgeons anormaux ou *adventifs*. Qu'une voiture en passant dans un chemin creux écorche les racines d'un arbre, ce sera suffisant pour donner naissance à quelques branches autour de la plaie. On utilise cette circonstance dans la culture. On coupe la tête des Saules pour les empêcher de grandir et faire naître à l'endroit de la section plusieurs branches. Lorsque celles-ci ont atteint un développement suffisant pour être utilisées, on les coupe de nouveau à leur point de naissance ; chaque plaie devient le point de départ d'une nouvelle formation de rameaux, qui seront, à leur tour, tranchés de la même manière. C'est ce qu'on appelle exploiter en têtards, parce que l'ensemble des bourrelets formés autour des sections successives constituent comme une tête à l'arbre. Dans les oseraies, on coupe les Saules à fleur de terre, afin de multiplier les tiges qui constituent l'osier. On exploite souvent les bois de la même manière ; après avoir réservé certains arbres qui paraissent de belle venue ; on abat tous les autres au pied, toujours dans le but de multiplier les tiges. C'est ce qu'on appelle exploiter en taillis.

On taille aussi les arbres pour modifier leur port. Les Ifs et les Charmilles prenaient, sous le ciseau, les formes les plus bizarres et les plus gracieuses pour décorer les jardins français de Lenôtre. Dans nos jardins actuels, dits anglais, qui ont la prétention d'accumuler sur quelques ares, des prairies et des bois, des lacs et des parterres, on taille souvent le Sapin ; à mesure qu'il grandit, on coupe ses branches inférieures pour le pousser en hauteur et l'empêcher de s'étendre sur un trop grand espace. Au contraire, dans les parcs, où la place ne manque pas, on lui laisse développer ses grandes branches horizontales qui traînent à terre et lui donnent ce caractère si imposant que l'on admire dans les Vosges et dans la Forêt-Noire.

320. Port des arbres. — En effet, le port des autres végétaux tient essentiellement à la disposition de leurs rameaux. Dans le Peuplier d'Italie, les branches sont droites, peu développées, et pressées contre le tronc ; dans le Pommier, elles s'épanouissent en éventail et donnent à l'arbre une apparence arrondie ; dans le Sapin, le Cèdre, etc., elles s'étendent horizontalement ; chez les arbres dits *pleureurs*, elles se dirigent de haut en bas, tantôt par suite de leur flexibilité (Saule), tantôt par suite du coude même de la branche dès sa naissance (Frêne, Sophora).

321. Tiges grimpantes. — Il est des plantes dont la tige, très-longue et flexible, ne pouvant se soutenir par elle-même dans une position droite, s'attache aux végétaux et aux corps voisins. On les désigne sous le nom de plantes *grimpantes*. Les unes ont des organes particuliers qui servent à les fixer, les autres, dépourvues de ces organes, s'enroulent autour du végétal qui leur sert de support. Dans ce cas, elles sont dites *volubiles*. Chaque espèce a un mode d'enroulement

Fig. 200. — Tige volubile à enroulement dextrorsum (Liseron).

Fig. 201. — Tige volubile à enroulement sinistrorsum (Houblon).

constant. Ainsi le Haricot, le Liseron, l'Igname de Chine s'enroulent toujours en tournant vers la droite de l'observateur (*dextrorsum*) (*fig.* 200); le Houblon et le Chèvrefeuille s'enroulent, au contraire, en tournant vers la gauche (*sinistrorsum*) (*fig.* 201).

Les plantes *grimpantes proprement dites* s'attachent à l'aide de *vrilles*, de *crampons* ou de *ventouses*.

Les *vrilles* sont des rameaux ou des feuilles atrophiés qui, s'enroulant en spirale autour du support, soutiennent et même attirent la plante grimpante, on le voit chez la Vigne (*fig.* 202), la Viorne, le Pois, les Lianes qui enlacent de leur mille guirlandes les arbres des forêts vierges de l'Amérique, et dont quelques-unes, telles que les Cobœa, font maintenant l'ornement de nos jardins.

Fig. 202. — Vrilles de la vigne.

Les *crampons* sont des espèces de racines crochues qui s'enfoncent dans l'écorce des arbres ou dans les murs. On les trouve chez le Lierre, chez le jasmin de Virginie, bel arbrisseau originaire d'Amérique, et que l'on emploie à couvrir les tonnelles et les murailles.

Les *ventouses* se rencontrent dans la Cuscute (*fig.* 203). Cette petite plante, qui fait le désespoir des agriculteurs, produit une tige filiforme qui s'enroule autour des végétaux voisins et applique sur leur surface des sortes de cônes renversés en forme de cloches à ventouses. De la base de ces cônes partent des filaments ou *suçoirs*, qui pénètrent jusque dans la moelle du végétal nourricier et pompent ses sucs alimentaires. Le bas de la tige, devenu inutile, s'atrophie; la racine meurt, et la Cuscute vit uniquement par ses ventouses. Souvent elle

Fig. 203. — Cuscute. *v*, ventouses; *f*, fleur.

épuise la plante sur laquelle elle s'est attachée et finit par la faire périr.

De la Cuscute aux plantes parasites et épiphytes, il n'y a qu'un pas.

322. Plantes parasites. — Le Gui (*fig.* 198) peut être considéré comme le type des *parasites;* il vit sur les vieux arbres, pommiers, poiriers, sorbiers, aubépines, peupliers et quelquefois chênes. On sait la vénération que les anciens Gaulois portaient au gui de chêne. A des fleurs jaunes succèdent des fruits blancs, remplis d'un suc visqueux, qui atteignent leur maturité en hiver lorsque les oiseaux manquent de nourriture. Aussi, malgré leur propriété légèrement purgative, sont-ils recherchés avidement par les grives, les merles et autres. Les graines, entourées d'une substance glutineuse et indigeste, se retrouvent sans altération dans les excréments de ces oiseaux. Lorsque dans ces conditions elles tombent sur une branche, elles y adhèrent et y germent. La radicule, n'obéissant pas, cette fois, à la force qui entraîne toutes les racines vers la terre, pénètre à travers l'écorce de l'arbre jusqu'à la surface du bois et s'y étale dans une zone où, comme on le verra plus loin, affluent les sucs nourriciers du végétal.

Fig. 204. — Orobanche parasite sur le Chanvre. A, pied du chanvre; B, orobanche; C, jeune orobanche en voie de développement.

Le Gui s'attaque à de grands arbres; il est peu nuisible. Il n'en est pas de même des Orobanches (*fig.* 204). Ce sont des plantes d'un aspect étrange dont la tige est dépourvue de couleur verte, et dont les feuilles, réduites à des écailles, paraissent comme desséchées ; elles se fixent sur les racines d'autres végétaux. Les espèces d'Orobanches sont nombreuses, et chacune a ses victimes affectionnées et même nécessaires. L'Orobanche rameuse s'attache sur la Renouée, l'Angélique, le Tabac, la Fève et surtout le Chanvre ; elle cause souvent de grands dégâts dans les chanvrières d'Italie. L'Orobanche du Serpolet vient sur le Thym et le Serpolet, l'Orobanche mineure sur le Trèfle, l'Orobanche sanglante sur le Lotier et le Sainfoin.

Plusieurs espèces de Mélampyres, de Rhinanthes et d'Euphraises sont aussi parasites des racines et particulièrement des racines des céréales.

323. Plantes épiphytes. — On désigne sous le nom d'*épiphytes* des plantes qui vivent sur d'autres végétaux, dont ils se servent seulement comme de support et sans y puiser de nourriture. Tels sont les Lichens qui couvrent le tronc de presque tous nos vieux arbres. Les Orchidées des pays chauds sont souvent épiphytes ; on les cultive dans nos serres, sur des *morceaux de bois* suspendus en l'air par des fils. C'est dans l'atmosphère que ces plantes puisent leur nourriture à l'aide de racines adventives, tandis que les véritables racines sont enfoncées dans le bois.

324. Tiges rampantes. — Lorsque la tige herbacée des végétaux n'est pas grimpante et cependant n'a pas assez de rigidité pour se tenir dressée, elle traîne ; elle est dite alors *traçante* ou *rampante*. Il arrive fréquemment qu'il se produit sur la tige, à son contact avec la terre, des racines adventives qui s'enfoncent dans le sol. Tantôt ces racines se développent tout le long de la tige (Potentille rampante) ; tantôt elles ne se produisent que dans des points déterminés (Fraisier).

Dans le Lierre terrestre (*fig.* 205), et bien d'autres végétaux, les parties anciennes se détruisent au fur et à mesure que la tige croît et qu'il naît de nouvelles racines, de sorte que la plante change constamment de place. Lorsque cette mort atteint un point d'où se détachait un rameau, celui-ci se trouve séparé de la tige, et comme il a déjà produit à une certaine distance plusieurs touffes de racines, il vit d'une manière indépendante multipliant ainsi les individus de l'espèce.

L'absence de rigidité n'est pas toujours la cause qui détermine la reptation des plantes. Le pourpier a naturellement

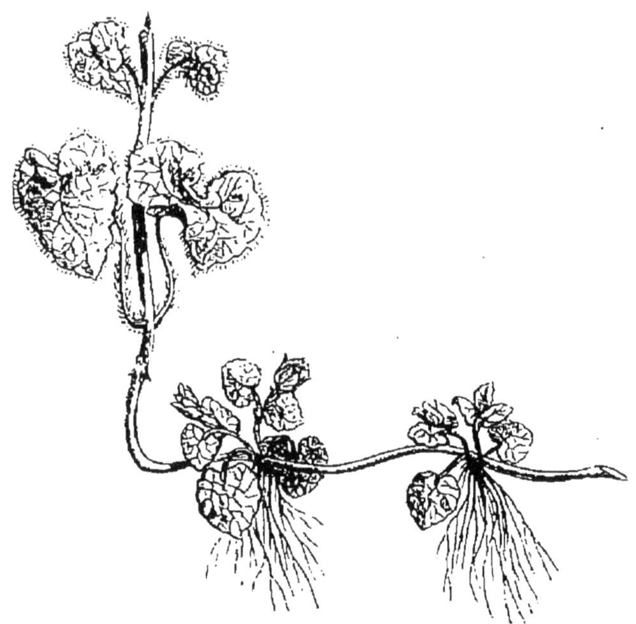

Fig. 205. — Lierre terrestre : tige rampante et dressée.

les rameaux couchés sur le sol, et on ne pourrait les redresser sans les briser. D'un autre côté, beaucoup de plantes rampantes ont l'extrémité de leurs tiges et leurs rameaux dressés; c'est ce qui a lieu dans le Lierre terrestre précédemment cité.

325. Rhizomes. — Certaines tiges sont en partie au moins souterraines. De toute leur surface ou de leur surface inférieure seulement naissent des racines adventives, et les rameaux seuls sortent au dehors. Comme la tige s'allonge souterrainement chaque année, ces rameaux ne se montrent pas au même endroit, et la plante paraît changer de place. On désigne ces tiges souterraines sous le nom de *rhizomes*. Elles se rencontrent chez une foule de végétaux; les plus connus sont : le Sceau de Salomon (*fig.* 206), la Fougère, le Joncfleuri, le Chiendent, le Blé, l'Iris.

Au premier abord on serait tenté de prendre ces rhizomes pour des racines; mais on peut toujours les en distinguer, parce qu'elles portent des bourgeons et souvent des rudiments de feuilles ayant l'apparence de petites écailles. Il peut

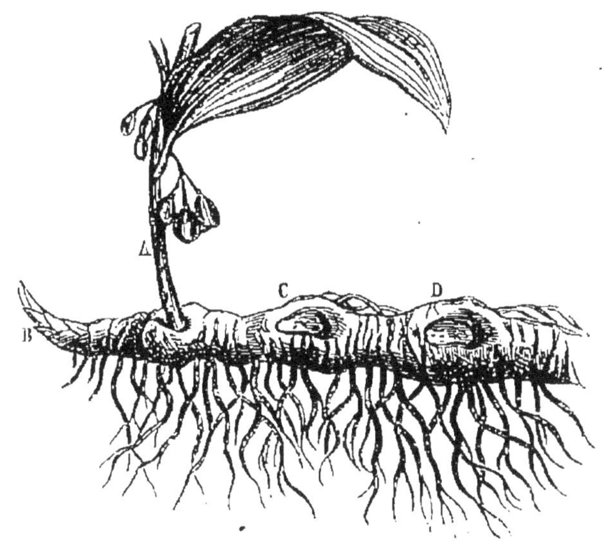

Fig. 206. — Rhizome de Sceau de Salomon. A, tige aérienne de l'année; B, bourgeon devant donner une tige aérienne l'année suivante; C, empreinte de la tige de l'année précédente; D, empreinte plus ancienne.

même arriver qu'une portion de rhizome, sortant par hasard de terre, se transforme en une tige aérienne.

Les bourgeons qui proviennent d'un rhizome sont souvent charnus au moment où ils sortent de terre pour donner naissance à un rameau aérien. Ceux d'Asperge, que l'on emploie comme comestibles, portent le nom de *turions*.

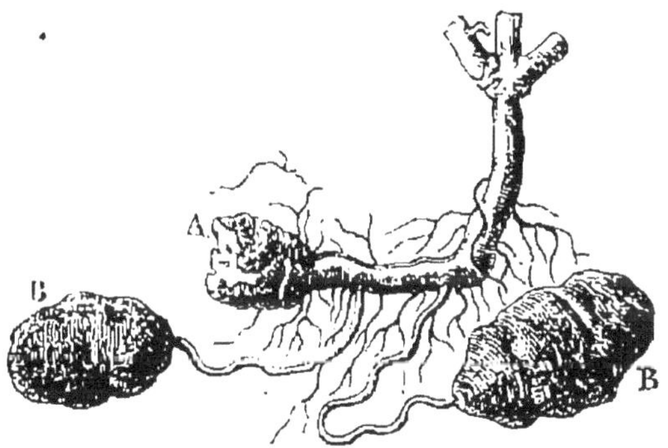

Fig. 207. — Tubercules de la pomme de terre. A, tubercule de l'année précédente ayant donné naissance à la plante; B, tubercules ayant poussé sur des ramifications du rhizome.

326. Tubercules. — Nous avons dit que lorsqu'une racine prend un développement considérable en grosseur et devient un réservoir de nourriture, on lui donne le nom de *tubercule.* On applique la même désignation aux renflements du rhizome. Les rhizomes tuberculeux s'observent chez la Pomme de terre et l'Igname de Chine.

Les tubercules que nous mangeons sous le nom de pommes de terre sont des rameaux souterrains déformés; car ils naissent sur des rhizomes; ils présentent à leur surface des yeux ou bourgeons d'où sortent, soit des rameaux, soit des racines adventives; enfin ils verdissent à la surface quand ils sont exposés à la lumière (*fig.* 207).

327. Bulbes. — Une autre variété de tige souterraine est le *bulbe*; on le trouve dans l'Oignon, l'Ail, le Poireau, le Lis, la Jacinthe, la Tulipe, etc. Pour connaître la structure des bulbes, il faut en étudier plusieurs types.

L'Oignon vit deux ans : la première année il ne pousse que des feuilles, la seconde année il produit des feuilles et des fleurs. Si on considère un Oignon à la fin de la première année, on voit que sa base présente un renflement sphéroïdal qui est le bulbe (*fig.* 208). Coupons-le, nous verrons à la partie inférieure un cône déprimé, le *plateau*, dont la base porte le faisceau de filaments qui constitue la racine; de la partie conique se détachent des sortes de tuniques plus ou moins foliacées, emboîtées les unes dans les autres; à l'extérieur elles sont roussâtres et desséchées; c'est la base des feuilles de l'année; à l'intérieur elles deviennent de plus en plus épaisses et charnues; au centre est un bourgeon également charnu qui doit produire les feuilles et la tige florifère de l'année suivante. Ainsi dans le bulbe de l'Oignon, il n'y a, à proprement parler, que le plateau qui représente la tige.

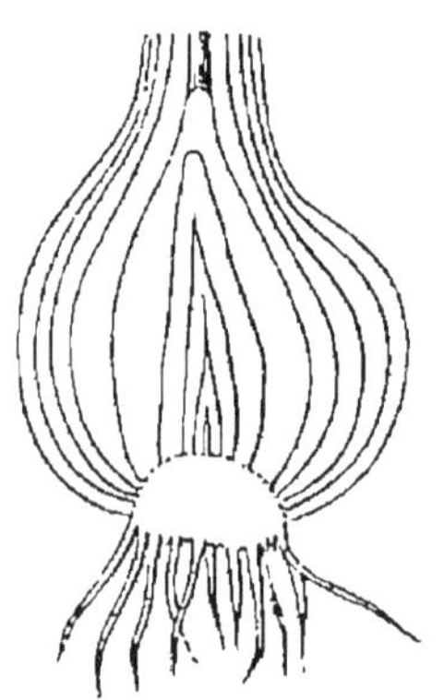

Fig. 208. — Bulbe de l'oignon.

Le bulbe de l'Ail ressemble beaucoup à celui de l'Oignon; mais entre chaque tunique, comme à l'aisselle d'une feuille, se forme un bourgeon qui devient un petit bulbe ou *caïeu*; c'est lui qui constitue la gousse d'ail.

Dans le Lis (*fig*. 209), chaque écaille de la tunique est trop étroite pour envelopper complétement le bulbe; elles s'imbri-

Fig. 209. Bulbe écailleux du lis.

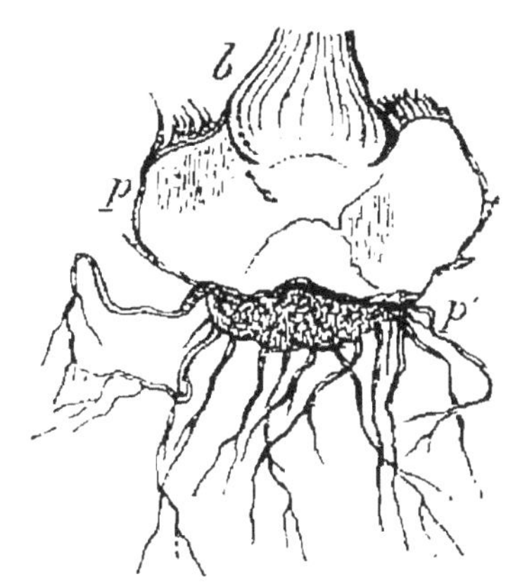

Fig. 210. — Bulbe écailleux du safran. *b*, bourgeon; *p*, plateau; *p'*, plateau de l'année précédente.

quent l'une sur l'autre comme les bractées d'un artichaut.

Dans le Safran (*fig*. 210), le plateau est très-développé et semble au premier abord former à lui seul tout le bulbe; les feuilles partent seulement de sa partie supérieure.

Les bulbes tels que ceux de l'Oignon et de l'Ail ont reçu le nom de *tuniqués*; le bulbe du Lis est le type des bulbes *écailleux* et celui du Safran le type des bulbes *solides*.

Composition anatomique des tiges. — La composition anatomique des tiges varie avec la classe à laquelle appartient le végétal.

328. Tige herbacée des Dicotylédonées. — Si l'on examine avec une bonne loupe une section fine faite transversalement dans une tige herbacée de Dicotylédonée (*fig*. 211), on voit une masse demi-transparente au milieu de laquelle on distingue des taches plus obscures disposées symétriquement. La masse transparente est le *parenchyme*; les taches obscures sont les *faisceaux fibro-vasculaires*.

La masse de parenchyme qui se trouve au centre des faisceaux fibro-vasculaires est la *moelle;* celle qui les entoure à l'extérieur est l'*enveloppe cellulaire externe,* dite aussi *enveloppe herbacée* parce qu'elle est colorée en vert. Enfin les parties du parenchyme qui sont entre les faisceaux fibro-vasculaires et qui les séparent l'un de l'autre portent le nom de *rayons médullaires.*

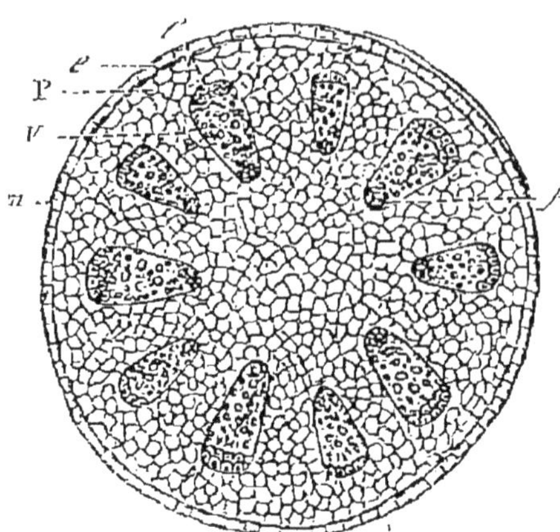

Fig. 211. — Section transversale d'une tige herbacée de dicotylédonée, vue au microscope.

329*. Parenchyme; tissu cellulaire. — Le parenchyme est formé de cellules. Les *cellules* (*fig.* 212) sont de petits corps sphériques ou polyédriques formés par une enveloppe membraneuse, élastique, composée d'une substance chimique particulière qui a reçu le nom de *cellulose.* Lorsque la cellule est jeune, elle contient une matière albuminoïde, molle, non élastique, nommée *protoplasma,* et un liquide très-aqueux, le *suc cellulaire.* Le protoplasma est la partie essentiellement vivante de la cellule; c'est lui qui se produit le premier et qui donne naissance aux autres. On y remarque toujours une portion ovoïde où la matière est plus condensée, et que l'on nomme *noyau.*

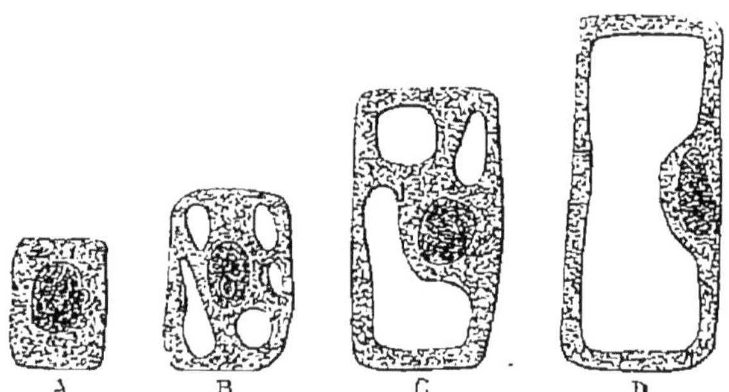

Fig. 212. — Cellules à différents âges.

Lorsqu'une cellule se forme dans une masse de protoplasma préexistante, on voit se produire un nouveau noyau autour duquel se réunit une certaine quantité de protoplasma ; puis autour de cette petite pelote protoplasmique apparaît une enveloppe de cellulose que le protoplasma remplit complétement (*fig.* 212, A). Peu à peu le volume de la cellule augmente ; il se produit au sein du protoplasma des *vacuoles* qui se remplissent de suc cellulaire (B). Les vacuoles s'étendent de plus en plus (C), se réunissent, et bientôt le protoplasma n'apparaît plus que sous forme d'une couche interne molle, non élastique, tapissant la cavité cellulaire (D). Le noyau persiste encore dans le protoplasma et reste appliqué contre les parois cellulaires. Celles-ci subissent elles-mêmes quelques modifications ; elles peuvent épaissir, soit également, soit inégalement et à certaines places, sous forme de bandes spirales, d'anneaux, de lignes ou de points conservant leur minceur primitive.

Dans certaines cellules, le protoplasma disparaît ; dès lors la cellule cesse de vivre ; elle ne sert plus que comme pièce inerte entrant dans l'édifice qui constitue le corps du végétal. D'autres cellules accumulent dans leur intérieur de l'amidon, de l'inuline, des matières grasses et plusieurs autres substances.

Par suite de leur accroissement, la forme des cellules se modifie : de sphérique ou polyédrique qu'elle était primitivement elle devient tubulaire, prismatique ou même rameuse et très-irrégulière. Dans ce dernier cas, les cellules voisines ne se touchent que par un petit nombre de points et laissent entre elles des espaces vides auxquels on a donné le nom de *méats intercellulaires.*

330. Faisceaux fibro-vasculaires ; fibres ; vaisseaux. — Chaque faisceau fibro-vasculaire (*fig.* 213) est formé de fibres et de vaisseaux.

On désigne sous le nom de *fibres* des tubes courts à parois très-épaisses, qui sont tantôt terminés en pointe aux deux extrémités, tantôt coupés obliquement comme en sifflet (*fig.* 214).

Les *vaisseaux* sont des tubes longs formés par des fils de

cellules, dont les cloisons transversales se sont résorbées. On en distingue plusieurs variétés.

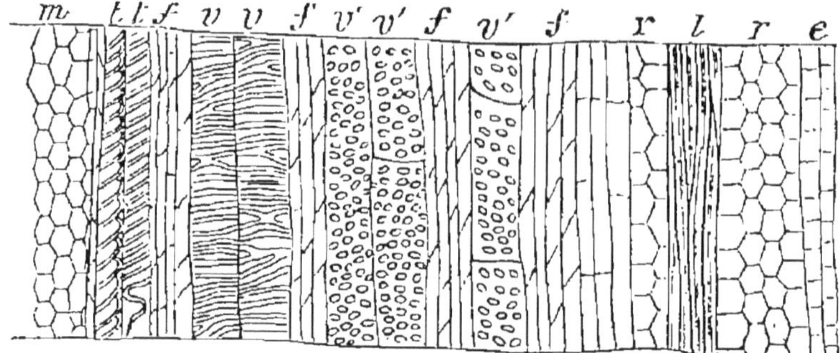

Fig. 213. — Coupe verticale d'un faisceau fibro-vasculaire. *m*, moelle; *t*, trachées; *v*, vaisseaux annelés; *v'*, vaisseaux ponctués; *f*, fibres ligneuses; *r*, couche cellulaire accompagnant les fibres du liber *l*; *e*, enveloppe herbacée.

Les uns présentent sur leurs parois des parties plus minces que l'on voit sous forme de points, de raies, d'anneaux : on les appelle *vaisseaux ponctués, rayés, annelés,* et d'une manière plus générale *fausses trachées* (*fig.* 215, A, B).

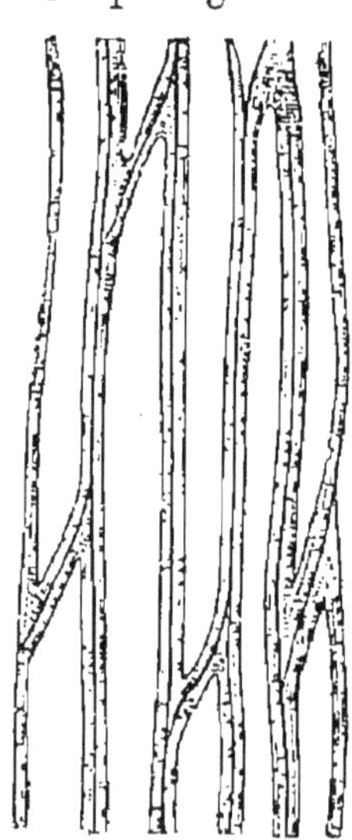

Fig. 214. — Fibres.

Chez d'autres, les parties minces constituent une ligne spirale continue, de sorte que si l'on vient à tirer aux deux extrémités du vaisseau, on le déchire suivant cette ligne mince et on le voit s'étirer comme le font les ressorts à boudin ou les anciens élastiques en fil de laiton; ces vaisseaux se nomment *trachées* ou *vaisseaux spiraux* (*fig.* 215, C). On peut facilement les observer en déchirant avec précaution une feuille d'oignon ou d'iris.

Les vaisseaux de la troisième catégorie, nommés *vaisseaux propres,* sont formés de cellules tubulaires placées bout à bout. Les cloisons qui les séparent sont perforées de petits pores, ce qui les fait ressembler à des cribles (*fig.* 215, D). On les a nommés aussi pour cette raison *tubes criblés.* Cette espèce de grillage peut aussi se retrouver sur les parois latérales.

La position de ces divers vaisseaux dans le faisceau fibro-vasculaire est déterminée. A l'extérieur sont les vaisseaux

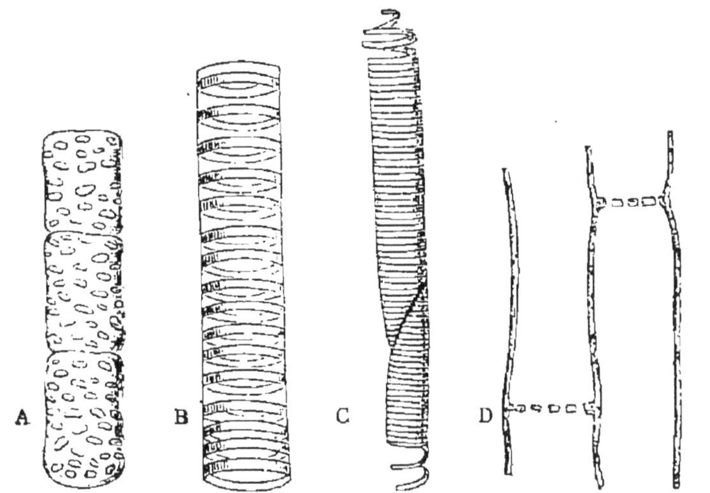

Vaisseaux ponctués. V. annelés. Trachées. V. propres (tubes criblés).
Fig. 215. — Vaisseaux.

propres, à l'intérieur, du côté de la moelle, les trachées, et entre les deux les fausses trachées.

Si donc on vient à examiner une coupe verticale de la tige passant par un faisceau fibro-vasculaire. On y distingue les zones qui sont de dehors en dedans.

1re zone,	parenchyme intérieur,	moelle,	cellules.
2e —	faisceau fibro-vasculaire,	étui médullaire,	fibres et trachées.
3e —		bois,	fibres et fausses trachées.
4e —		liber,	fib. et vaisseaux propres.
5e —	parenchyme extérieur,	enveloppe herbacée.	
6e —	épiderme.		

331. Épiderme. — En dehors du parenchyme extérieur et enveloppant complétement la tige comme les autres parties du végétal, se trouve l'*épiderme,* divisé en deux couches : l'une intérieure, formée de cellules rectangulaires serrées les unes contre les autres ; l'autre extérieure, la *cuticule,* qui est une membrane très-mince, sans organisation appréciable. A la surface de l'épiderme on distingue en outre de petits trous, les *stomates,* dont il sera plus amplement question à propos des feuilles.

332*. Tige ligneuse des Dicotylédonées. —

Les tiges ligneuses, qui durent plusieurs années, ont une structure plus compliquée que les tiges annuelles (*fig.* 216).

Vers la partie périphérique des faisceaux fibro-vasculaires,

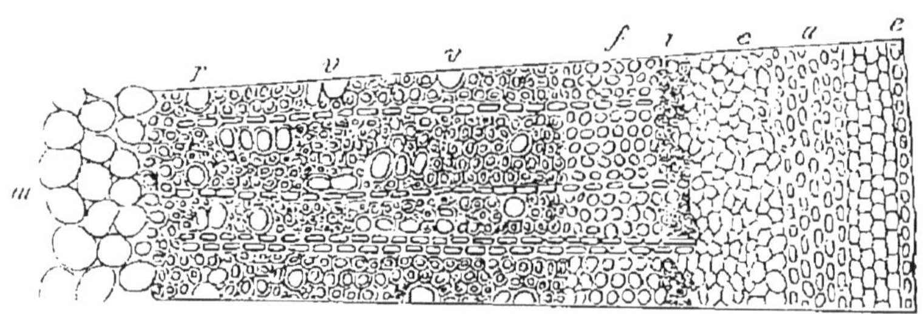

Fig. 216. — Section transversale d'un faisceau fibro-vasculaire de dicotylédonée, vue au microscope. *m*, moelle ; *r*, étui médullaire ; *v*, bois ; *f*, couche génératrice ; *i*, liber ; *c*, enveloppe herbacée ; *a*, couche subéreuse ; *e*, épiderme.

entre les vaisseaux propres et les fausses trachées, il y a une couche de tissu cellulaire que l'on nomme couche génératrice (*fig.* 216, *f*), et où se produisent les nouveaux tissus qui doivent accroître l'arbre en diamètre. Chaque année il s'y

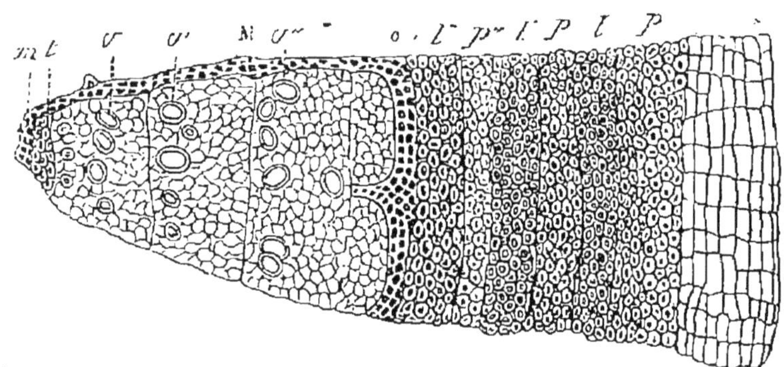

Fig. 217. — Section transversale d'un tronc de dicotylédonée de plusieurs années. *m*, moelle ; *l*, étui médullaire ; *v*, *v'*, *v''*, couches de bois de 1re, 2e et 3e année ; *l*, *l'*, *l''*, couches de liber de 1re, 2e et 3e année ; *p*, *p'*, *p''*, couches de parenchyme extérieur alternant avec les couches annuelles de liber ; *s*, suber ; *o*, zone génératrice ; M, rayon médullaire.

forme du côté interne une couche de fibres et de fausses trachées qui s'ajoute au bois, et du côté externe une couche de fibres et de vaisseaux propres qui s'ajoute au liber. Cette zone génératrice, toujours gorgée de sucs et formée de tissu nouveau, se déchire facilement. Aussi peut-on séparer aisément de la masse centrale du tronc tout ce qui est en dehors de la zone génératrice. Cette partie extérieure est l'*écorce*. Chaque année il se forme une nouvelle couche de bois et une nouvelle couche de liber. L'écorce s'accroît donc de dedans en dehors, tandis que le bois s'accroît de dehors en dedans.

333. Bois. — Cette structure est très-reconnaissable. Si on coupe un arbre, un chêne par exemple (*fig.* 218), on voit le bois formé de couches concentriques qui correspondent chacune à l'accroissement d'une année. On peut donc juger de l'âge d'un arbre par le nombre de cercles concentriques qui se trouve dans le bois; mais il faut pour cela faire la section à la base du tronc. Si on la faisait plus haut, on ne verrait pas les couches ligneuses dues aux premières années ; car l'arbre croît en hauteur en même temps qu'en diamètre, et on peut le considérer comme formé de cônes emboîtés les uns dans les autres, et dont le plus extérieur est le plus récent. Le bois nouveau a moins de dureté que le bois plus ancien, il est plus facilement attaqué par les insectes. Aussi ne l'emploie-t-on pas dans les constructions, et quand on fait des madriers ou des planches en chêne, on a soin d'enlever le jeune bois. Celui-ci porte le nom d'*aubier*, par opposition au cœur du bois ; il en diffère quelquefois par la couleur. Ainsi dans le noyer il est blanchâtre, tandis que le cœur est brun foncé.

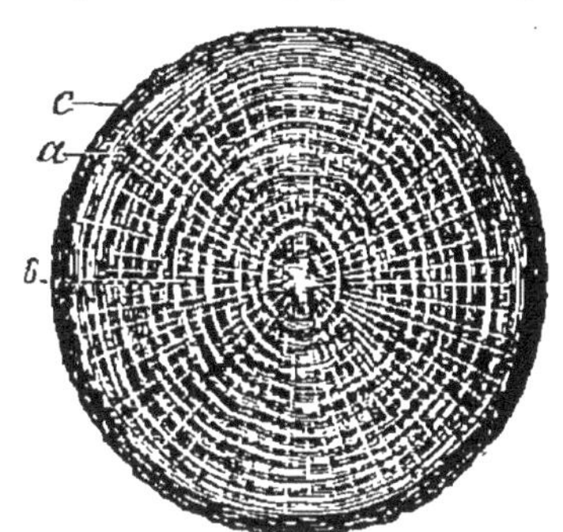

Fig. 218. — Section transversale d'un tronc de chêne. *e*, écorce; *a*, aubier; *b*, bois.

En même temps qu'il se produit de nouvelles couches de bois, les rayons médullaires se multiplient ; ceux qui existaient déjà se prolongent à travers le jeune bois, et il s'en forme de nouveaux dans l'intervalle des premiers. Mais ces nouveaux rayons ne pénètrent jamais dans le bois plus ancien ; ils s'arrêtent toujours intérieurement à la couche contemporaine de leur apparition. Ainsi les rayons formés la seconde année, au lieu d'aller jusqu'à la moelle, s'arrêtent à la surface extérieure de la première zone du bois, ceux formés la troisième année s'arrêtent à la deuxième zone, et ainsi successivement.

334. Écorce. — En même temps que les nouvelles couches de bois, il se produit de nouvelles couches de liber; mais celles-ci sont souvent si minces, qu'on peut difficilement les distinguer l'une de l'autre. Les fibres du liber sont généralement longues, flexibles et tenaces. Ce sont elles qui sont employées comme matière textile dans le Lin, le Chanvre, le Tilleul.

Non-seulement l'écorce s'accroît à l'intérieur par la production de nouvelles couches de liber, mais elle augmente aussi à l'extérieur par le développement, entre l'enveloppe herbacée et l'épiderme, d'un tissu cellulaire spécial formé principalement de cellules rectangulaires serrées les unes contre les autres, et souvent colorées en brun[1]. Cette zone porte le nom d'*enveloppe subéreuse* ou *périderme*.

Le périderme, généralement mince, acquiert une grande épaisseur dans le Chêne-liége. Il s'y produit tous les ans une couche de matière subéreuse, et chacune de ces zones annuelles est séparée par des lignes brunes dues à ce que les cellules formées à l'automne sont plus épaisses et plus colorées que les autres. Ce n'est que lorsque l'arbre a atteint l'âge de dix à quinze ans que l'on commence à exploiter le liége. On pratique sur le tronc deux incisions longitudinales réunies par des incisions transversales, et l'on soulève la couche subéreuse en ayant soin de respecter l'enveloppe herbacée (*fig.* 219). Cette précaution est nécessaire pour que le liége puisse se reproduire. Tous les sept à huit ans, on retire une nouvelle plaque de liége. La première enlevée est de mauvaise qualité, grossière, peu élastique, on la nomme liége mâle. La deuxième plaque est de meilleure qualité, et les suivantes sont de plus en plus fines et élastiques, c'est le liége femelle.

La structure de l'enveloppe subéreuse a une grande influence sur l'apparence qu'offre le tronc des arbres; car l'épiderme, débordée outre mesure par la croissance en diamètre, ne tarde pas à se déchirer et à disparaître.

1. Souvent le suber présente des zones cellulaires de diverse nature (*fig.* 216).

Dans le Bouleau blanc de notre pays, on détache facilement de l'écorce de grandes plaques employées pour faire des boîtes et autres petits objets. Le Bouleau à papier, du Canada, donne des lames si minces et si étendues, que les

Fig. 219. — Exploitation du liége.

indigènes en faisaient des canots assez grands pour contenir quatre personnes, et ne pesant tout au plus que vingt-cinq kilogrammes. Ces lames sont formées de zones péridermiques, brunes et solides, pouvant se détacher facilement l'une de l'autre, car elles ne sont unies entre elles que par une couche mince de cellules très-tendres et de couleur blanche; ce sont ces pellicules blanches qui donnent au tronc du bouleau l'aspect blanc qui lui a valu son nom spécifique.

Dans les arbres à écorce lisse, tels que le Hêtre. L'enveloppe subéreuse de chaque année est formée uniquement de tissu très-solide; elle est, elle-même, assez mince, et il ne se produit aucune exfoliation.

Chez le Platane, la surface extérieure du tronc se renouvelle tous les ans par exfoliation. De grandes plaques d'écorce d'un vert sombre se détachent et laissent voir le tissu sous-jacent de couleur beaucoup plus claire. Ce fait est encore dû à la formation annuelle d'une couche de tissu subéreux qui se produit cette fois au milieu des couches du liber et les entraîne dans sa chute.

Chez le Chêne, le Poirier, le Cerisier, le Prunier, le Tilleul, le tissu subéreux se forme dans la même position, au milieu du système cortical, mais les plaques d'écorce ne se détachant que sur les bords et restant adhérentes par le milieu, donnent au tronc l'apparence rude et crevassée qu'on lui connaît. Dans ces deux cas, le déchirement de l'écorce est une conséquence de l'accroissement en volume du bois.

Il faut encore mentionner comme une dépendance de la zone subéreuse, les *lenticelles,* petites proéminences brunâtres qui font saillie à travers l'épiderme des jeunes rameaux. La forme et le nombre des lenticelles peut être utile à considérer; les pépiniéristes s'en servent pour reconnaître les variétés de poiriers et d'autres arbres.

335. — Le tableau suivant résumera la composition anatomique du tronc ligneux des végétaux dicotylédonés.

Bois,	moelle,		parenchyme intérieur.
	étui médullaire,		faisceaux fibro-vasculaires.
	bois proprement dit,	cœur de bois,	
		aubier,	
Zone génératrice,			
Ecorce,	liber,		
	enveloppe herbacée,		parenchyme extérieur.
	enveloppe subéreuse.		
Epiderme			

336. Tige des Monocotylédonées. — La tige

des Monocotylédonées, qu'elle soit ligneuse ou herbacée, présente une différence notable avec les précédentes.

Les faisceaux fibro-vasculaires, au lieu d'être disposés circulairement et symétriquement, sont disséminés sans ordre au milieu du parenchyme, mais en plus grande quantité à la circonférence qu'au centre (*fig.* 220). Lorsque, avec l'âge, le parenchyme se dessèche et se détruit, le centre de la tige devient presque vide, tandis que l'extérieur est très-dur. Cette circonstance rend les tiges ligneuses des Monocotylédonées très-légères; on les emploie sous le nom de bambous pour faire des cannes, des manches de parapluie, etc.

Le parenchyme est le même chez les Monocotylédonées que

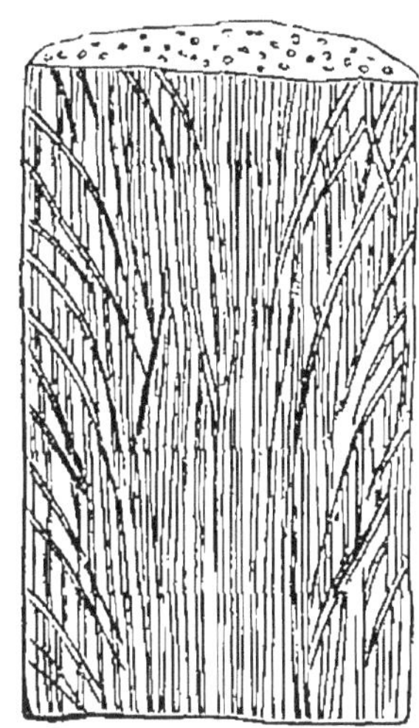

Fig. 220. — Section verticale d'une tige de monocotylédonée, montrant la disposition des faisceaux fibro-vasculaires.

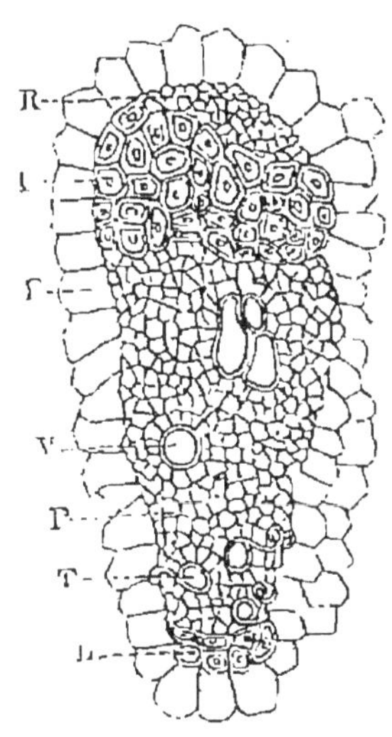

Fig. 221. — Section transversale d'un faisceau fibro-vasculaire d'une monocotylédonée. L, fibres épaisses; T, trachées déroulables; P, cellules et fibres; V, fausses trachées, I, fibres épaisses (liber); R, vaisseaux propres; F. tissu cellulaire entourant les faisceaux fibro-vasculaires.

chez les Dicotylédonées. Les faisceaux fibro-vasculaires présentent quelques différences, mais on peut encore y reconnaître trois zones (*fig.* 221); l'extérieure, contenant des vaisseaux propres, l'intérieure, avec des trachées, et la moyenne, renfermant des fausses trachées. Les Monocotylédonées manquent de la zone génératrice qui, chez les Dicotylédonées, donne naissance aux couches concentriques annuelles.

337*. Tige des plantes aquatiques. — Chez les plantes aquatiques, telles que chez les Nympheas, les Potamogeton, les Hydrocharis, il y a dans la tige de grandes lacunes remplies d'air qui servent, en quelque sorte, de vessie natatoire à ces végétaux.

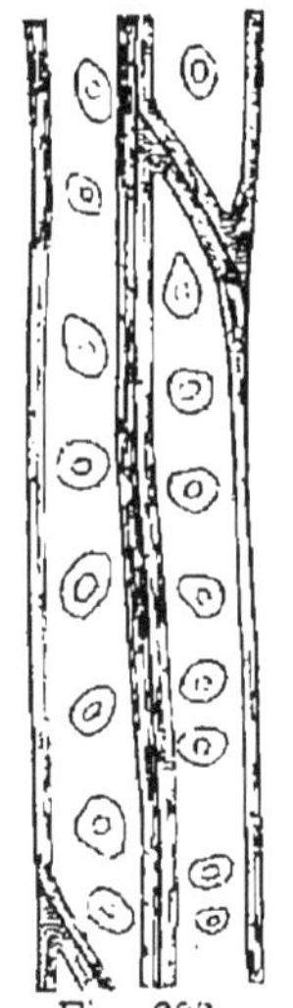
Fig. 222. Fibre aréolée d'une gymnosperme.

338. Tige des Gymnospermes. — Le tronc ligneux des Gymnospermes ressemble beaucoup, pour la structure, à celui des Dicotylédonées. Il est également formé de zones concentriques annuelles coupées par des rayons médullaires; mais sauf dans l'étui médullaire, le bois proprement dit ne contient pas de vaisseaux; il est composé de cellules allongées dont les parois latérales sont perforées de ponctuations aréolées[1] (*fig.* 222).

339*. Tige des Cryptogames. — Parmi les Cryptogames, quelques espèces, telles que les Fougères, les Lycopodes, présentent aussi de nombreuses tiges des faisceaux fibro-vasculaires[2] disposés

1. 338 *bis*. Lorsque la membrane cellulaire commence à s'épaissir, des espaces relativement larges ne se recouvrent d'aucun dépôt; puis, autour de ces réserves, il se produit un bourrelet qui surplombe en forme de voûte sur la partie restée mince. Les deux voûtes opposées limitent un espace lenticulaire qui apparaît comme une aréole au centre de laquelle on voit une perforation (*fig.* 223).

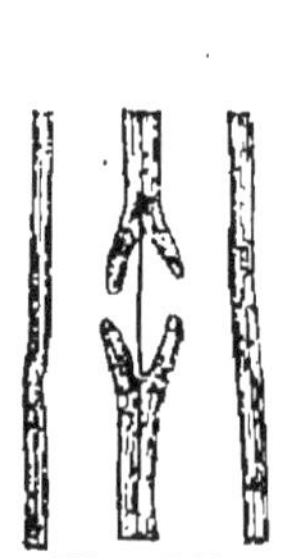
Fig. 223. Structure d'une aréole de gymnosperme.

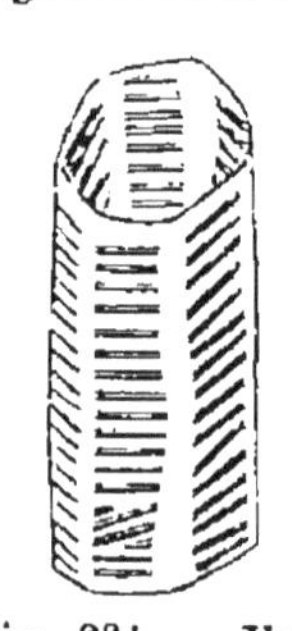
Fig. 224. — Vaisseau scalariforme de fougère.

2. 339 *bis*. Ces faisceaux sont formés par quelques trachées et par de grandes cellules ou vaisseaux dont les espaces minces aréolés comme ceux des Gymnospermes, ont la forme de lames étroites parallèles, ce qui les fait ressembler à des barreaux d'échelle (*fig.* 224). De là le nom de *vaisseaux scalariformes* donné à ces éléments du tissu végétal.

régulièrement dans le parenchyme. Chez les Mousses, ces faisceaux font défaut, et la tige est complétement cellulaire. Enfin, chez les Champignons et les Algues, il n'y a plus de véritable tige et le végétal est uniquement formé de cellules.

340. Poils. — Les tiges, comme les feuilles, sont souvent couvertes de poils formés par une ou plusieurs cellules dépendant de l'épiderme et affectant les formes les plus variées. Il est des poils simples, d'autres rameux, des poils pointus, des poils en massue, des poils étoilés, des poils en navette. Ceux de l'Ortie méritent notre attention. Chaque poil est formé par une cellule très-allongée, renflée à la base et pointue à l'extrémité; il renferme un liquide caustique, et quand il vient à s'enfoncer dans la chair, son extrémité, sèche et cassante comme du verre, se brise, et le liquide se répand dans la plaie (*fig*. 225).

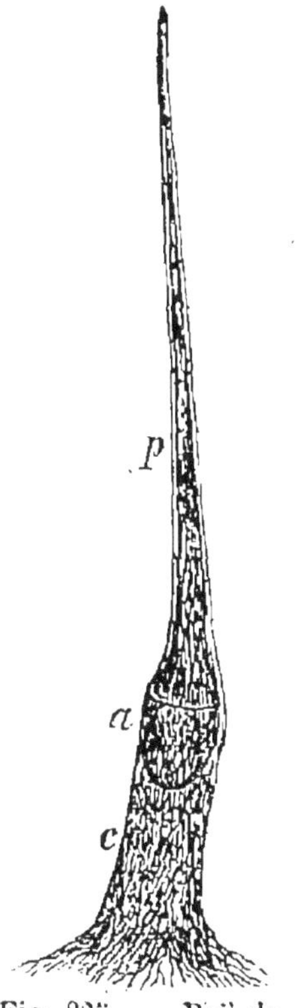

Fig. 225. — Poil de l'ortie. *p*, poil; *a*, ampoule contenant le liquide corrosif; *c*, pédicule sécrétant le liquide qui passe ensuite dans l'ampoule.

Il suffit d'avoir cueilli quelques fleurs le long des fossés et des haies pour avoir senti les démangeaisons causées par la piqûre de nos Orties; mais ce n'est rien auprès des accidents produits par les orties exotiques. Leschenault ayant été piqué par l'*Urtica crenulata* de l'Inde, éprouva pendant deux jours des douleurs très-vives accompagnées de symptômes tétaniques et en ressentit les effets pendant plus de neuf jours. L'*Urtica ferox* de la Nouvelle-Zélande a la même action, et l'*Urtica urentissima* ou Feuille du Diable de Java cause des douleurs que l'on sent plusieurs années; on dit même qu'elle peut produire le tétanos et la mort.

341. Aiguillons et épines. — Les *aiguillons* des Rosiers, des Groseilliers, etc., sont un prolongement de l'épiderme ou du tissu cellulaire sans épiderme. On peut les détacher facilement de la tige, et il ne reste qu'une tache blanche à la surface de l'écorce. Il n'en est pas de même des *épines*, telles que celles du Prunellier, de l'Aubépine, de l'Épine-vinette, du Faux-Acacia. Ces épines sont reliées au tissu ligneux du bois ; ce sont des organes avortés et transformés en piquants : des rameaux dans le Prunellier, des feuilles dans l'Épine-vinette, des stipules dans le Faux-Acacia (*fig.* 232).

CHAPITRE III

FEUILLE.

342. Structure générale des feuilles. — Les *feuilles* sont les organes essentiels de la végétation. On y dis-

Fig. 226. — Feuilles sessiles et entières du lin. Fig. 227. — Stipules libres de la feuille de poirier. Fig. 228. — Stipules soudées de la feuille de rosier.

tingue deux parties : l'une, plus ou moins filiforme, appelée par le vulgaire, *queue*, et par les botanistes *pétiole*; l'autre, plus ou moins élargie, étalée, qui est la feuille proprement dite ou le *limbe*. Les feuilles sont reliées et fixées à la tige ou à ses rameaux par leur pétiole, cependant chez certains végétaux, les feuilles privées de pétiole sont attachées directement; on les nomme alors feuilles *sessiles*. Ex.: Lin (*fig.* 226). Quelquefois la feuille sessile entoure plus ou moins complétement la tige, on la dit alors *amplexicaule* ou *engaînante*. La feuille de Chèvrefeuille est amplexicaule; celle du Blé est engaînante. Souvent, à la naissance de la feuille, il y a deux petites folioles qui ne sont autre chose que des expansions du pétiole. Ce sont les *stipules*; elles sont libres dans le Poirier (*fig.* 227), et soudées au pétiole dans le Rosier (*fig.* 228).

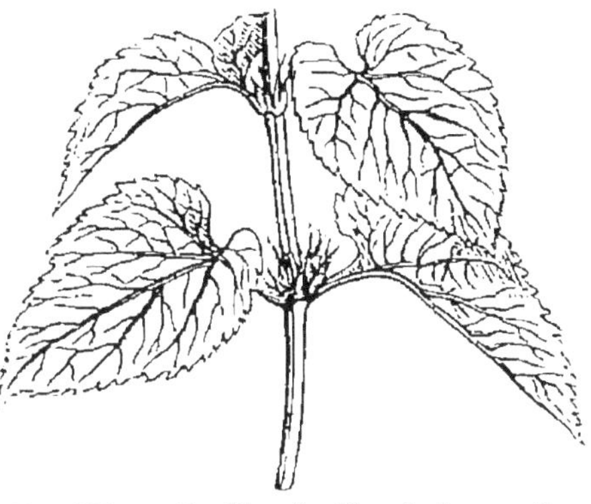

Fig. 229. — Feuilles dentées de la menthe.

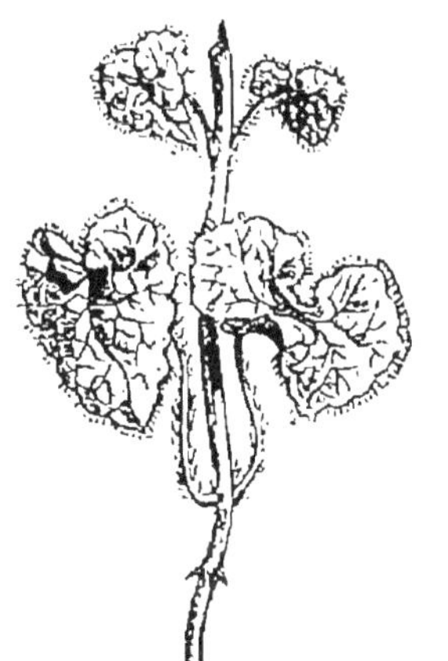

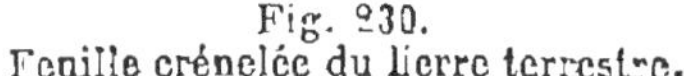

Fig. 230.
Feuille crénelée du lierre terrestre.

Fig. 231.
Feuille lobée de l'érable.

En outre, les feuilles ont leurs surfaces tantôt lisses, tantôt couvertes de poils.

343. Forme des feuilles. — La forme des feuilles est très-variable. On les désigne par les épithètes suivantes :

			FEUILLE.	EXEMPLES.
Limbe à contour	entier,		*entière,*	Pervenche.
	présentant de petites saillies	aiguës,	*dentée,*	Menthe (*fig.* 229)
		obtuses,	*crénelée,*	Lierre terrestre (*fig.* 230).
	divisé par des entailles qui pénètrent jusque	à moitié de la feuille,	*lobée* ou *multifide,*	Erable (*fig.* 231)
		au deux tiers de la feuille,	*multipartite,*	Platane.
		près de la côte centrale,	*découpée* ou *laciniée,*	Persil.

344. Feuilles composées. — Il est des feuilles qui ressemblent à des rameaux garnis eux-mêmes de feuilles, telles sont celles du Faux-Acacia, du Pois, du Trèfle, etc. ; on les appelle *composées.* Chacune des petites feuilles porte le nom de *foliole ;* chaque petit pétiole est un *pétiolule* ou *pétiole secondaire,* et ce qui simule l'axe du rameau, est le *pétiole commun.* On distingue une feuille composée d'une branche par l'absence de bourgeons à l'aisselle des folioles, tandis qu'il y en a toujours à l'aisselle des véritables feuilles.

On a établi plusieurs divisions parmi les feuilles composées ; le tableau suivant indique les principales :

			FEUILLE.	EXEMPLES.
Folioles simples au nombre de	trois		*trifoliée,*	Trèfle.
	plus de trois	naissant à différentes hauteurs,	*pennée,*	Faux-acacia (*fig.* 232).
		naissant du même point,	*palmée,*	Lupin (*fig.* 233).
Folioles composées elles-mêmes,			*décomposée,*	Sensitive (*fig.* 248).

Les feuilles décomposées offrent un pétiole commun qui se ramifie ; chaque pétiole secondaire porte à son tour des pétioles tertiaires auxquels sont attachées les folioles.

345. Feuilles anormales. — Il est des feuilles qui présentent des formes tout à fait anormales. Citons les feuilles *peltées* de Capucine, qui sont fixées par leur centre à un pétiole perpendiculaire au plan du limbe ; les feuilles *fistuleuses* de l'Ail et de l'Oignon ; les feuilles *grasses* et charnues des Sedum ; les feuilles en cornet des Sarracenia et autres.

346. Avortement des feuilles, phyllodes. — Les feuilles avortent quelquefois en tout ou en partie. Chez certaines plantes parasites, la Cuscute, les Orobanches, qui

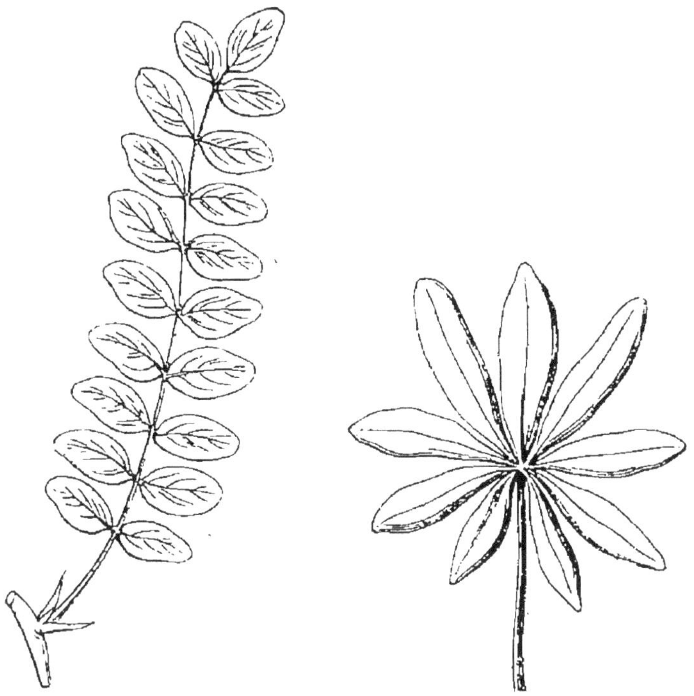

Fig. 232. — Feuille pennée du faux acacia avec stipules épineuses à la base.

Fig. 233. — Feuille palmée du lupin.

puisent dans d'autres végétaux des sucs élaborés, les feuilles

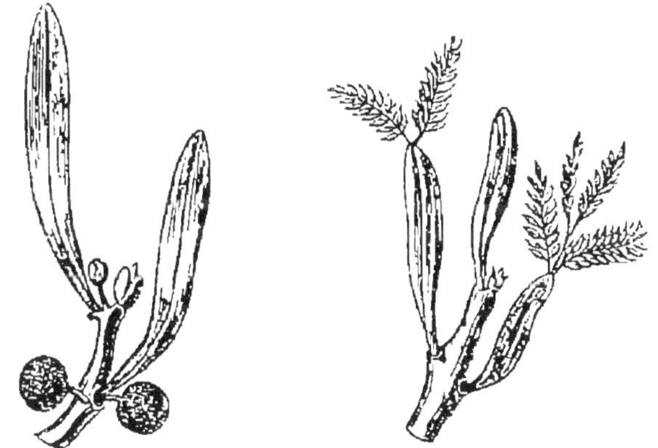

Fig. 234. — Phyllodes d'acacia.

Fig. 235. — Phyllodes et feuilles d'acacia heterophylla.

devenues inutiles sont transformées en écailles. La même

transformation a lieu dans d'autres plantes non parasites, comme l'Asperge et le Cactus, mais alors leurs fonctions sont remplies par les tiges devenues plus ou moins foliacées (§ 317).

Quelquefois le limbe de la feuille avorte, et le pétiole se développe avec une apparence foliacée ; il porte alors le nom de *phyllode*. Beaucoup d'Acacias de la Nouvelle-Hollande ont des phyllodes sans feuilles véritables (*fig.* 234) ; l'une de ces espèces, l'*Acacia heterophylla* (*fig.* 235) montre le passage du phyllode à la feuille. Les premières feuilles qui naissent sont des feuilles normales, décomposées. Dans les suivantes, le nombre des pétioles secondaires diminue, et, à mesure, le pé-

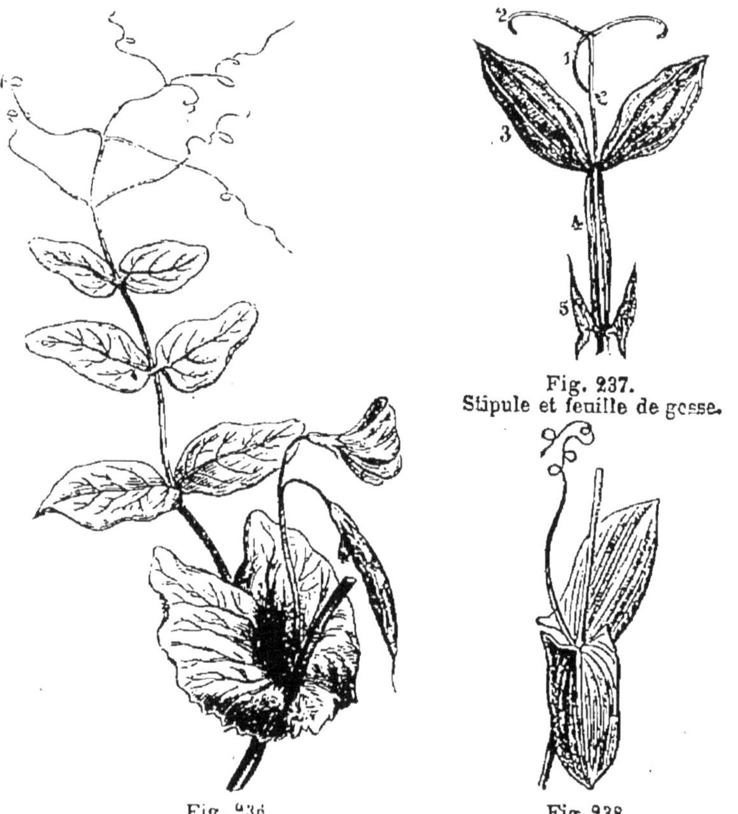

Fig. 237.
Stipule et feuille de gesse.

Fig. 236.
Stipule et feuille du pois.

Fig. 238.
Stipule et feuille de gesse aphaca.

tiole commun s'élargit ; lorsqu'ils disparaissent, ce dernier a la forme d'une feuille très-allongée.

Enfin, il est des feuilles qui n'avortent que partiellement, celle du Pois, par exemple (*fig.* 236). C'est une feuille composée, pennée, qui ne présente que deux ou trois paires de folioles, les folioles de l'extrémité ayant avorté et s'étant transformées en vrilles. Ajoutons qu'à la base de la feuille il y a deux grandes stipules à moitié soudées qui embrassent la tige et qui suppléent, pour la respiration, aux folioles qui manquent. Dans la Gesse (*fig.* 237) la transformation des folioles est encore plus avancée; elle est même complète dans la Gesse aphaca (*fig.* 238) où la feuille est réduite aux stipules.

347. Variations des feuilles d'un même végétal. — Toutes les feuilles d'un même végétal ne sont pas semblables : les premières sont, en général, petites et relativement peu découpées, plus tard, elles augmentent en volume et deviennent plus complexes; plus haut, elles se rabougrissent, et celles qui environnent les fleurs prennent quelquefois une couleur et une forme tellement différente, qu'on leur a donné

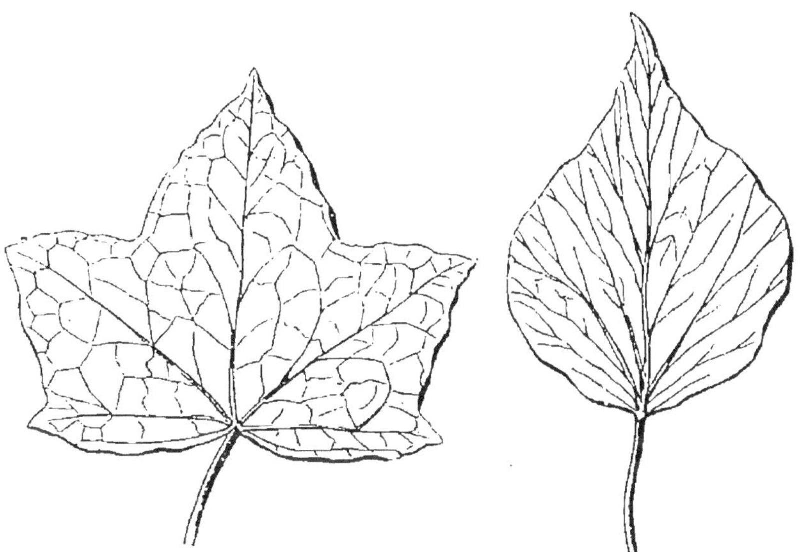

Fig. 239. Feuille des rameaux stériles.

Fig. 240. Feuille des rameaux florifères.

Feuilles du lierre.

un nom spécial, celui de bractées. Chez le Lierre, les feuilles sont à cinq lobes dans les rameaux stériles (*fig.* 239), entières et allongées dans les rameaux florifères (*fig.* 240). La *Campanula rotundifolia* (*fig.* 241), petite fleur bleue qui pousse dans nos bois et nos prairies, présente deux espèces de feuilles, les unes arrondies et crénelées, naissent d'un rhizome, et comme on les voit sortir de terre, on les a nommées feuilles radicales, les autres, entières et lancéolées (forme d'un fer de lance), poussent sur des rameaux aériens.

Fig. 241.—Feuilles de la *Campanula rotundifolia*. *a*, feuilles radicales; *b*, feuilles aériennes.

Cette diversité de feuilles est surtout manifeste chez les végétaux aquatiques; ils en offrent en général deux espèces :

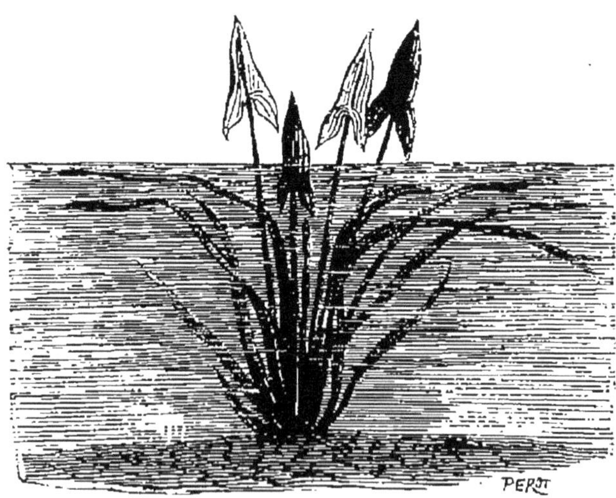
Fig. 242. — Feuilles de la sagittaire.

les unes, aériennes ou flottantes, présentent une forme ordinaire; les autres, submergées, sont réduites à des filaments allongés; c'est ce qui a lieu chez la Sagittaire ou Flèche d'eau (*fig.* 242) quand elle pousse dans les eaux courantes[1], chez la Renoncule aquatique ou Grenouillette, chez la Châtaigne d'eau, etc.

348. Position des feuilles sur la tige. — Les points où les feuilles s'insèrent sur la tige sont appelés *nœuds*. Un même nœud peut donner naissance à une seule feuille ou à plusieurs. Dans le premier cas, les feuilles sont dites *alternes*. Ex. : Orme. Dans le second cas, on les nomme *opposées*, lorsqu'elles sont au nombre de deux (*fig.* 243), situées en face

Fig. 243.
Feuilles opposées de la menthe.

Fig. 244.
Feuilles verticillées du laurier-rose.

l'une de l'autre : Ex. : Menthe; *verticillées* lorsqu'elles sont au nombre de trois, quatre ou plus. Ex. : Laurier-rose (*fig.* 244).

349. — Les feuilles alternes ont des positions déterminées par des lois mathématiques. Une ligne qui passe par le point d'attache de toutes les feuilles successives décrit sur l'axe une spirale régulière (*fig.* 245), et la partie de l'axe qui sépare chaque feuille de la précédente ou de la suivante est représentée par une fraction constante de la circonférence. Cela sert à déterminer la nature de la spire et la position des feuilles. Pour les trouver, on compte, en suivant la spire génératrice, toutes les feuilles jusqu'à ce qu'on en trouve une qui soit

1. Dans les eaux stagnantes, toutes les feuilles sont aériennes.

exactement au-dessus de celle qui a servi de point de départ, et les tours de spire qu'il faut suivre pour y arriver. Le premier nombre est le dénominateur de la fraction dont le second est le numérateur. Ainsi dans la spire figurée ici, la feuille située en face de celle qui porte le numéro 1 est le numéro 14, et on n'y arrive qu'après avoir décrit 5 tours de spire. On

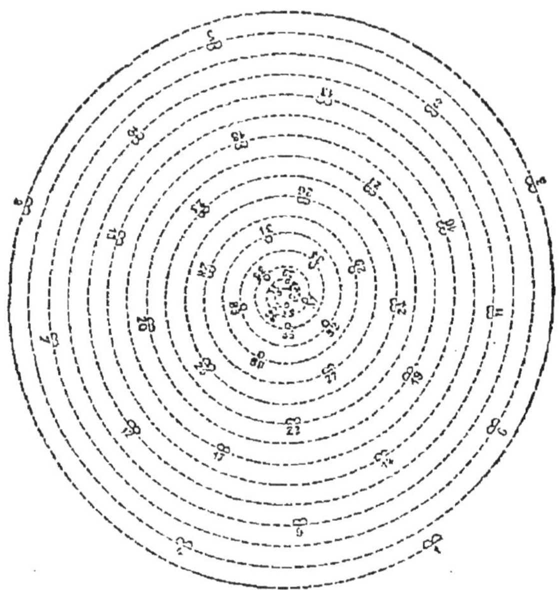

Fig. 245. — Spirale.

compte 13 feuilles dans ces 5 tours. La fraction qui exprime leur position sera 5/13. Les fractions 1/3, 2/5, 3/8, 5/13 sont les plus ordinaires.

Structure anatomique des feuilles. — Anatomiquement, la feuille se compose de trois parties : les nervures, le parenchyme, l'épiderme.

350. — Les **nervures** sont formées par des faisceaux fibro-vasculaires qui, émanés de la tige, sont restés réunis dans le pétiole et se sont étalés dans le limbe. La disposition des nervures est importante à considérer, car elle caractérise les deux grandes divisions des végétaux. Chez les Dicotylédonées, les nervures se ramifient et leurs diverses branches s'anastomosent de manière à donner naissance à un lacis à mailles plus ou moins serrées. On peut généralement y reconnaître une nervure médiane plus considérable que les autres, et traversant la feuille en son milieu[1], et des nervures secondaires qui se rendent aux principaux lobes. Chez les Monocotylédonées, tantôt les nervures s'étendent, sans se diviser, d'une extrémité à l'autre de la feuille. Ex. : Riz, Blé ; tantôt il y a une nervure médiane et des nervures secondaires qui vont jusqu'au bord de la feuille parallèlement et sans se ramifier. Ex. : Sceau de Salomon, Paradisier. Quelques Monocotylédonées, tels que l'Igname de Chine, font exception à cette règle et ont des feuilles à nervures ramifiées comme celles des Dicotylédonées.

351. — Le **parenchyme** des feuilles qui se trouve dans les mailles du réseau formé par les nervures est composé uniquement de cellules colorées en vert par de la *chlorophylle.* Vers la face supérieure, ces cellules sont régulières et serrées les unes contre les autres, tandis que vers la face inférieure, elles sont irrégulières et laissent entre elles de nombreux vides ou lacunes (*fig.* 246). Les lacunes sont très-grandes chez les feuilles aquatiques et servent à les faire flotter.

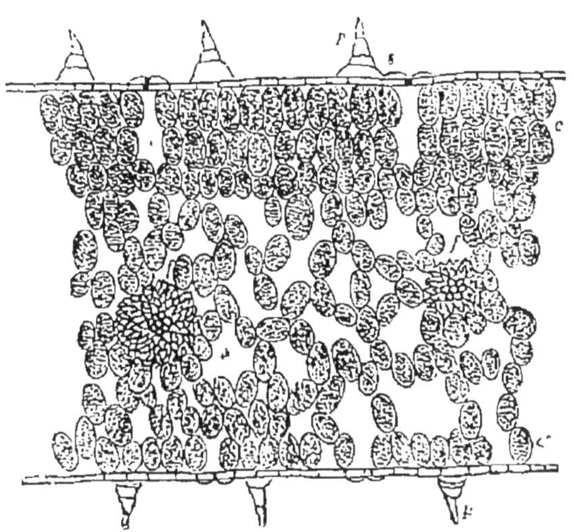

Fig. 246. — Tissu d'une feuille. *p*, poils ; *s*, stomates ; *c*, cellules de la face supérieure de la feuille ; *c'*, cellules de la face inférieure ; *f*, faisceau fibro-vasculaire des nervures.

La chlorophylle qui colore en vert le tissu des feuilles et

1. La feuille est ordinairement symétrique par rapport à la nervure médiane ; dans les Bégonias, elle est asymétrique ou comme contournée.

de plusieurs autres parties des végétaux, est constituée par de petits corps mous, de forme variable, composées de substance protoplasmique imprégnée d'une très-petite quantité de matière verte. La chlorophylle joue un rôle fort important dans les fonctions des feuilles, c'est-à-dire dans la respiration végétale. Elle enveloppe souvent de petits grains d'amidon. Berzélius croyait pouvoir évaluer à dix grammes la quantité de matière verte nécessaire pour colorer un grand arbre. Il est des feuilles diversement colorées ; ainsi l'Arroche a des feuilles rouges ; cette coloration, toute superficielle, réside dans l'épiderme, sous lequel on trouve le parenchyme vert.

352. — L'épiderme qui recouvre les feuilles ressemble à celui qui existe sur tous les autres organes du végétal et présente une partie cellulaire recouverte par la *cuticule*. C'est surtout dans les feuilles que l'épiderme est parsemé de *stomates* (*fig.* 247), petites ouvertures bordées de deux cellules en forme de bourrelets et communiquant avec les lacunes du parenchyme. Les stomates sont plus nombreuses à la face inférieure des feuilles qu'à leur face supérieure ; celle-ci en est même souvent tout à fait privée. Sur les feuilles de Reine-Marguerite, on a compté trente-cinq stomates par millimètre carré à la face supérieure, et soixante-dix à la face inférieure ; sur le Frêne, cent soixante-cinq à la face inférieure et aucune à la face supérieure. Chez les plantes aquatiques à feuilles flottantes, les stomates se trouvent principalement ou même uniquement à la face supérieure, au contact de l'air. Dans les feuilles submergées, l'épiderme est réduit à la cuticule.

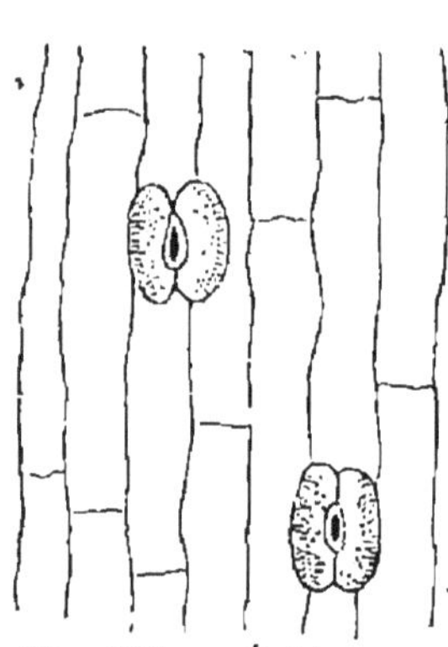

Fig. 247. — Épiderme avec stomates.

353. Mouvements des feuilles. — Les feuilles exécutent parfois des mouvements très-remarquables. La Sensitive, en est un des exemples les plus intéressants. Ce végétal, originaire de l'Amérique méridionale où il est vivace, ne supporte guère les froids de nos pays, mais en le semant à l'entrée de l'hiver et en le maintenant pendant la saison froide dans une serre tempérée ou dans une chambre, on obtient au printemps un pied assez fort pour produire des mouvements. La feuille de la Sensitive est une feuille décomposée (§ 344); si on vient à en toucher une partie quelconque avec le doigt ou avec la pointe d'un canif, chaque foliole s'élève, s'applique contre celle qui lui est opposée ; puis toutes les folioles fixées sur un même pétiole secondaire s'appliquent l'une sur l'autre comme les tuiles d'un toit, les pétioles secondaires se rapprochent, et le pétiole commun tombe flasque contre la tige (*fig.* 248). Ces

Fig. 248. — Feuille de sensitive en partie fermée.

mouvements gagnent de proche en proche à partir de l'endroit touché et sont d'autant plus étendus que l'irritation a été plus forte. Après plusieurs excitations répétées, la plante devient de moins en moins sensible; mais elle souffre et peut même périr. La moindre cause détermine la fermeture des feuilles, le tremblement produit par une voiture, le galop d'un cheval, un nuage passant devant le soleil, un rayon de soleil pénétrant dans un lieu obscur, etc. Tous les soirs la Sensitive ferme ses feuilles pour ne les rouvrir que le lendemain matin. La lumière paraît être la cause de ce phénomène, car de Candolle ayant placé une Sensitive dans une chambre qu'il éclairait la nuit avec huit lampes et où il maintenait pendant le jour une obscurité complète, la plante ouvrit ses feuilles pendant la nuit et les ferma pendant le jour.

Bien des végétaux à feuilles composées de nos pays ferment aussi leurs folioles pendant la nuit; c'est ce que Linné appela le sommeil des feuilles. Les folioles du Baguenaudier se redressent sur le pétiole commun pour appliquer l'une contre l'autre leurs faces supérieures. On observe des phénomènes analogues dans le Faux-Acacia, la Gesse odorante, le Pois de senteur, la Fève. Les folioles du Trèfle incarnat se relèvent de manière à se toucher par leur extrémité supérieure et à laisser entre elles comme un berceau.

Parmi les mouvements exécutés par les feuilles, il faut citer le phénomène du retournement. Les feuilles ont deux surfaces bien distinctes, anatomiquement et physiquement : la supérieure lisse; l'inférieure rugueuse, irrégulière, souvent couverte de poils. Si on vient à placer une feuille dans une position inverse, c'est-à-dire la surface supérieure en bas ou appliquée contre un mur, elle se retourne spontanément au bout d'un temps plus ou moins long, de manière à avoir toujours sa surface supérieure exposée à la lumière.

CHAPITRE IV

FONCTIONS VITALES[1].

354. Fonctions doubles des végétaux. — Il a été dit plus haut (§ 301) que le rôle du règne végétal est de fabriquer avec les éléments inorganiques des corps ternaires ou quaternaires susceptibles de servir à l'alimentation du règne animal. Mais dans l'étude des fonctions des plantes, on

1. Ce chapitre ne peut être étudié avec fruit que par des élèves ayant déjà des notions de chimie organique.

ne doit pas perdre de vue que les végétaux sont des êtres vivants chez lesquels les phénomènes de développement, de croissance, de reproduction, exigent des mouvements et même de la chaleur, par suite une combustion analogue à la combustion animale.

Une comparaison, un peu triviale peut-être, rendra parfaitement compte de la vie et du rôle des végétaux. Le règne végétal est le restaurateur du règne animal ; il prépare les aliments que viendront lui demander les animaux ses consommateurs, mais il doit y prélever une légère part pour sa propre nourriture : il joue donc à la fois les rôles de producteur et de consommateur, le premier étant relativement beaucoup plus important que le second.

1° *Fonctions vitales des végétaux considérés comme producteurs de matière organique.*

355. Éléments constitutifs des végétaux. — Les éléments que renferment les végétaux, et qu'ils doivent par conséquent puiser dans la terre et dans l'air pour se les assimiler sont : le carbone, l'oxygène, l'hydrogène, qui forment la masse principale de leurs tissus, l'azote qui s'y trouve en moins grande abondance, le soufre, le phosphore, la silice, les sels de potasse, de chaux, de magnésie et de fer qui s'y rencontrent aussi en moindre quantité.

La présence de ces éléments dans les plantes est facile à constater. Il suffit de chauffer des végétaux en vase clos pour qu'ils se transforment en charbon de bois et décèlent ainsi aux yeux de tous le carbone qu'ils renferment ; en même temps il se dégage de l'eau produite par la combinaison de l'oxygène et de l'hydrogène. Les chimistes représentent par la formule $C^{12}H^{10}O^{10}$ la composition de la *cellulose* qui forme le tissu élémentaire et essentiel des végétaux. Souvent la distillation en vase clos dont nous venons de parler donne naissance à de l'ammoniaque qui témoigne de l'existence de l'azote. Ce corps est du reste un élément constitutif du protoplasma. On trouve aussi des composés azotés dans certaines graines, tels sont le gluten dans le Blé, et la légumine dans les

Haricots. Le soufre se trouve dans certaines huiles essentielles (essence d'ail, de moutarde) et dans les substances albuminoïdes. Le phosphore est en très-petite quantité dans le Blé. Les cendres des végétaux renferment en abondance des sels de potasse qui les font rechercher par les blanchisseurs pour faire de la lessive[1]. Chez quelques plantes croissant sur le bord de la mer la soude remplace la potasse. La silice donne aux tiges du Blé leur rigidité ; elle s'accumule dans les Prêles, dont nos ménagères se servent pour nettoyer les ustensiles de métal. Le fer est le principe de la coloration en vert de la chlorophylle. Son rôle dans la vie de la plante est donc d'une grande importance. La chaux se trouve dans les cristaux d'oxalate de chaux des cellules.

356. Aliments des végétaux. — L'oxygène et l'hydrogène pénètrent dans les végétaux à l'état d'eau (HO), d'acide carbonique (CO^2) et d'ammoniaque (AzH^3). L'acide carbonique est en outre une source de carbone ; quant à l'azote, il provient de l'ammoniaque et des azotates. Ainsi les aliments que le végétal doit puiser dans la terre ou dans l'air sont l'*eau*, l'*acide carbonique* à l'état libre ou combiné, les *sels ammoniacaux* et les *azotates*, et de plus des phosphates, des sulfates, des sels de potasse, de chaux et de fer, ainsi que de la silice.

357. Engrais. — On comprend dès lors toute l'influence des engrais. Sans entrer dans des détails qui font essentiellement partie du cours d'agriculture, on peut dire que les engrais sont en général des excréments d'animaux, c'est-à-dire des produits de la combustion vitale : l'urine et les fèces en sont la base. L'urée, par sa fermentation à l'air, donne naissance à du carbonate d'ammoniaque ; les éléments biliaires contenus dans les fèces se transforment aussi en carbonate d'ammoniaque et en eau. Quant aux autres matières organiques qui se trouvent dans les engrais, elles se décomposent à l'air, éprouvent une combustion lente dont les produits extrêmes sont également l'eau, l'acide carbonique et l'ammo-

1. On a constaté qu'une plante que l'on prive de potasse n'augmente pas de poids, ce qui tient à ce que sans potassium les grains de chlorophylle ne peuvent produire d'amidon.

niaque. Le soufre et le phosphore existent aussi dans les engrais animaux; ils s'oxydent, passent à l'état de phosphates et de sulfates solubles, qui sont absorbés par les racines. Celles-ci prennent en outre dans le sol les azotates, les phosphates et les sulfates qui y existent naturellement. Pour éviter l'épuisement de leurs terres, beaucoup de cultivateurs y répandent des phosphates de chaux naturels, de l'azotate de potasse ou de soude et des sulfates de potasse et de chaux.

358. Amendements.— C'est également aux éléments minéralogiques du sol que les végétaux empruntent les sels de potasse, de magnésie, de chaux, de fer, ainsi que la silice. Il importe beaucoup à l'agriculteur d'ajouter à sa terre celles de ces substances qui manqueraient ou qui seraient en trop faible quantité. On désigne sous le nom d'amendements ces sortes d'engrais minéraux. L'un des plus importants est la chaux. On peut améliorer beaucoup de terrains et surtout les terrains schisteux, argileux et sablonneux, en les chaulant, c'est-à-dire en y semant de la chaux, de la craie (carbonate de chaux), de la marne (mélange de craie et d'argile) ou du plâtre (sulfate de chaux). Non-seulement le chaulage a pour but de fournir au sol l'élément calcaire qui lui manque, mais encore il divise les terres argileuses trop tenaces et les rend perméables. Le rôle important de la chaux dans la nutrition des plantes paraît tenir à ce que l'acide phosphorique et l'acide sulfurique doivent y pénétrer à l'état de phosphate et de sulfate de chaux, et aussi à ce que cette base neutralise l'acide oxalique produit par la plante.

359. Absorption par les racines. — Les végétaux ne peuvent absorber que les liquides ou les substances rendues liquides par leur dissolution dans l'eau. L'eau pénètre et gonfle tous leurs tissus; dès que ceux-ci se dessèchent leurs fonctions cessent; de là l'utilité en agriculture d'une bonne irrigation.

Les racines qui absorbent l'eau et les matières dissoutes sont-elles douées du pouvoir de choisir les substances qui doivent être utiles au végétal et de fermer leurs pores aux matières nuisibles, ou sont-elles des agents aveugles qui laissent passer par endosmose aussi bien le poison que l'aliment? Cette question, fort intéressante au point de vue de la culture et de la physiologie végétale, a soulevé bien des discussions et donné lieu à de nombreux travaux. Une circonstance favorable à la seconde hypothèse, c'est la facilité avec laquelle on peut empoisonner une plante et y produire des accidents analogues à ceux qui ont lieu chez les animaux. Une plante, arrosée d'une dissolution faible d'opium, tombe dans une somnolence de tous les phénomènes vitaux; elle meurt si la quantité du narcotique est considérable. En admettant que les racines absorbent indifféremment toutes les substances dissoutes qui les baignent, il faudrait ajouter que celles-ci n'y pénètrent pas toutes en même quantité. On avait reconnu depuis longtemps que les dissolutions épaisses et visqueuses sont plus difficilement absorbées que les dissolutions salines. Ainsi il résulte des expériences de Théodore de Saussure que la Persicaire, placée dans trois dissolutions contenant une même quantité de sel de cuisine, de sucre ou de gomme, absorbe 13 °/₀ de sel, 29 °/₀ de sucre et 9 °/₀ de gomme. Il y a quelques années, M. Graham a montré que c'était une propriété générale des membranes de se laisser traverser plus facilement par les corps cristallisables (*cristalloïdes*) que par ceux qui ne jouissent pas de cette dernière propriété (*colloïdes*). La manière dont ces diverses substances sont absorbées par les racines peut aussi dépendre de leur plus ou moins grande affinité pour l'eau et de leur plus ou moins grande adhérence au sol agissant comme corps poreux.

Mais il est d'autres faits qu'on ne peut attribuer qu'à une sorte d'élection de la part des racines. Ainsi, dans les expériences de Saussure, tandis que la Persicaire absorbe dans un cas 13 °/₀ de sel de cuisine et dans un autre 10 °/₀, le *Bidens cannabina*, placé dans les mêmes circonstances, absorbe 15 °/₀ dans le premier cas et 16 °/₀ dans le second; par contre la Persicaire prend 14,5 °/₀ de sulfate de soude dans une dissolution où le *Bidens* ne prend que 10 °/₀. Il est impossible d'attribuer ces faits à un choix intelligent, mais on peut y voir le résultat de différences dans le tissu des racines et dans les liquides qui y sont normalement contenus.

360. Assolement. — C'est sur cette différence d'absorption des mêmes éléments par des végétaux d'espèces différentes que reposent les procédés d'assolement. Il est à la connaissance de tous que l'on épuise rapidement une terre en lui faisant produire plusieurs années de suite la même récolte, des céréales par exemple. Nos pères, tous les trois ans, laissaient reposer le sol, qui formait alors ce que l'on appelait une *jachère;* mais de nos jours, où on ne produit pas assez de nourriture pour la population, les jachères ont été attaquées avec raison, et on les a remplacées par des engrais et par un mode rationnel d'assolement, c'est-à-dire qu'on fait se succéder dans le même champ des cultures différentes. Une première récolte ayant épuisé la terre de l'élément A, on la fera suivre d'une seconde qui exige particulièrement l'élément B, et quelquefois d'une troisième à qui l'élément C sera surtout nécessaire.

361. Excrétions des racines. — Quelques botanistes ont accordé aux racines la propriété de sécréter des humeurs particulières qui, en s'accumulant dans le sol, pouvaient influer sur sa culture, tantôt en favorisant le développement de certaines parties, tantôt au contraire en s'y opposant. Ce serait la cause des sympathies et des antipathies que les cultivateurs ont cru remarquer entre les végétaux. Ainsi le Blé vient très-bien après une récolte de Luzerne, tandis que l'Ivraie nuit au Blé, le Chardon à l'Avoine, la Scabieuse au Lin, la Sargoute au Sarrasin. On admet plus volontiers maintenant que ces plantes se nuisent en s'étouffant et en puisant dans la même couche du sol les mêmes éléments nutritifs.

C'est aux excrétions radiculaires que l'on a attribué la nécessité des assolements, les matières excrétées par les racines d'une espèce lui étant nuisibles, tandis qu'elles servent d'engrais utile à une autre espèce; mais on n'a jamais pu voir ces excrétions radiculaires, et des expériences récentes faites avec la plus grande précision n'ont indiqué aucun fait qui décelât leur existence. Si on trouve souvent autour des extrémités des racines une matière visqueuse, elle provient de la désagrégation des couches extérieures de leur tissu. Quant à l'utilité des assolements, on l'a expliquée plus haut. Néanmoins les racines, comme les autres parties des végétaux, dégagent de l'acide carbonique qui se dissout dans l'eau environnante. Chaque poil radiculaire est entouré d'une zone d'eau acidulée qui facilite singulièrement l'absorption des substances minérales. On peut mettre ce fait en évidence en faisant germer une graine dans une mince couche de sable étendue sur une plaque de marbre. La racine arrive bientôt à la surface du marbre, s'y étale et y sculpte son image en creux.

362. Séve. — Les liquides absorbés par les racines montent dans la tige et dans les feuilles sous le nom de *séve*. La voie qu'ils suivent a été depuis longtemps déterminée par Coulon. Ce physicien faisait abattre une allée de peupliers. Sur un pied d'arbre nouvellement scié, il vit des bulles de liquide et d'air s'échapper du bois avec un certain bruissement. Il fit alors de nouvelles expériences : en perçant avec une tarière les arbres qui restaient à abattre, il constata que les couches de bois étaient d'autant plus humides que l'on s'approchait plus du centre. Il en conclut que la séve montait par le bois et surtout par les parties centrales. Ces opinions ont été confirmées par les observateurs subséquents. On a reconnu que ce sont presque exclusivement les vaisseaux qui servent à conduire le courant. Cependant, quand le bois est fortement lignifié, comme cela arrive pour le cœur de bois de certaines essences, la progression de la séve y est beaucoup plus lente. On a objecté qu'il y avait des arbres creux, comme les vieux saules, auxquels il ne restait plus que l'écorce; mais on a constaté que dans ces arbres, quelque cariés qu'ils fussent, il restait toujours contre l'écorce quelque couche de bois par où pouvait se faire l'ascension de la séve.

La force d'ascension de la séve a été déterminée par le physicien Halles. Il plongea la racine d'un poirier, après en avoir coupé l'extrémité, dans un tube rempli d'eau et reposant sur le mercure. Par suite de l'absorption de l'eau par la racine, le mercure monta de huit pouces ($0^{m},21$) en six heures. Dans une autre expérience, il fixa sur la section d'un cep de vigne l'extrémité inférieure d'un tube qui se repliait ensuite en forme de manomètre, et dont la partie courbe était remplie de mercure. L'afflux de la séve fit monter celui-ci dans la grande branche à une hauteur de trente-deux pouces (0^m,83).

Du reste, la force d'ascension de la séve est variable avec les époques; elle est beaucoup plus forte au printemps qu'à tout autre moment, et quelquefois au mois d'août elle reprend avec une nouvelle énergie.

Les causes qui font monter la séve sont les unes physiques, les autres physiologiques. Les causes physiques sont: 1° l'endosmose, cette sorte de succion exercée par un liquide plus dense sur un liquide moins dense à travers la membrane organique qui les sépare; 2° la capillarité, autre force qui fait monter l'eau dans un tube de petit diamètre, trempant par une de ses extrémités dans le liquide, et qui doit s'exercer à un haut degré dans les tuyaux si fins qui constituent les fibres et les vaisseaux des plantes. Quant aux causes physiologiques, elles ne sont peut-être pas toutes connues; mais la transpiration des feuilles et de l'extrémité des rameaux produit un vide qui doit exercer une succion considérable sur la séve.

Arrivée dans les parties aériennes du végétal et surtout dans les feuilles, la séve éprouve des changements dont la nature ne nous est pas connue, mais qui se manifestent au dehors par la *transpiration* et la *respiration*.

363. Transpiration. — La *transpiration* est la sortie dans l'atmosphère d'une partie de l'eau que renferme la plante; elle est considérable. Halles reconnut qu'un pied moyen de Soleil perd en douze heures de jour 624 grammes par un temps sec et chaud; la transpiration est beaucoup moins forte lorsque le temps est humide et froid.

Lorsque la transpiration est plus active que l'absorption des racines, la plante se fane; c'est ce qui a souvent lieu en été par les grandes chaleurs. Qu'il vienne un peu de pluie, avant même que la terre soit mouillée, avant que les racines aient pu absorber une nouvelle séve, la tête des fleurs se relève, la vie y renaît. Ce fait avait porté à croire que si les parties aériennes des végétaux sont le siége d'une déperdition d'eau considérable, elles peuvent aussi en absorber lorsqu'elles sont mouillées. Mais les botanistes ne sont pas d'accord sur ce point.

364. Respiration. — La respiration est pour les végétaux, comme pour les animaux, un échange de gaz entre l'être organisé et l'atmosphère. Tandis que chez les animaux cet échange est toujours de même nature, il varie chez les végétaux avec les circonstances. Le jour, sous l'influence de la lumière solaire, les plantes absorbent de l'acide carbonique et rejettent de l'oxygène; dans la nuit, c'est le contraire qui a lieu, elles absorbent de l'oxygène et rejettent de l'acide carbonique.

365. Respiration diurne.— Occupons-nous pour le moment de la respiration diurne seule, d'autant plus que le résultat définitif de la respiration végétale est une absorption de l'acide carbonique et un dégagement d'oxygène. Les végétaux absorbent de l'acide carbonique. Les expériences de Th. de Saussure l'ont démontré. Il plaça sept pieds de Pervenche sous une cloche contenant 290 centimètres cubes d'air additionné de 75 millièmes d'acide carbonique. Au bout de sept jours, tout l'acide carbonique de la cloche avait disparu et était remplacé par de l'oxygène. Dans de l'air ne contenant que la proportion normale d'acide carbonique, le résultat est le même. Ainsi les feuilles, comme les racines, absorbent de l'acide carbonique.

Ce gaz, qu'il provienne de l'atmosphère ou de la terre, est décomposé. Le végétal s'assimile le carbone et rejette l'oxygène. La décomposition de l'acide carbonique et la fixation du carbone s'opèrent sous l'influence de la lumière et de la chlorophylle; elle n'a lieu que dans les organes colorés en vert et seulement pendant le jour. Elle est très-active sous l'influence directe des rayons solaires, diminue rapidement avec l'intensité lumineuse et cesse complétement dans l'obscurité.

Si une plante reste longtemps dans l'obscurité, la chlorophylle disparaît; la plante pâlit; elle s'*étiole*. La décoloration est accompagnée d'une transformation dans les sucs propres; ils sont plus abondants par suite de l'amoindrissement de la transpiration ; mais leurs principes aromatiques diminuent beaucoup ; la plante devient plus succulente, plus tendre et moins amère. C'est le but que cherchent à atteindre les jardiniers lorsqu'ils lient les salades pour préserver les parties centrales des rayons lumineux, ou lorsqu'ils les cultivent dans des caves.

Non-seulement l'absorption de l'acide carbonique est une nécessité pour la plante en général, mais c'est aussi un besoin pour chaque feuille en particulier. Il résulte des expériences de M. Corenwinder que de jeunes feuilles placées dans une atmosphère privée d'acide carbonique cessent de se développer et bientôt même subissent une altération profonde.

Le résultat de la respiration diurne est donc de désoxyder l'acide carbonique et de faire entrer le carbone devenu libre dans un composé ternaire ou quaternaire dont font partie les éléments de l'eau et de l'ammoniaque, de transformer par conséquent des produits de combustion en corps combustibles, en un mot de faire de la matière organique.

366. Séve nutritive. — La séve, par l'effet de la transpiration et de la respiration, est devenue un liquide épais, propre à nourrir le végétal. A cet état, elle porte le nom de *cambium*; elle se distribue dans toute la plante et redescend même jusqu'aux racines; aussi la nomme-t-on souvent *séve descendante,* bien que dans beaucoup de cas elle puisse monter. Au lieu de passer par le bois, comme le fait la séve ascendante, elle suit le parenchyme et les faisceaux fibro-vasculaires de l'écorce. Plusieurs expériences le démontrent. Si autour d'une tige, on fait une ligature très-serrée et si on enlève une plaque annulaire d'écorce, le liquide nourricier ne peut plus suivre son cours jusqu'aux racines ; il se forme au-dessus de la ligature ou de la décortication un bourrelet où affluent les sucs nourriciers et où tendent à se produire des bourgeons et des racines adventives. Ce fait explique une habitude des jardiniers. Quand ils ont à faire une bouture d'un végétal qui prend difficilement, avant de couper le rameau qu'ils doivent bouturer, ils y font une ligature ou une décortication annulaire afin d'amener la formation d'un bourrelet qui, mis en terre, sera le point de départ des racines adventives.

367. Accroissement. — Il a déjà été question de l'accroissement des diverses parties du végétal. On a vu que les racines croissent en longueur seulement à l'extrémité (§ 314). Les tiges gagnent en longueur par le développement des bourgeons et leur transformation en branches (§ 318). Celles-ci s'allongent sur toute leur étendue tant qu'elles sont gorgées de sucs, mais l'accroissement est d'autant plus actif qu'elles sont plus jeunes, et par conséquent beaucoup plus grand à l'extrémité qu'à la base. Quand une fois les tissus se sont lignifiés, ils cessent de s'allonger.

L'accroissement en diamètre de la racine et de la tige des végétaux dicotylédonés a lieu par la formation de nouveaux tissus entre l'écorce et le bois, dans la zone génératrice.

368. Greffe. — C'est dans l'afflux des sucs nourriciers dans la zone génératrice qu'il faut chercher l'explication de la *greffe*. Cette opération consiste à nourrir un jeune rameau ou un bourgeon avec le suc nourricier d'une plante autre que celle qui lui a donné naissance.

Il y a trois espèces de greffes :

1° *Greffe par écusson* (*fig.* 248) : on introduit sous l'écorce du

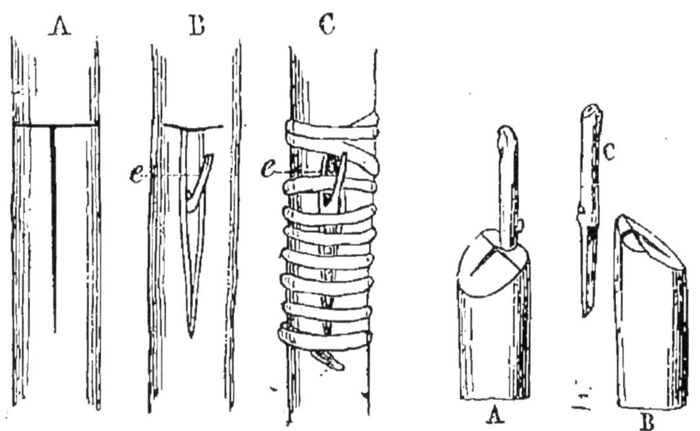

Fig. 248. — Greffe par écusson. Fig. 249. — Greffe par scion.

sujet, ou plante nourrice, le bourgeon que l'on veut greffer. Parmi les procédés en usage, le plus fréquemment employé est le suivant : on détache le bourgeon (*e*) en laissant autour un peu d'écorce, puis on pratique sur le sujet deux incisions qui pénètrent jusqu'à la zone génératrice, l'une transversale, l'autre longitudinale et partant du milieu de la première (A); écartant avec précaution les deux lèvres de la fente longitudinale, on applique l'écusson sur le bois, on ramène au dessus l'écorce (B) en la liant (C) pour l'empêcher de s'ouvrir et faciliter la reprise de la greffe.

2° *Greffe par scion* (*fig.* 249) : on coupe la tige du sujet, puis on y pratique une légère fente longitudinale (B) dans laquelle on introduit le rameau à greffer, après l'avoir précédemment coupé en sifflet (C), et on s'arrange de manière que les couches génératrices de la greffe et du sujet coïncident entre elles exactement (A), pour que les sucs nourriciers puissent pénétrer de l'une dans l'autre. On enveloppe ensuite le tout de bouse de vache ou de poix, pour préserver les tissus du contact de l'air.

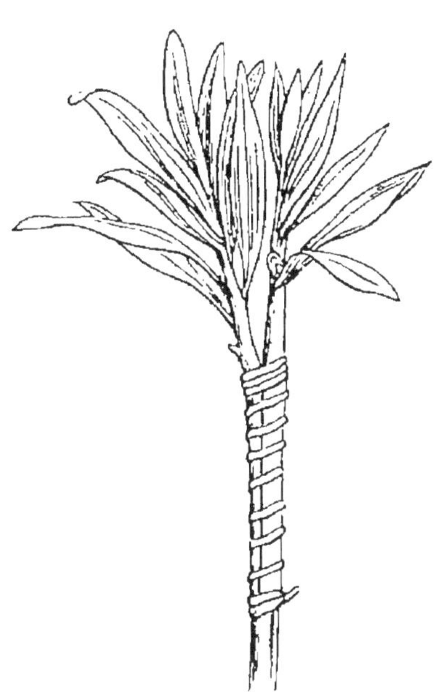

Fig. 250. — Greffe par approche.

3° *Greffe par approche* (*fig.* 250) : on écorce deux rameaux voisins et on réunit les deux plaies par une ligature, la sève passe d'un des rameaux dans l'autre, et peu à peu ils se soudent entre eux. Cette greffe se produit fréquemment dans la nature d'une manière spontanée.

369. Réserves de matière nutritive. — Chez beaucoup de végétaux, il se forme dans certains organes une accumulation de matière nutritive destinée à servir à un moment donné. Prenons comme exemple le Radis. A peine semée, la graine de Radis produit quelques feuilles, puis la croissance paraît s'arrêter. Après être resté quelque temps à l'état stationnaire, il pousse rapidement une tige, des fleurs et des graines. Voilà ce qui s'est passé. Le végétal n'aurait pu suffire à cette évolution rapide d'organes fructifères en puisant uniquement sa nourriture dans le sol. Pendant le temps où il nous paraissait stationnaire, il fabriquait de la matière nutritive et la mettait en magasin dans sa racine, qui prenait un développement considérable. Lorsque le moment arrive, il puise dans ce magasin de quoi compléter l'alimentation de nouveaux organes. Aussi, dès que la tige pousse, la racine se creuse et n'est plus bonne à manger. Ces réserves peuvent se faire dans toutes les parties de la plante. Elles sont pour nous d'un grand intérêt, car c'est là que nous puisons nos principaux aliments végétaux. Les racines des Radis, des Navets, des Betteraves, des Carottes, les tubercules des Topinambours et des Pommes de terre, les bulbes de l'Oignon, les feuilles du Chou, les pédoncules floraux des Choux-fleurs sont autant de magasins que les plantes ont préparés pour elles et que nous utilisons pour notre propre nourriture. On pourrait y ajouter les fruits et les graines; mais il en sera question plus tard.

370. Matières nutritives fabriquées par les végétaux. — Les matières nutritives mises en réserve sont de nature variable, les principales sont : l'amidon ou fécule, l'inuline, l'aleurone, le gluten, la légumine, les sucres et les matières pectiques.

L'*amidon*[1] a la même composition chimique que la cellulose, $C^{12} H^{10} O^{10}$. On le trouve en grains dans le tissu cellulaire d'un grand nombre de parties végétales. Dans les graines des céréales (Blé, Seigle, Avoine, Riz, etc.), et des légumineuses (Pois, Haricots, Fèves, etc.), dans le fruit du Bananier, dans la tige du Sagoutier, dans les rhizomes de l'Igname, et du Manioc, dans les tubercules de la Pomme de terre. Les grains d'amidon ont une grosseur maximum d'un cinquième de millimètre; leur forme est variable suivant les espèces dont ils proviennent, ce qui permet de reconnaître au microscope les

1. L'amidon ou fécule est une seule et même substance qui porte le nom d'amidon lorsqu'elle provient de graines, et de fécule lorsqu'elle est extraite des tiges souterraines.

fraudes qui seraient faites en ajoutant à la farine du blé d'autres farines d'un prix moins élevé.

L'*inuline* (*fig.* 251) est une substance voisine du sucre, légèrement soluble dans l'eau froide, cristallisant en petites masses sphériques à structure radiée ; on la trouve dans les racines du Soleil et de l'Aulnée, dans les tubercules radicaux du Topinambour et du Dahlia.

Fig. 251. — Inuline (gr. 500 fois).

L'*aleurone* est une matière azotée très-répandue dans le règne végétal et également disposée en grains dans les cellules. Elle accompagne partout l'amidon et entre comme élément prépondérant dans la composition des fruits oléagineux, noix, amandes, etc. Le diamètre des grains d'aleurone varie de $0^{mm},004$ à $0^{mm},001$. Son rôle, encore peu connu, doit être le même que celui de l'amidon.

Le *gluten* et la *légumine* sont aussi des matières azotées qui accompagnent l'amidon, la première chez les céréales, la seconde chez les légumineuses.

Les *sucres* se trouvent en dissolution dans les cellules d'une foule de tissus ; dans les racines de la Betterave et de la Carotte, dans les tiges de la Canne à sucre, dans les fruits, etc.

Les *matières pectiques*, base des gelées végétales, se rencontrent également dans les fruits, dans les racines du Navet, etc.

371. Latex. — On doit aussi considérer comme matière alimentaire élaborée, ou en cours d'élaboration, le *latex* ou *suc propre*, liquide contenu dans les vaisseaux de l'écorce. Il suffit de casser une tige de Pissenlit, de Pavot, de Laitue pour en voir sortir un liquide blanc analogue à du lait ; c'est le latex. Il est jaune dans la Chélidoine ou grande Éclaire, orange dans l'Artichaut, etc. L'homme utilise le suc propre d'un grand nombre de végétaux. Le latex du *Galactodendron utile* de l'Amérique méridionale rappelle par ses qualités alimentaires et sa saveur, le lait de vache. La manne, le caoutchouc, la gutta-percha, l'opium, la gomme-gutte, les gommes, les résines sont des sucs propres, concrétés à l'air. Les uns exsudent naturellement de la tige, les autres s'obtiennent à l'aide de décortications longitudinales.

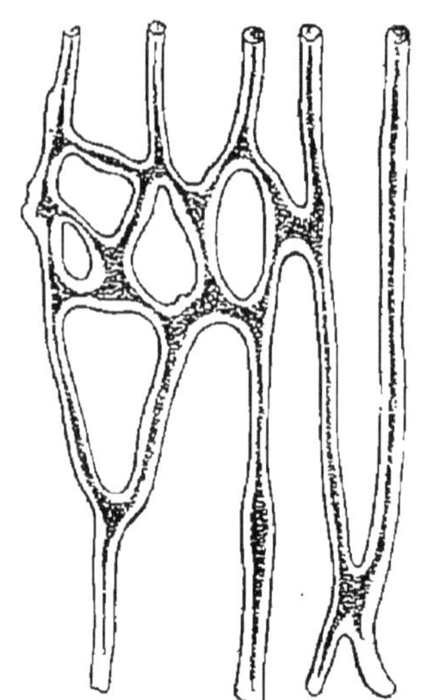

Fig. 252. — Vaisseaux laticifères.

Le latex est contenu dans des vaisseaux particuliers dits *vaisseaux laticifères* (*fig.* 252). Ce sont des tubes simples ou rameux à parois simples, presque toujours situés dans l'écorce, soit au milieu du liber, soit à sa partie extérieure, soit à sa surface interne. Cependant on en trouve dans la moelle et quelquefois aussi, quoique très-rarement, dans le bois.

372. Mouvement des matières nutritives. — La feuille est essentiellement le laboratoire où la matière nutritive se constitue par l'action de la chlorophylle. Elle s'y produit sous forme d'amidon et doit ensuite cheminer à travers les tissus, soit pour servir à l'accroissement direct du végétal, soit pour s'accumuler dans les réservoirs nutritifs. Mais il est bien évident que le grain d'amidon étant insoluble, la matière nutritive ne peut pas voyager à cet état. Elle subit des transformations variables. Tantôt les grains d'amidon semblent gagner de proche en proche : on voit ceux qui sont dans une cellule s'y dissoudre ; le produit de leur dissolution filtre à travers les parois dans les cellules voisines, où il donne naissance immédiatement à de nouveaux grains d'amidon. Ceux-ci se dissolvent à leur tour pour aller se reformer plus loin. La matière organique chemine ainsi lentement.

Dans beaucoup de circonstances, la progression se fait d'une manière plus rapide. Dans la Pomme de terre, l'amidon formé dans les feuilles se transforme en une substance sucrée, soluble, qui se rend dans les tubercules et y régénère des grains d'amidon. Dans la Betterave, l'amidon des feuilles devient du glucose, et arrivé dans la racine, y produit du sucre de canne. Certains cultivateurs ont l'habitude funeste d'arracher les feuilles de Betteraves avant que la racine ne soit mûre. On a constaté que, par cette pratique, ils diminuent la source de la matière nutritive, et par conséquent, la quantité de sucre de la racine.

Les réservoirs nutritifs dont il vient d'être question ont pour but de fournir, à un moment donné, à la plante les substances nécessaires à son évolution. La substance organique doit donc subir un nouveau parcours, et elle le fait dans les conditions du premier. Ainsi, lorsqu'une Pomme de terre émet des pousses, l'amidon qu'elle renferme se transforme en une matière sucrée soluble qui pénètre dans les nouveaux tissus et sert à leur développement.

La progression de la matière nutritive s'opère principalement par le parenchyme. Cependant les tubes criblés de l'écorce et les vaisseaux laticifères lui prêtent une voie plus rapide, où le mouvement est encore accéléré par les flexions et les torsions que le vent imprime aux plantes.

2° *Fonctions vitales des végétaux considérés comme consommateurs.*

373. Mouvement. — Les végétaux sont des êtres dépourvus de mouvements volontaires, mais il se produit chez eux des mouvements spontanés dont la cause est encore inconnue. Il a déjà été question de ceux qu'exécutent certaines feuilles. En étudiant la fleur, on en verra d'autres exemples. Les liquides qui remplisent les tissus sont en mouvement; on doit même admettre que le contenu de chaque cellule est constamment en rotation.

374. Chaleur. — Dans certaines circonstances on a pu constater, en outre, que les végétaux développent de la chaleur. Au moment de l'épanouissement, la fleur du Gouet (*Arum maculatum*) (*fig.* 253), si commune au pied de nos haies, a une température de neuf degrés supérieure à la température ambiante ; chez une autre espèce d'*Arum* de Madagascar, l'élévation de température atteint vingt-cinq degrés. Dans la *Victoria regia,* cette magnifique plante, qui est à nos Nénuphars ce que l'immense fleuve des Amazones est à nos faibles ruisseaux d'Europe, la température propre de la fleur est de six degrés supérieure à la température de l'air.

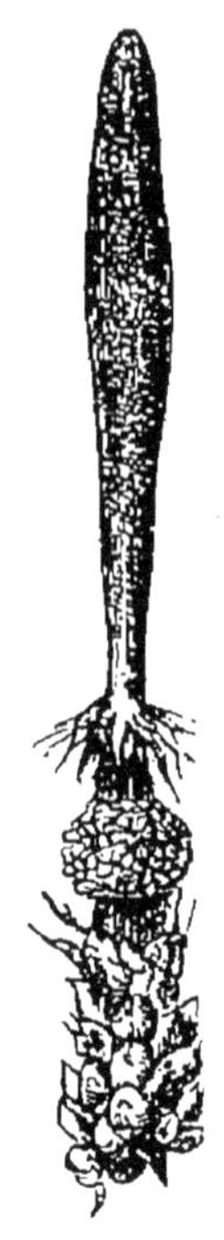

Fig. 253.
Fleur du gouet.

375. Combustion. — L'idée que les physiciens se font maintenant de la chaleur ne permet pas de voir dans ces phénomènes de la vie végétale autre chose que le résultat d'une combustion analogue à la combustion animale. Comme chez les animaux, le combustible est la matière organique, le comburant est l'oxygène de l'air ; comme chez les animaux, l'acide carbonique, l'eau et l'azote, résultats derniers de cette combustion, sont jetés dans l'air. Mais ces fonctions sont en sens inverse de celles que remplit le végétal en qualité de producteur de matière organique, et comme celles-ci sont prépondérantes, les autres ne peuvent que diminuer légèrement leurs effets. Si, par un moyen quelconque, on pouvait suspendre les fonctions productrices, les fonctions consommatrices se manifesteraient non point par l'apport de combustible, puisque celui-ci, objet de la fabrication, est tout porté dans le foyer même de la combustion, mais bien par l'absorption du comburant (oxygène de l'air), et le rejet des produits de la combustion (acide carbonique, etc.).

376. Respiration nocturne. — Cette expérience, la nature la fait toutes les nuits. La plante suspend alors sa fabrication de matière nutritive ; elle n'est plus qu'un consommateur comme l'animal ; elle puise dans l'air l'oxygène et y verse de l'acide carbonique ; c'est encore la feuille qui est l'organe essentiel de cette respiration, dite *respiration nocturne*, ou aussi *respiration générale*. Ce dernier nom demande une explication. La respiration diurne, c'est-à-dire la décomposition de l'acide carbonique avec fixation du carbure et rejet de l'oxygène ne se produit que sous l'influence combinée de la lumière et de la chlorophylle. Là où il n'y a pas de matière verte, il n'y a pas de formation de matière organique ; on consomme et on ne produit pas. Les fleurs, les racines, les tiges ligneuses, en un mot, toutes les parties non colorées en vert respirent pendant le jour comme pendant la nuit : elles absorbent de l'oxygène et dégagent de l'acide carbonique. Au moment de la germination d'une graine ou de la croissance d'un bourgeon, les fonctions comburantes prennent plus d'énergie. Les jeunes pousses respirent comme les parties non colorées en vert et continuent longtemps encore à le faire à l'ombre, quoique sous l'action plus directe du soleil, elles agissent comme les parties adultes. On peut donc dire que la production d'acide carbonique est le phénomène général de la respiration pour toutes les parties végétales sans exceptions. La production d'oxygène, au contraire, est un fait spécial propre aux cellules chlorophylliennes.

Le dégagement d'acide carbonique, ne peut se faire sans qu'il y ait perte de substance. En temps normal, cette perte de substance est amplement compensée par l'accroissement en poids qui se produit par suite de la formation de nouveaux grains d'amidon sous l'influence de la chlorophylle. Mais quand celle-ci n'est pas encore formée et que la respiration générale est très-active, la perte de la matière peut devenir très-appréciable. Certaines graines, en germant dans l'obscurité, perdent jusqu'à la moitié de leur poids de substance sèche.

377. Plantes carnivores. — On doit rapprocher des fonctions consommatrices les faits suivants sur lesquels Darwin vient d'appeler l'attention des naturalistes. Bien qu'ils ne soient pas encore admis par tous les botanistes, ils méritent cependant une sérieuse attention.

La *Dionée* ou *Attrape-mouche* est une plante d'Amérique dont les feuilles sont terminées par deux lobes bordés de longs cils roides et couverts de glandes rosées (*fig.* 254). Ces feuilles étendues sur le sol ressemblent à certains piéges à rats. Un insecte, carabe, chrysomèle, araignée, fourmi, vient-il à passer dessus, les lobes se rapprochent, les cils se croisent et enferment l'animal dans une prison où il se débat en vain : les glandes entrent en fonction ; une humeur

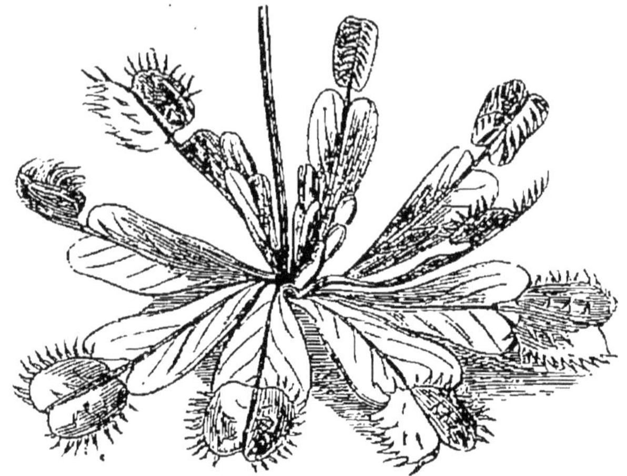

Fig. 254. — Feuilles de dionée.

gluante acide imprègne le pauvre insecte. Au bout de quelques heures, celui-ci cesse de s'agiter ; ce n'est plus qu'un cadavre. Quelques jours plus tard le piége de la Dionée se rouvre ; l'animal a disparu, il a été digéré et absorbé par la plante.

Un morceau de viande crue, placé dans le piége de la Dionée, est transformé en pulpe et disparaît comme l'insecte. Qu'on y place, au contraire, un morceau de paille, ou une pierre, ou même une mouche sèche, le piége se refermera pour se rouvrir presque aussitôt.

Cette digestion, car on ne peut donner que ce nom à un tel phénomène, est une fatigue pour la plante. Quand une feuille de Dionée a accompli deux digestions, elle est hors d'état d'en commencer une troisième. Elle peut même mourir d'indigestion. On donna à quelques feuilles autant de viande qu'elles voulurent en prendre, le lendemain elles s'en étaient gorgées. Au bout de quelques jours, elles tombèrent malades et périrent victimes de leur gloutonnerie, tandis que des feuilles voisines à qui on avait enlevé une partie de ce qu'elles avaient englobé purent accomplir leur digestion d'une manière régulière. Certaines substances, telles que le fromage, sont des poisons pour la Dionée. Le docteur Balfour, qui fit de nombreuses expériences sur ces végétaux, rapporte le fait suivant : Il administra une certaine dose de Chester à une Dionée; le lendemain la feuille semblait vouloir rejeter cette nourriture. Cependant la digestion se fit; mais dix jours après la feuille devint jaune, puis noire, et mourut.

378. — D'autres plantes que la Dionée jouissent de propriétes digestives analogues. Les *Sarracenia* ont leurs feuilles terminées par un cornet vertical; celles des *Népenthes* se prolongent en un filet qui porte à son extrémité une urne couverte de son opercule. Les bords du cornet et de l'urne sont tapissés d'une humeur sucrée. Les insectes attirés par cet appât, glissent sur le bord de l'urne, sans pouvoir se retenir, et tombent dans un liquide corrosif qui remplit le fond de l'appareil. L'opercule des *Népenthes*, en se refermant, emprisonne, comme dans un trébuchet, les proies qui voudraient s'envoler. On dit que des oiseaux-mouches peuvent être pris et digérés dans des urnes de *Népenthes* (*fig.* 255).

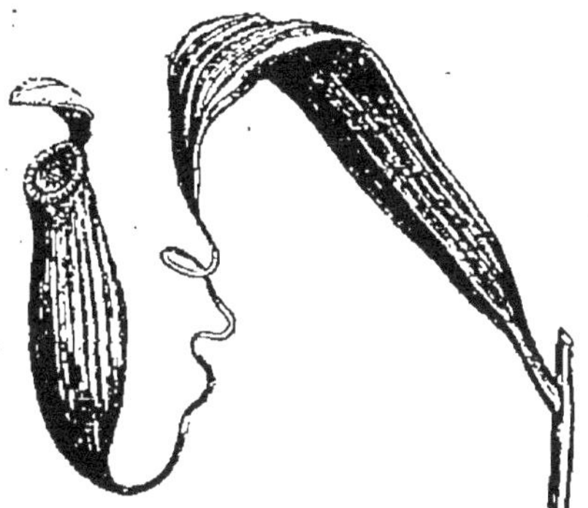
Fig. 255. — Feuille de Népenthes.

379. — La seule plante carnivore de nos climats est la *Drosera,* dont les feuilles sont bordées de petites glandes en forme de tentacules mobiles qui se recourbent sur l'insecte, le maintiennent prisonnier, l'enduisent d'humeur et le digèrent. Les Drosera ne peuvent s'attaquer qu'à de faibles insectes, pucerons ou diptères de petite taille, mais en revanche ses digestions sont beaucoup plus rapides que celles de la Dionée.

Ces divers piéges ont reçu des botanistes le nom d'*ascidies*.

CHAPITRE V

DURÉE DE LA VIE DES PLANTES.

380. — Les végétaux, sous le rapport de la durée de la vie, peuvent se diviser en trois catégories ; ils sont *annuels*. *bisannuels* ou *vivaces*.

381. Plantes annuelles. — Les plantes annuelles ne durent jamais plus d'une saison ; elles ne fleurissent qu'une fois et meurent après avoir donné des graines. Souvent elles ne vivent que quelques mois ; une vingtaine de jours suffisent à certaines plantes pour germer, fleurir et fructifier.

382. Plantes bisannuelles. — Les plantes bisannuelles ne fleurissent également qu'une fois ; mais, de plus, elles présentent dans leur développement un moment d'arrêt pendant lequel il se fait dans quelque organe un réservoir de matière nutritive qui doit servir, concurremment avec les racines, à nourrir la plante pendant la seconde période de sa vie. Ainsi la Carotte ne produit la première année qu'une rosette de feuilles ; en même temps, la racine se remplit de sucs, elle engraisse. La seconde année, la tige pousse, se couvre de feuilles, de fleurs et de fruits ; en même temps, la racine se vide, elle maigrit. On doit rattacher aux plantes bisannuelles le Radis, qui ne vit que quelques mois, mais dont la croissance, présente aussi deux périodes (§ 369), et l'Agavé, qui dure de quinze à vingt ans, mais ne fleurit aussi qu'une fois. L'Agavé, plante originaire d'Amérique et maintenant cultivée en Sicile, en Espagne et jusqu'en Suisse, ne présente, pendant dix ans, qu'une touffe de feuilles charnues longues et épineuses. Pendant dix ans les feuilles s'engraissent, puis un jour le bourgeon, qui est au centre, s'allonge, devient une tige qui croît de cinq à six mètres en quelques jours, et porte les fleurs et les fruits ; ceux-ci une fois mûrs, la plante meurt. Il faut quelques années aux Bambous des forêts du Brésil pour produire des tiges qui peuvent atteindre une vingtaine de mètres. Après avoir donné des fleurs et des fruits, ils se dessèchent et meurent. Voici ce qu'écrit Aug. de Saint-Hilaire : « La première fois que » j'entrai dans une forêt entièrement formée de l'espèce de » graminée appelée vulgairement Toboca, j'éprouvai un vé- » ritable ravissement en voyant ces tiges d'un aspect presque » aérien, qui, hautes de quarante à cinquante pieds, se cour- » baient en arcades élégantes, se croisaient en tous sens, en- » trelaçaient leurs immenses panicules et laissaient entrevoir » l'azur foncé du ciel à travers un feuillage étalé comme un » tapis à jour ; alors la plante était en fleurs ; je repassai » quelques mois plus tard, la forêt avait disparu : dans l'in- » tervalle, les fruits avaient succédé aux fleurs ; ils avaient » mis un terme à la végétation de la plante ; ses tiges s'étaient » desséchées, elles s'étaient brisées et il n'en restait plus que » des débris gisant sur le sol. »

383. Plantes vivaces. — Dans les plantes vivaces, une partie du végétal peut périr tous les ans. Chez les uns, il n'y a de vivace que la racine et la base de la tige. Ex. : Guimauve, Raifort. Chez d'autres, munis d'une tige souterraine, celle-ci persiste, mais les rameaux aériens meurent tous les ans. Ex. : Sceau de Salomon. Chez d'autres, la tige aérienne dure plusieurs années, mais l'extrémité des rameaux périt tous les hivers. Ex. : Sauge, Lavande.

384. Individualité des bourgeons. — On peut considérer la plante comme un être composé analogue au corail. L'être simple est le bourgeon qui n'est d'abord qu'une petite masse de tissu cellulaire, situé généralement à l'aisselle des feuilles et qui se développe ensuite en un rameau chargé de feuilles. Chaque bourgeon vit de sa vie propre et ne tient à l'ensemble que pour y puiser sa nourriture. La durée du bourgeon est généralement très-limitée. Tous les ans il meurt ou se lignifie, cesse de s'accroître et ne sert plus que de support aux nouveaux bourgeons et de passage aux sucs nourriciers.

385. Longévité des arbres. — La colonie ainsi formée peut avoir une durée presque illimitée ; elle ne doit guère sa destruction qu'à des causes accidentelles : une carie du bois, le poids des branches, un ouragan, la foudre, la grêle, etc. Il existe des arbres dont l'antiquité semble remonter au delà des temps historiques. L'If de Fortingall, en Ecosse, qui a une circonférence de seize mètres, doit être âgé d'environ trois mille ans. Un Baobab, du cap Vert, observé par Adanson, avait une circonférence de vingt-deux mètres, et si on juge d'après les arbres du même genre, il devait avoir plus de cinq mille ans. Golbery observa un autre arbre de la même espèce dont la circonférence avait trente-quatre mètres. Certains Sequoia de Californie, ont présenté jusqu'à six mille couches annuelles concentriques de bois.

386. Défoliation. — Les feuilles qui font partie du bourgeon partagent son sort; elles meurent tous les ans. L'automne est, dans nos climats, l'époque de la chute de presque toutes les feuilles. Avant de tomber, elles changent de couleur ; elles jaunissent et passent quelquefois par toutes les nuances du rouge et de l'orangé. Tous les ans, au moment de la chute des feuilles, il s'organise en Amérique des trains de plaisir pour aller admirer les teintes brillantes que révêtent alors les immenses forêts du nouveau monde.

Tantôt la défoliation a lieu à la même époque pour toutes les feuilles d'un même arbre, tantôt elle se fait progressivement, et les feuilles nouvelles poussent avant que les anciennes soient tombées, l'arbre reste toujours vert. Chez le Pin, le Sapin et les autres arbres voisins, non-seulement les feuilles ne tombent que successivement, mais elles durent plusieurs années et se rencontrent nécessairement avec les pousses de l'année suivante.

La chute des feuilles n'a pas uniquement pour cause le froid de nos hivers, car à Madère les Peupliers, les Érables, les Saules perdent leurs feuilles juste au moment où les Protéacées et les Laurinées sont en fleurs. Le froid de nos contrées accélère la chute des feuilles, de même qu'il retarde et contrarie l'évolution des bourgeons.

Le développement des bourgeons ne sert en général qu'à l'accroissement de la colonie. Cependant dans les tiges rampantes et souterraines, la partie postérieure de l'axe s'atrophie progressivement et les diverses branches, qui en sont nées, s'en trouvent successivement séparées (§ 324). La plante s'est ainsi multipliée par bourgeonnement et par fissiparité.

Quant aux tiges aériennes, elles ne peuvent pas se multiplier spontanément par bourgeons ; mais l'homme peut intervenir, il place le bourgeon ou la jeune branche déjà développée soit dans la terre, de manière à faire naître des racines adventives (§ 310), soit sur la couche génératrice d'une autre plante (§ 368) pour lui permettre de se nourrir aux dépens de la séve qui y coule. Dans le premier cas il fait une bouture, dans le second une greffe. La greffe et la bouture ne sont que des modes de reproduction par bourgeons et par fissiparité artificielle.

387. Bulbilles. — Cependant on trouve chez quelques espèces de Lis et d'Ail des bourgeons qui se détachent spontanément de la plante, tombent à terre, y poussent des racines et servent ainsi, concurremment avec les graines, à la reproduction spontanée de l'espèce. On les nomme *bulbilles,* parce qu'étant formés d'écailles charnues, ils présentent une certaine ressemblance avec les bulbes.

388. — La greffe, la bouture et les bulbilles en se développant ne font que continuer le végétal avec toutes ses qualités et sous ce rapport constituent un mode de propagation très-utile. Nos arbres fruitiers, à l'état sauvage ne produisent que des fruits petits et peu savoureux ; c'est seulement par une longue culture qu'on est parvenu à les améliorer. Or, les graines des arbres cultivés ne transmettent pas aux plantes qui en proviennent toutes les qualités acquises ; elles ne produisent que des sauvageons. Si on plante un noyau de prune de reine-claude, par exemple, l'arbre qui en naît ne donne que de petites prunes bleues à chair ferme et à saveur astringente. Ce ne serait que par de nombreux soins et en agissant sur un sujet choisi que l'on pourrait obtenir de nouveau de bons fruits. Mais si on greffe sur un de ces sauvageons un scion de prunier reine-claude et qu'après la reprise de la greffe on détruise toutes les autres branches, on aura transformé le prunier sauvage en prunier de reine-claude. On pourrait dire, à la rigueur, que tous les pruniers de reine-claude du monde ne sont qu'un seul et même arbre, dont les branches vivent séparément sur des racines de pruniers sauvages.

LIVRE II

Fonctions de la vie spécifique.

Si chaque individu végétal est destiné à périr après une vie plus ou moins longue, son espèce persiste parce que, avant sa mort, il donne naissance à d'autres êtres semblables à lui. Il se reproduit et se multiplie. Cette fonction, dans les végétaux supérieurs, est confiée aux fleurs.

CHAPITRE PREMIER

FLEUR.

389. Rapports de la fleur aux bourgeons. — La fleur est elle-même un bourgeon dont les feuilles ont subi une métamorphose considérable. Pour que les bourgeons puissent ainsi se transformer en fleurs, il faut que le végétal ait déjà un certain âge. Les plantes dont les tiges aériennes sont vivaces, ne fleurissent guère qu'au bout de plusieurs années. On remarque que le nombre des fleurs est en raison inverse de celui des bourgeons à feuilles. Lorsque l'arbre est très-vigoureux, qu'on lui a donné trop d'engrais, il ne produit que peu ou point de fleurs.

390. Chaleur nécessaire pour la floraison. — Pour que la fleur pousse et s'épanouisse, il lui faut une quantité de chaleur plus ou moins grande selon les espèces. Pour une même espèce, on sait que la floraison et la fructification sont d'autant plus hâtives que le climat est plus chaud. Ainsi la moisson se fait plus tôt en Algérie qu'en Provence, plus tôt en Provence que dans le nord de la France. D'après Schluber, chaque degré de latitude amène une différence d'environ quatre jours dans le moment de la floraison. Dans nos climats, où le printemps est souvent froid et humide, où l'automne est précoce, il y a une foule de plantes qui, exposées à l'air, ne pourraient pas mûrir leurs fruits avant le retour de la mauvaise saison. Les jardiniers les cultivent en serre ou sous des cloches, profitant de la propriété que possède le verre d'emprisonner les rayons caloriques du soleil.

Fig. 256. — Bractée du tilleul.

391. Inflorescences. — Le bourgeon florifère produit, en se développant, une branche garnie de feuilles et de fleurs. Souvent les feuilles florales ont une forme et des dimensions différentes des autres feuilles du végétal ; elles reçoivent le nom de *bractées*. On appelle *inflorescence* l'ensemble des bractées et des fleurs qui naissent à leur aisselle. Le *pédoncule* est la petite tige qui porte directement la fleur, ce que l'on appelle vulgairement la queue. Une fleur, dont le pédoncule est très-court ou nul, est dite *sessile*. Le pédoncule commun qui supporte les fleurs de tilleul est, sur une certaine partie de sa longueur, fixé à la bractée florale (*fig*. 256).

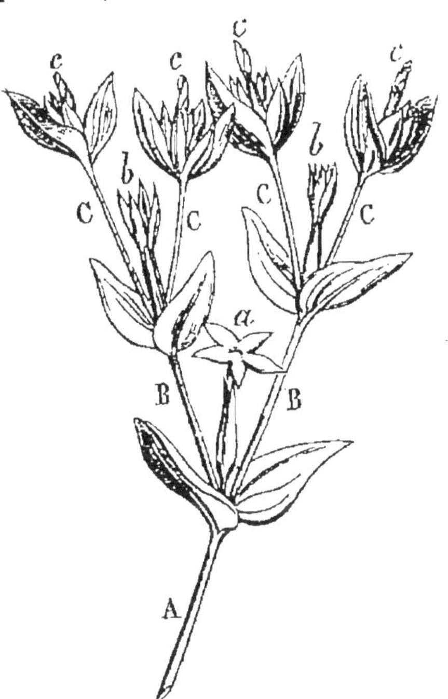

Fig. 257. — Inflorescence définie ou cyme.

L'inflorescence a une disposition variable avec les espèces ; on en distingue deux grandes catégories, les inflorescences *indéfinies* et les inflorescences *définies* ou *cymes* (*fig*. 257).

Dans les inflorescences définies, l'axe principal du rameau

florifère A, se termine par une fleur *a*. Sous celle-ci naissent des axes de deuxième ordre B, également terminés par une fleur *b*; il se produit dans les mêmes circonstances des axes florifères de troisième et de quatrième ordre C et D qui portent également des fleurs, *c*, *d*. Ces inflorescences n'ayant pas reçu de noms spéciaux, nous n'y insisterons pas.

Dans les inflorescences indéfinies, l'axe principal ne porte jamais de fleurs. On en distingue six sortes principales.

Fig. 258. — Grappe (groseillier).

Fig. 259. — Grappe scorpioïde (myosotis).

La *grappe*, produisant sur un axe principal des axes secondaires de même longueur, terminés chacun par une fleur. Ex. : Groseillier (*fig.* 258). Lorsque les axes secondaires se subdivisent de manière à former eux-mêmes une petite grappe, l'inflorescence porte le nom de *grappe composée*. Ex. : Vigne. La grappe est dite *scorpioïde* lorsqu'elle ne produit de fleurs que d'un seul côté, et qu'elle est, avant l'épanouissement, enroulée en crosse. Ex. : Myosotis (*fig.* 259).

Fig. 260. — Corymbe (poirier).

Le *corymbe* diffère de la grappe parce que les axes secondaires sont de longueur différente et disposés de manière à porter les fleurs au même niveau. Ex. : Poirier (*fig.* 260). On voit tous les passages de la grappe au corymbe par l'accroissement progressif des pédoncules extérieurs.

Le *corymbe composé* est au corymbe simple ce que la grappe composée est à la grappe simple. Ex. : Aubépine.

L'*ombelle* est une inflorescence où les axes secondaires partent tous du même point (*fig.* 261). Si ces axes ont une même longueur l'inflorescence représente une petite sphère. Ex. : Ail. Si les axes secondaires extérieurs sont plus longs que les autres, les fleurs

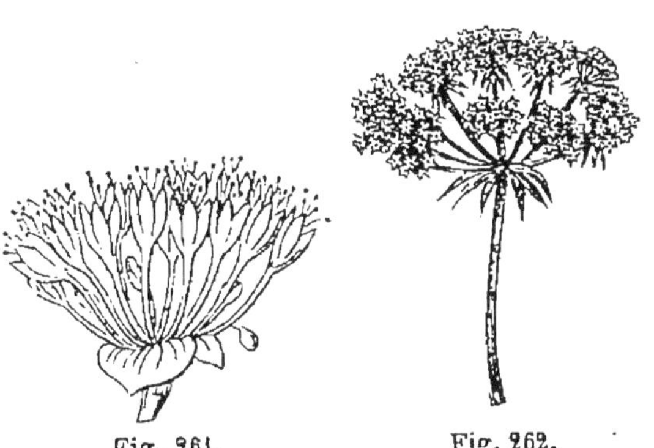

Fig. 261.
Ombelle simple.

Fig. 262.
Ombelle composée.

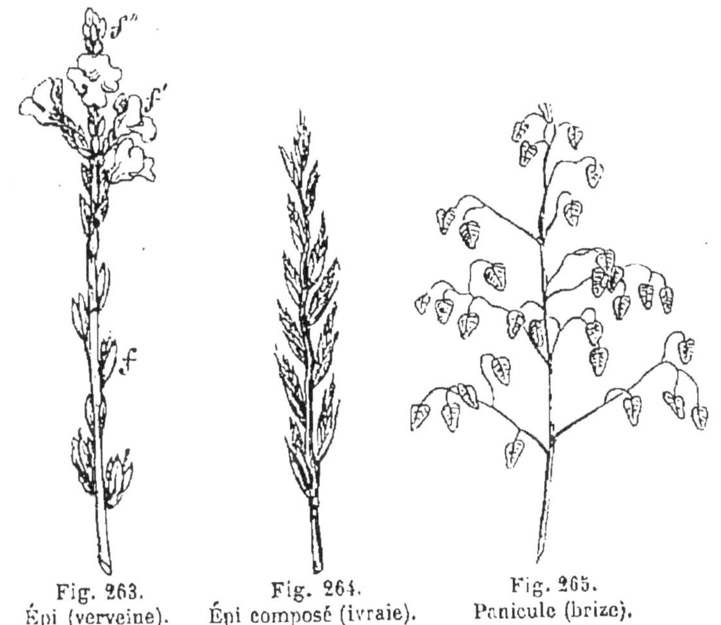

Fig. 263.
Épi (verveine).

Fig. 264.
Épi composé (ivraie).

Fig. 265.
Panicule (brize).

vont au même niveau, l'ombelle passe au corymbe. Ex. : Jonc fleuri. La Carotte, le Panais sont des exemples d'ombelles composées (*fig.* 262), c'est-à-dire dont les axes secondaires se subdivisent et portent de petites ombelles.

L'*épi* est une inflorescence où les pédondules secondaires sont excessivement courts, de telle sorte que les fleurs paraissent attachées directement sur l'axe principal. Ex. : Verveine, Plantain (*fig.* 263). Dans l'*épi composé,* les fleurs, toujours sessiles, sont fixées directement sur les axes secondaires. Ex. : Blé, Ivraie (*fig.* 264).

Quand un épi composé porte ses épillets à l'extrémité de longs pédoncules secondaires, il prend le nom de *panicule.* Ex. : Avoine, Brize (*fig.* 265).

Le *capitule* est une inflorescence où l'axe s'élargit de ma-

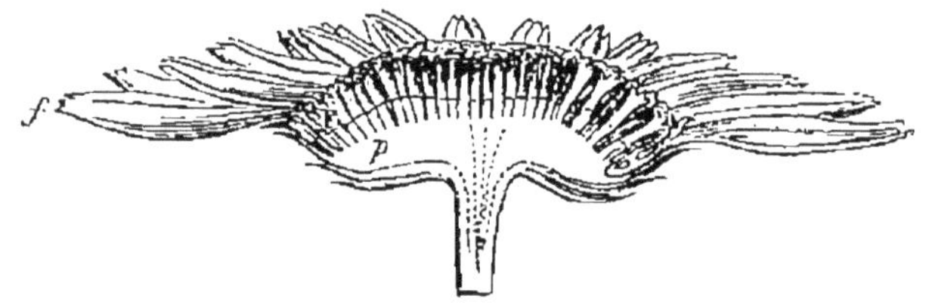

Fig. 266. — Capitule (reine-marguerite).

nière à offrir une surface plane, concave ou convexe (*p*) sur laquelle sont fixées des fleurs sessiles. Cette surface, nommée *réceptacle,* est généralement entourée d'une couronne de bractées sous forme d'écailles imbriquées, c'est l'*involucre.* Ex. : Reine-marguerite (*fig.* 266).

392. Parties principales de la fleur. — La fleur représente un *axe* généralement très-court et des *parties appendiculaires* qui la constituent presque entièrement. Que l'on prenne pour exemple une Pivoine. On y voit extérieurement cinq folioles vertes, que l'on nomme *sépales,* et dont l'ensemble constitue le *calice.* A l'intérieur de cette couronne verte s'en trouve une autre de couleur rouge, la *corolle,* formée de folioles ovales, que l'on nomme *pétales.* Le calice et la corolle sont les *enveloppes florales.* Ils entourent un grand nombre de filaments noirs terminés par une petite masse d'un brun foncé, ce sont les *étamines,* dont l'ensemble a reçu le nom d'*androcée.* Enfin, au centre de la fleur, il y a de deux à cinq petits cônes irréguliers de couleur verte, les *pistils,* dont la réunion est appelée *gynécée.* En arrachant successivement toutes ces parties, on voit qu'elles sont fixées sur un plateau légèrement convexe, nommé *réceptacle*, qui est l'*axe*. de la fleur. Ainsi, dans la fleur, on distingue les parties suivantes :

Axe.	Réceptacle.		
Organes appendiculaires.	Calice formé	de	sépales.
	Corolle	—	pétales.
	Androcée	—	étamines.
	Gynécée	—	pistils.

393. Enveloppes florales : 1° *Nombre*. — Dans la Pivoine, il y a deux enveloppes florales, l'une verte, l'autre colorée; dans l'Adonis, vulgairement goutte de sang, il existe deux enveloppes, mais elles sont colorées toutes deux, le calice en pourpre noirâtre, la corolle en pourpre clair; dans l'Oseille, la Bette, l'Ortie, il n'y a qu'une seule enveloppe, qui est verte et s'appelle calice; dans le Lis, on voit également une enveloppe unique, colorée soit en blanc, soit en jaune. Les botanistes la considèrent les uns comme une corolle, les autres comme un calice; d'autres, tournant la difficulté, lui donnent le nom spécial de *périanthe*; mais comme les folioles qui la forment sont disposées sur deux rangs, il est plus logique d'y voir à la fois un calice et une corolle, colorés tous deux de la même nuance.

394. 2° *Soudure des diverses pièces*. — La corolle, ainsi que le calice, peuvent être d'une seule pièce par suite de

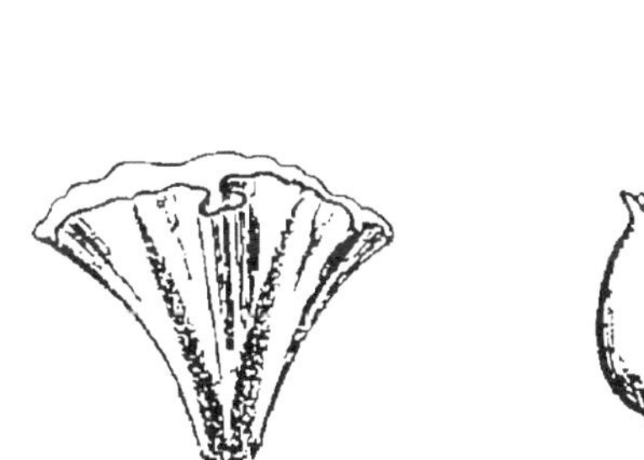

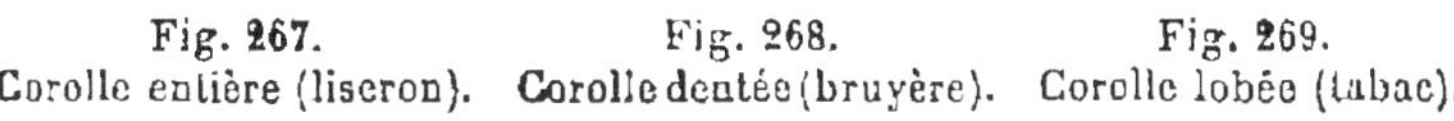

Fig. 267. Corolle entière (liseron). Fig. 268. Corolle dentée (bruyère). Fig. 269. Corolle lobée (tabac).

la soudure des pétales ou des sépales. On les désigne alors sous les noms soit de *monopétales* et *monosépales*, soit de *gamopétales* et *gamosépales*. La soudure peut être plus ou moins complète. Ainsi la corolle du Liseron (*fig*. 267) est *entière*, celle de la Bruyère (*fig*. 268) présente cinq dents, celle du Tabac (*fig*. 269) et du Lilas (*fig*. 270) ont des divisions assez profondes pour mériter le nom de *lobes*. Lorsque les

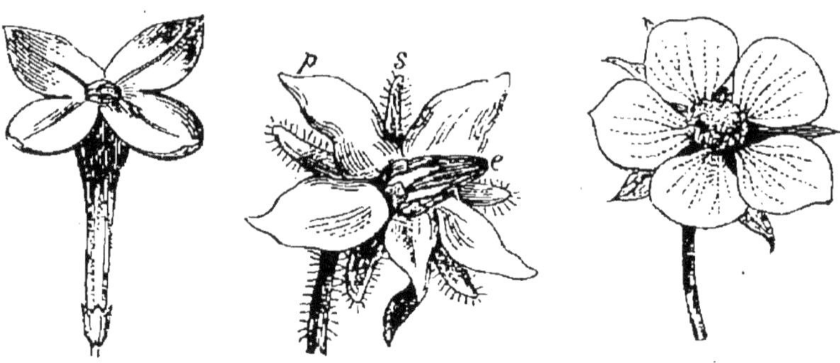

Fig. 270. Corolle lobée (lilas). Fig. 271. — Corolle quinquépartite (bourrache). Fig. 272.—Corolle polypétale (fraisier).

cinq pétales sont seulement soudés à la base, on dit que la corolle est *partite* : ainsi celle de la Bourrache (*fig*. 271), qui a cinq divisions, est quinquépartite. Lorsque la corolle et le calice sont formés de pièces distinctes (*fig*. 272), on les nomme soit *polypétales* ou *polysépales*, soit *dialypétales* ou *dialysépales*. On est souvent tenté de prendre pour polypétale une corolle qui offre des divisions profondes soudées à la base; mais, quelles que soient les découpures d'une corolle monopétale, on peut toujours en la tirant la détacher tout d'une pièce.

395. 3° *Irrégularité*. — Les enveloppes florales sont *régulières* lorsque toutes les pièces sont semblables entre elles; dans le cas contraire, elles sont *irrégulières*. Dans le Muflier ou gueule de lion (*fig*. 273) et dans le lamier (*fig*. 274), la corolle monopétale est irrégulière, car elle présente deux lèvres très-différentes l'une de l'autre. La corolle du Haricot (*fig*. 64) est polypétale irrégulière; elle a cinq pièces : deux, légèrement soudées ensemble, forment une sorte de petite nacelle qui renferme les étamines; deux autres pétales, libres et plus petits, sont situés sur les côtés comme les rames, et le cinquième pétale, plus grand que les autres, est relevé comme une voile.

396. 4° *Forme*. — On a donné différents noms aux formes spéciales de corolle et de calice. Ainsi on a les corolles *urcéolées* (*fig*. 268), *infundibuliformes* (*fig*. 269), *hypocratériformes* (*fig*. 270), *rotacées* (*fig*. 271), *rosacées* (*fig*. 272), *personées*

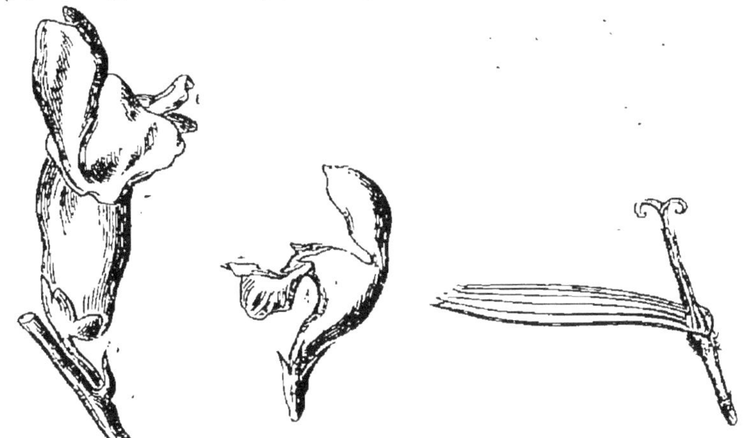

Fig. 273. — Corolle irrégulière personée (muflier). Fig. 274. — Corolle irrégulière labiée (lamier). Fig. 275. — Corolle irrégulière ligulée (chicorée).

(*fig*. 273), *labiées* (*fig*. 274), *ligulées* (*fig*. 275), *papillonacées* (*fig*. 64), etc. L'étude des familles fournissant une excellente occasion de définir ces divers noms, le lecteur devra s'y reporter.

397. 5° *Préfloraison*. — On appelle *préfloraison* le mode de disposition des pétales et des sépales dans le bouton de fleur. Les principaux sont les suivants :

Préfloraison valvaire (*fig*. 276) : Les pétales se touchent par leurs bords. Ex. : Clématite.

Préfloraison tordue (*fig*. 277) : Les pétales se recouvrent

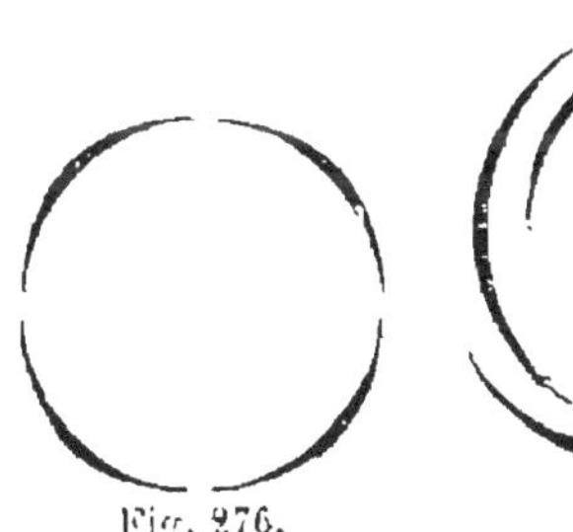

Fig. 276. P. valvaire.

Fig. 277. P. tordue.

Fig. 278. P. du lin.

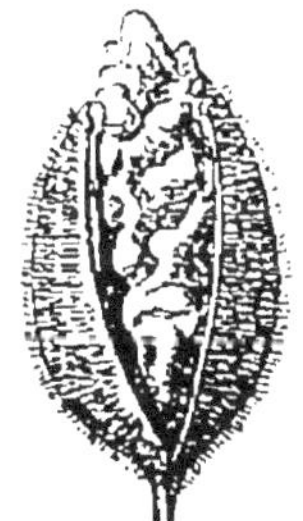

Fig. 279. P. chiffonnée.

l'un l'autre, étant moitié intérieurs, moitié extérieurs. Ex. : Lin (*fig*. 278).

Préfloraison chiffonnée : Les pétales, étant très-grands, ne peuvent se disposer régulièrement dans le bouton ; ils sont chiffonnés, sans ordre. Ex. : Coquelicot (*fig.* 279).

Préfloraison quinconciale (*fig.* 280) : Il y a deux pétales

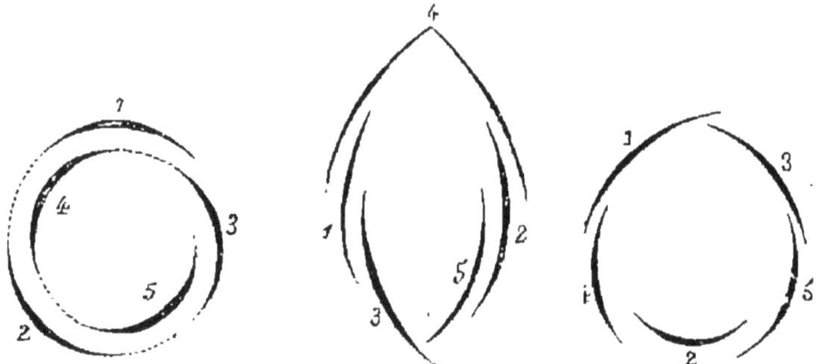

Fig. 280.— P. quinconciale. Fig. 281.— P. vexillaire. Fig. 282.— P. cochléaire.

(1 et 2) extérieurs, un (3) moitié intérieur, moitié extérieur, et deux (4 et 6) intérieurs. Ex. : Renoncule.

Préfloraison vexillaire (*fig.* 281) : Un pétale (4) extérieur, deux (1 et 2) internes, externes, deux (3 et 5) intérieurs se touchant par leurs bords. Ex. : Haricot.

Préfloraison cochléaire (*fig.* 282) : Deux pétales (1 et 3) extérieurs, deux (4 et 5) internes-externes, un (2) intérieur. Ex. : Aconit.

398. 6° *Durée.* — Les enveloppes florales, qui constituent

Fig. 283.
Corolle caduque de la vigne.

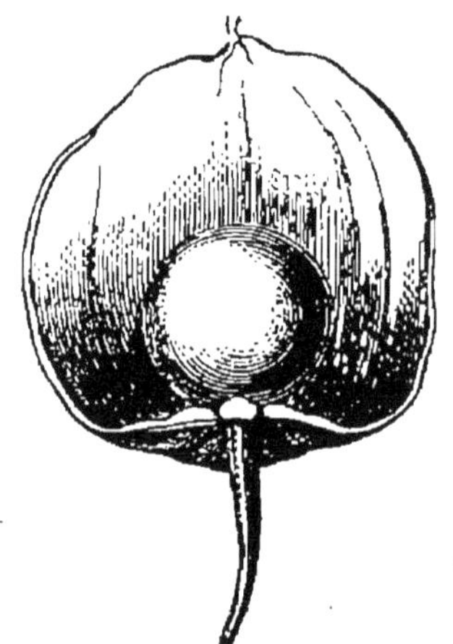

Fig. 284.
Calice persistant de l'alkekenge.

essentiellement ce que l'on appelle vulgairement la fleur, se fanent et tombent au bout de quelques jours ; quelquefois elles se détachent au moment de l'épanouissement. Ainsi, lorsque le Coquelicot fleurit, les deux sépales qui entourent le bouton tombent, et on pourrait croire que ces fleurs n'ont pas de calice. Chez la Vigne, la corolle, formée de quatre petits pétales, se détache aussi au moment de la floraison (*fig.* 283) et, comme le calice est rudimentaire, la fleur paraît dépourvue d'enveloppes florales. Ces organes qui tombent de bonne heure sont dits *caducs ;* ils sont *persistants* lorsqu'ils prolongent leur durée au-delà de la floraison ; le cas se présente assez souvent pour le calice, qui alors entoure et protége le fruit. Chez les Menthes, l'intérieur du calice, légèrement tubulaire, est garni de poils qui se relèvent quand la corolle est tombée et ferment la cavité au fond de laquelle mûrissent les fruits. Chez la Toque ou Scutellaire, le calice est irrégulier : il présente deux lèvres. Lorsque la fleur est fanée, la lèvre supérieure retombe en forme de couvercle sur le bord de la lèvre inférieure et la ferme complétement ; les fruits se développent dans l'intérieur de cette petite boîte (*fig.* 285). L'exemple le plus remarquable est celui de l'Alkékenge. Le calice, tubulaire à cinq dents, prend un grand développement après la floraison ; il se renfle en vessie et forme une enveloppe au fruit, qui a la forme d'une petite cerise rouge (*fig.* 284).

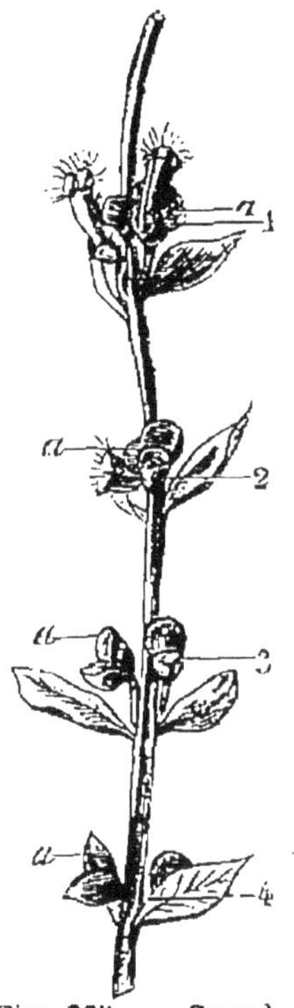

Fig. 285. — Scutellaire, 1, fleurs épanouies ; 2, la corolle est tombée, le calice reste ouvert ; 3, le calice se ferme ; 4, le calice est complétement fermé ; *a*, écaille située sur la lèvre supérieure du calice.

399. Androcée. Etamines. — L'étamine est composée d'une petite tige, ou *filet* (*fig.* 287, *f*), servant de support à une double boîte nommée *anthère* (*a*), qui renferme les grains de *pollen*. Ceux-ci ont généralement une couleur jaune qu'ils communiquent à l'anthère. Les deux boîtes de l'anthère portent le nom de *loges ;* et la portion du filet qui les unit est appelée *connectif.* L'écartement des deux loges dépend de la longueur du connectif. Généralement elles sont accolées; dans le Tilleul (*fig.* 287), elles ne se touchent plus, et dans la Sauge (*fig.* 288), cet écartement est exagéré, car

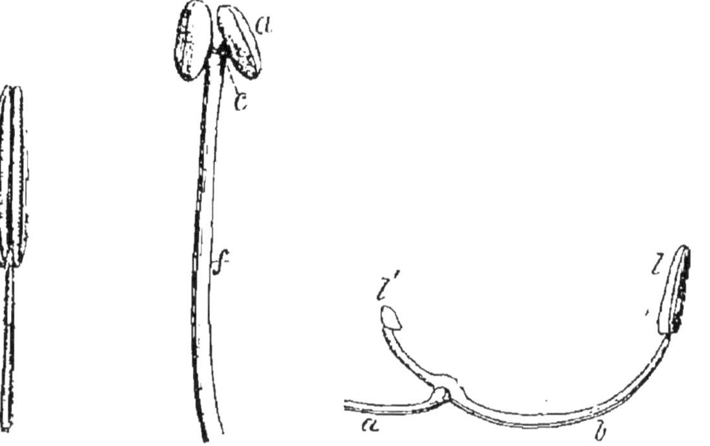

Fig. 286. Etamine. Fig. 287.—Étamine (tilleul). *a*, anthère; *c*, connectif; *f*, filet. Fig. 288.— Étamine de la sauge. *a*, filet; *l l'*, anthères; *b*, connectif.

le connectif a la forme d'un arc portant chaque anthère à ses extrémités.

L'une des loges peut avorter, ou toutes deux se subdiviser par des cloisons transversales. Selon ces cas, on dit que l'anthère est uni, bi ou quadriloculaire (à une, deux, quatre loges).

Les loges de l'anthère doivent s'ouvrir pour laisser sortir le pollen. Ordinairement elles le font par une fente longitudinale, et selon que cette fente se produit vers l'intérieur de la fleur (c'est le cas le plus fréquent) ou vers l'extérieur (Iris), l'étamine est dite *introrse* ou *extrorse*. Dans quelques cas particuliers, la déhiscence des anthères a lieu d'une manière différente. Ainsi, dans la Pomme de terre (*fig.* 289), un trou se produit au sommet de la loge; dans l'Épine-vinette (*fig.* 290), chaque loge présente du côté interne une val-

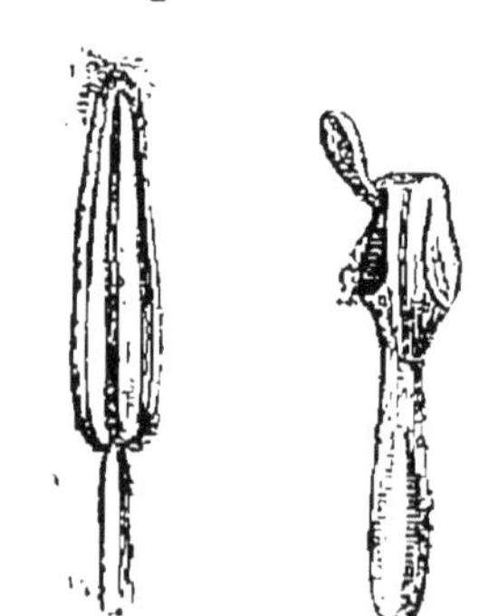

Fig. 289.—Étamine de pomme de terre. Fig. 290.—Étamine d'épine-vinette.

vule qui se soulève comme un volet. L'anthère du Cannellier, qui a quatre loges, possède quatre valvules de même nature.

Le nombre des étamines est très-variable : la fleur est dite *isostémonée* lorsqu'il y a autant d'étamines que de pétales ; la fleur est *diplostémonée* lorsque ce nombre est le double.

400. — L'androcée est régulier lorsque toutes les étamines sont de même longueur et de même forme ; il est irrégulier dans le cas contraire : tels sont l'androcée du Chou, qui offre quatre grandes étamines et deux petites, et celui de

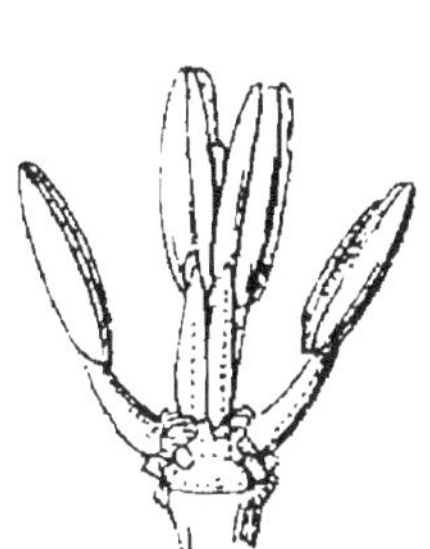

Fig. 291.—Étamines tétradynames du chou.

Fig. 292.—Étamines didynames du lamier blanc.

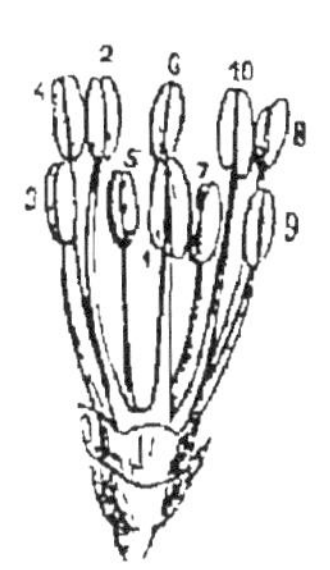

Fig. 293.—Étamines diplostémonées inégales[1].

la Menthe, qui en a deux grandes et deux petites. Le premier

Fig. 294.—Étamines monadelphes de la mauve.

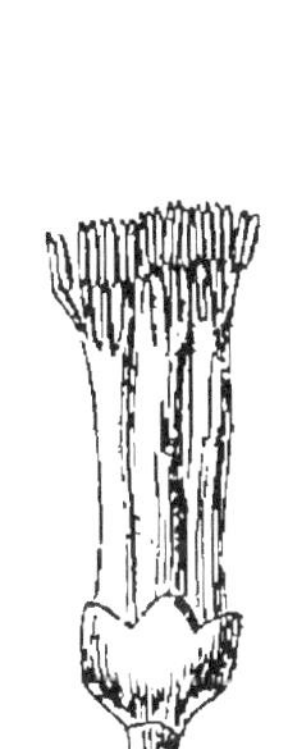

Fig. 295.—Étamines polyadelphes de l'oranger.

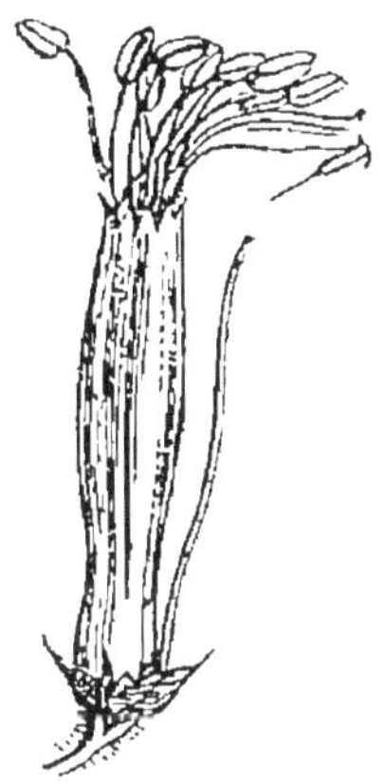

Fig. 296. — Étamines diadelphes du haricot.

est dit *tétradyname* (*fig.* 291), le second *didyname* (*fig.* 292). Dans les fleurs diplostémonées (*fig.* 293), telles que la Stel-

1. Les numéros indiquent la suite des étamines tout autour de l'androcée.

laire, les étamines sont alternativement grandes et petites.

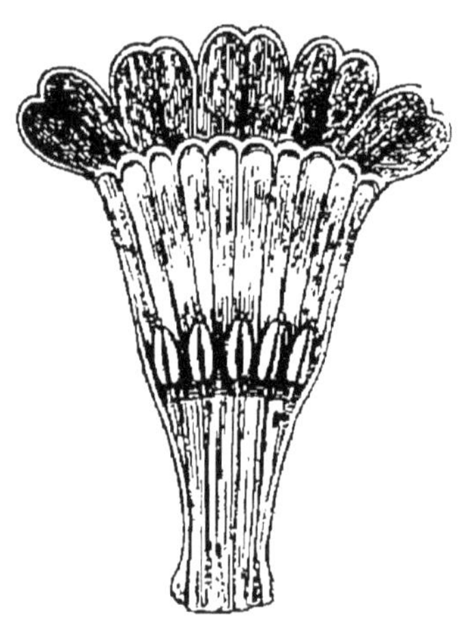

Fig. 297. — Corolle monopétale portant les étamines (primevère).

401. — Comme les pétales et les sépales, les étamines sont tantôt libres, tantôt soudées soit en un paquet (étamines *monadelphes* (*fig.* 294); ex. : Mauve), soit en plusieurs (étamines *polyadelphes* (*fig.* 295); ex. : Millepertuis, Oranger). Dans le Pois, le Haricot, les étamines sont soudées toutes ensemble, sauf une, qui est libre : on dit qu'il y a *diadelphie* (*fig.* 296). La soudure a généralement lieu par les filets ; elle se fait quelquefois par les anthères.

Le filet des étamines est fixé soit sur le réceptacle, soit sur la corolle, lorsque celle-ci est monopétale[1] (*fig.* 297), soit sur le calice, si la corolle manque, ou même quelquefois directement sur le gynécée ; les fleurs qui présentent cette dernière disposition sont dites *gynandres*.

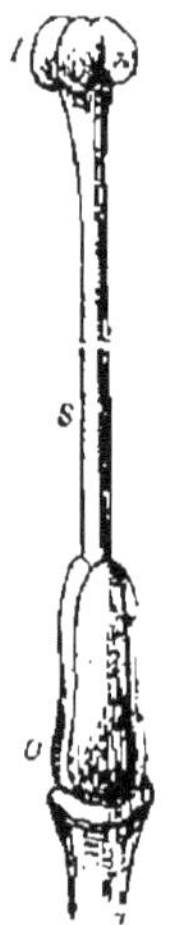

Fig. 298. — Pistil du lis. *o*, ovaire ; *s*, style ; *t*, stigmate.

C'est d'après la présence, le nombre et la soudure des étamines que Linné a fondé son système de classification végétale qui eut un si grand succès à la fin du dernier siècle.

402. Gynécée. Pistil. — Le *gynécée* présente tantôt plusieurs *pistils*, tantôt et plus souvent un *pistil* unique qui occupe le centre de la fleur. Dans quelques cas, on peut reconnaître que ce pistil unique est formé par la réunion de plusieurs pistils soudés ensemble, c'est ce qu'on peut appeler un pistil composé. On a souvent désigné sous le nom de *carpelles* ou de *feuilles carpellaires* les éléments d'un pistil composé ou même chaque pistil simple.

1. Dans ce cas les étamines se détachent avec la corolle (§ 394). Toutefois ce caractère n'existe pas chez les Campanulacées.

Le pistil se compose de trois parties : l'*ovaire* (*fig.* 298, *o*), le *style* (*s*) et le *stigmate* (*t*).

Le *style* étant la partie la moins importante, nous en parlerons d'abord. C'est une petite colonne posée sur l'ovaire et supportant le stigmate. Sa longueur est très-variable. S'il vient à manquer, le stigmate repose sur l'ovaire; il est dit alors sessile (*fig.* 300).

Le *stigmate* a des formes très-diverses. Le plus souvent c'est un mamelon gonflé de tissu lâche, dépourvu d'épiderme et lubréfié par une humeur plus ou moins visqueuse; d'autres fois il figure un plumet (*fig.* 299), un peigne, un pétale comme dans l'Iris, ou un disque comme dans le Pavot (*fig.* 300).

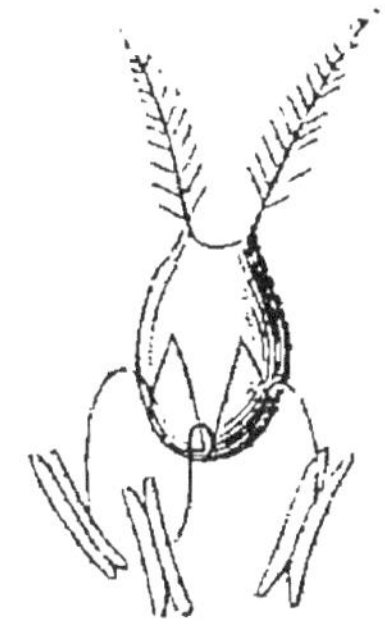

Fig. 299.— Stigmate plumeux du blé.

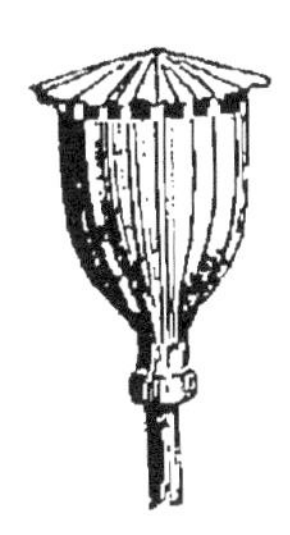

Fig. 300. — Stigmate discoïde du pavot.

L'*ovaire* est une cavité qui renferme les *ovules* ou jeunes graines. Ceux-ci sont fixés sur des faisceaux fibro-vasculaires nommés *placentas*, qui se détachent de l'axe de la fleur, pénètrent dans l'ovaire et y présentent des dispositions variables. On distingue quatre espèces de placentations :

403. — 1° *Placentation centrale.* L'ovaire, toujours unique, ne présente qu'une seule loge dans laquelle l'axe de

Fig. 301. Placentation centrale (primevère).

Fig. 302. Placentation pariétale multicarpellaire (réséda).

Fig. 303. Placentation pariétale unicarpellaire (prunier).

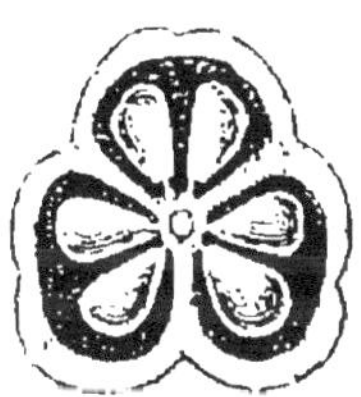

Fig. 304. Placentation axile (lis).

la fleur semble se prolonger en formant une colonne centrale qui porte les ovules. Ex. : Primevère (*fig.* 301).

2° *Placentation pariétale multicarpellaire*. L'ovaire ne présente également qu'une seule cavité ; mais il y a plusieurs placentas qui suivent les soudures des feuilles carpellaires ; on trouve donc sur les parois internes plusieurs lignes saillantes qui portent les ovules. Ex. : Violette, Réséda (*fig.* 302).

3° *Placentation pariétale unicarpellaire.* Elle n'existe que dans les pistils simples ; on suppose que les ovaires de ces pistils sont formés par une feuille carpellaire dont les bords se sont rapprochés et soudés. Le placenta suit la soudure ; ainsi, dans ce cas, l'ovaire uniloculaire ne présente qu'une seule ligne portant les ovules. Ex.: Haricot, Prunier (*fig.* 303).

4° *Placentation axile.* Elle existe dans les ovaires pluriloculaires, c'est-à-dire divisés en plusieurs cavités ou *loges.* Les placentas qui portent les ovules sont situés dans l'angle interne de ces loges. Ainsi dans le Lis (*fig.* 304), il y a trois loges et à l'angle de chacune d'elles une double rangée d'ovules. Lorsque l'ovaire n'a que deux loges, comme celui de la Pomme de terre, le placenta est au milieu de la cloison qui les sépare ; dans le cas particulier qui vient d'être cité, il a la forme d'un gros mamelon allongé sur lequel est attaché un grand nombre d'ovules. Quelquefois les loges se détruisent ; il ne reste plus au centre qu'un axe portant les ovules, et qui simule une placentation centrale ; ex. : Lin. Mais dans le jeune âge les loges sont toujours séparées et distinctes.

On trouve fréquemment dans l'ovaire de fausses cloisons qui au premier abord peuvent mettre dans l'erreur sur la structure. Ainsi l'ovaire des Crucifères (Giroflée, Chou, etc.) semble faire exception à la règle qui vient d'être posée ; il paraît être à deux loges, et cependant les ovules, au lieu d'être fixés sur le milieu de la cloison, sont attachés à la jonction de la cloison et des parois de l'ovaire (*fig.* 305). L'explication de cette apparence anormale est la suivante : les ovules sont portés sur deux placentas pariétaux et une fausse cloison s'étendant d'un placenta à l'autre, sépare en deux la cavité de l'ovaire.

Fig. 305. Coupe de l'ovaire d'une crucifère.

404. Réceptacle. — Il est légèrement bombé chez la Nielle (*fig.* 306), et conique dans la Renoncule (*fig.* 307). Dans ces deux cas, le gynécée est attaché à un niveau plus élevé que le point d'insertion des étamines et de la corolle. On dit que l'ovaire est *supère*, et que l'insertion des

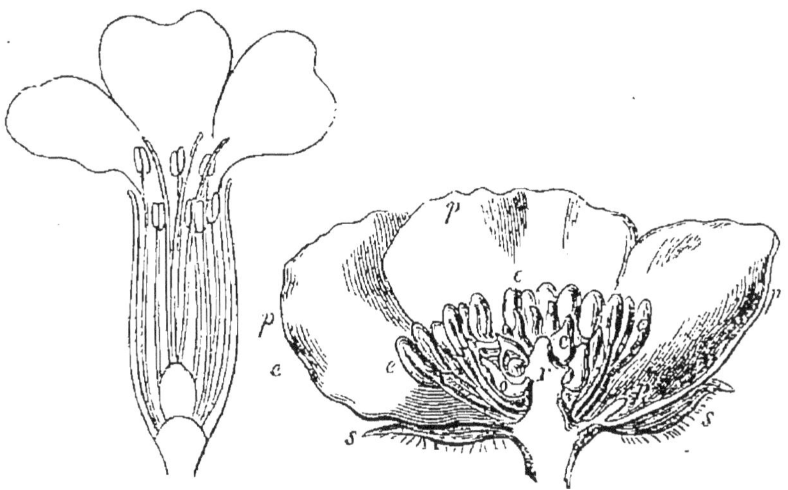

Fig. 306.
Insertion hypogyne de la nielle.

Fig. 307.
Insertion hypogyne de la renoncule.

étamines est *hypogyne*. Dans quelques fleurs assez rares, la Passiflore, le Câprier (*fig.* 308), l'Euphorbe (*fig.* 309),

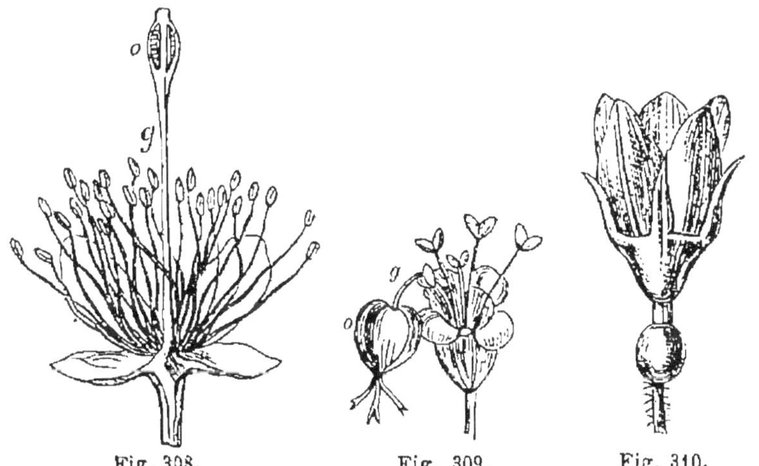

Fig. 308.
Fleur du câprier. *o*, ovaire; *g*, gynophore.

Fig. 309.
Fleur de l'euphorbe. *o*, ovaire; *g*, gynophore.

Fig. 310.
Ovaire infère de la bryone.

l'ovaire est *stipité*, c'est-à-dire porté sur une sorte de pédoncule. Ce n'est qu'une exagération de la disposition précédente.

On désigne sous le nom de *gynophore* ce prolongement conique ou filamentaire qui porte les ovaires.

Dans le Prunellier et le Rosier, le réceptacle a la forme d'une coupe plus ou moins creuse; les étamines sont attachées sur les bords à un niveau plus élevé que la base des ovaires. L'insertion est dite *périgyne* (*fig.* 311 et 312).

Dans le Poirier, le Pommier, l'Aubépine (*fig.* 313), la

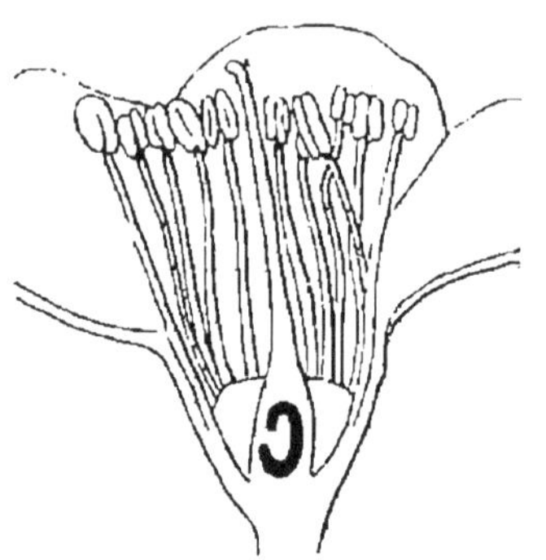

Fig. 311.
Insertion périgyne du prunellier.

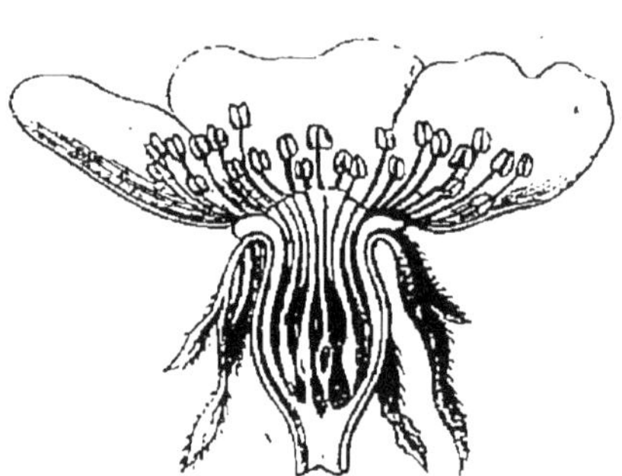

Fig. 312.
Insertion périgyne du rosier.

Campanule (*fig.* 314), les loges de l'ovaire sont creusées dans la substance même du réceptacle. Lorsqu'on regarde dans

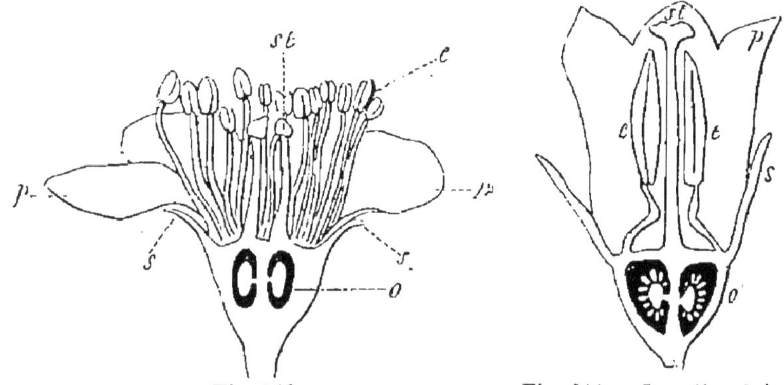

Fig. 313.
Insertion épigyne de l'aubépine.

Fig. 314. — Insertion épigyne de la campanule.

l'intérieur de la fleur, le filet semble sortir directement du fond. Les étamines et les pétales étant fixés à un niveau plus élevé, on dit l'insertion *épigyne*. Quant à l'ovaire, il se trouve dans une partie renflée qui est sous la fleur; aussi porte-t-il le nom d'ovaire *infère*. Cette disposition est très-visible dans la Bryone et les autres Cucurbitacées (*fig*. 310).

405. — Souvent sur le réceptacle il y a des parties saillantes que l'on appelle *disque, glandes* ou *nectaires* (*fig*. 315). Ce dernier nom convient particulièrement aux organes qui sécrètent une humeur sucrée ou *nectar*; quelques botanistes l'ont appliqué à tous les organes accessoires que l'on peut trouver dans une fleur et dont la nature est inconnue.

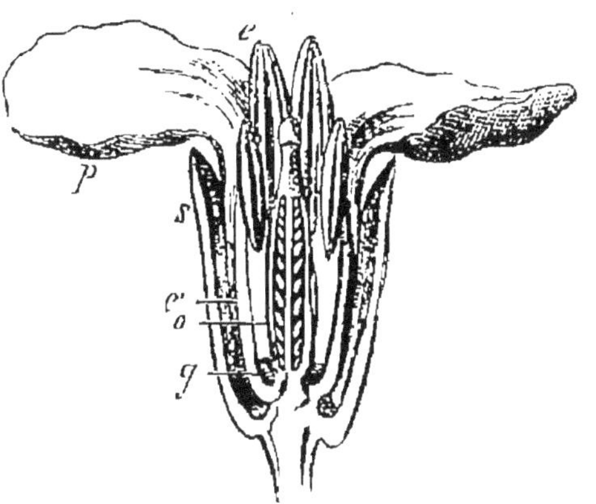

Fig. 315.
Glandes à la base des étamines dans la fleur de la Giroflée. *e*, étamine; *g*, glande.

406. Métamorphoses. — La fleur, avons-nous dit, est un bourgeon. L'axe représente la jeune branche et les diverses parties de la fleur correspondent aux feuilles ou plutôt ne sont que des feuilles transformées.

La transformation des feuilles en sépales n'a rien qui soit

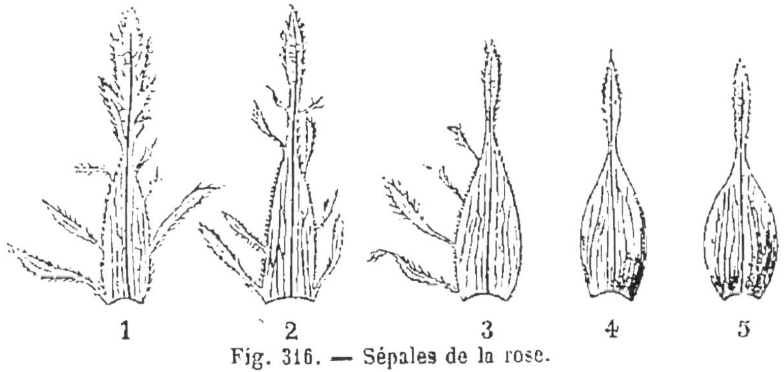

Fig. 316. — Sépales de la rose.

difficile à admettre; elles s'en rapprochent par la couleur, la structure, la présence des stomates, des glandes et des poils. La forme même est souvent semblable : dans la Rose (*fig*. 316) le sépale extérieur est une véritable feuille dont le pétiole commun s'est fortement élargi ; il porte encore de chaque côté des folioles, très-réduites il est vrai. Il en est de même, quoique à un moindre degré, du second sépale. Le troisième n'a plus de folioles que d'un seul côté. Le quatrième et le cinquième en manquent complétement. On exprime cette disposition par le distique latin suivant :

Quinque sumus fratres; quorum duo sunt sine barba,
Barbati duo sunt, semipilosus ego.

Les pétales rappellent encore les feuilles par leur forme, leur structure, et, quelquefois aussi, leur coloration en vert par la chlorophylle; chez la Vigne par exemple.

Les étamines sont des feuilles modifiées à un degré plus élevé que les pétales. Chez les Nymphæa, on voit tous les passages des pétales aux étamines; les pétales de ces fleurs sont nombreux ; ils diminuent successivement de grandeur, deviennent de plus en plus étroits, et leur extrémité se dessine en pointe. Bientôt on voit apparaître à cette extrémité deux petits points jaunes, qui sont plus grands dans le pétale sui-

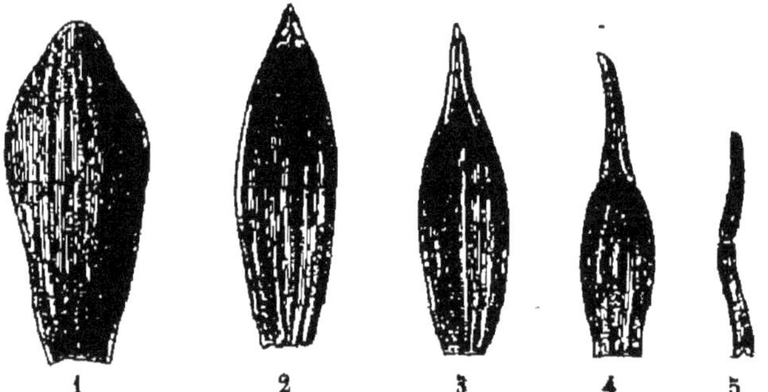

Fig. 317. — Transformation progressive des pétales du Nymphæa en étamines.

vant, ressemblent ensuite à des anthères et finissent par devenir des anthères véritables; en même temps le pétale s'est rétréci et transformé en filet (*fig.* 317).

Les pistils ont la couleur des feuilles, et dans certaines parties ils en affectent la forme. L'ovaire du Baguenaudier n'est véritablement qu'une feuille pliée en deux ; dans l'Iris, les styles ressemblent complétement à de petits pétales.

Ces considérations sur la métamorphose de la feuille en sépales, pétales, étamines, pistils, ont été développées et popularisées par le célèbre poëte Gœthe. Il la désigne sous le nom de *métamorphose progressive*. Dans certains cas de monstruosités, il peut y avoir *métamorphose rétrograde*. Ainsi la Rose à cent feuilles est le résultat de la transformation des étamines en pétales; il en est de même de toutes les fleurs doubles, OEillet, Camélia, etc. Chez le Merisier double, les feuilles carpellaires, au lieu de constituer des ovaires, se transforment en pétales. Dans le Croton, on voit quelquefois ces mêmes feuilles carpellaires se changer en étamines. Enfin certaines variétés monstrueuses d'Ancolie montrent les ovules transformés en petites feuilles (*fig.* 318).

Il y a aussi des anomalies en sens contraire qui produisent en quelque sorte des *métamorphoses anticipées*. Ainsi les étamines du pavot peuvent se transformer en pistils.

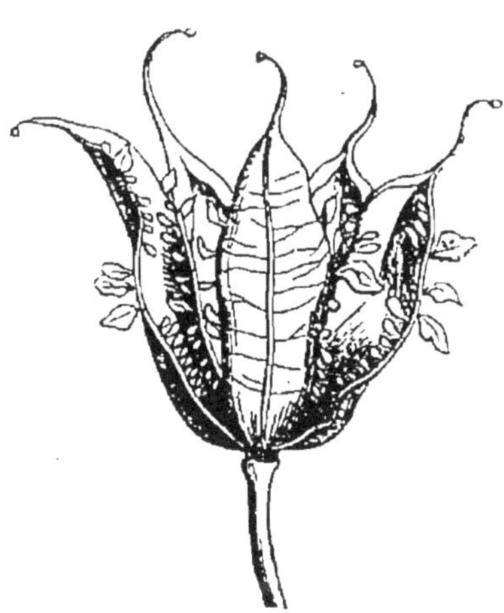

Fig. 318. — Fleur monstrueuse d'ancolie où les ovules sont remplacés par de petites feuilles.

Fig. 319. — Rose prolifère.

407. — Il est d'autres anomalies qui affectent l'axe de la fleur et peuvent s'expliquer de la même manière. Dans la Rose prolifère (*fig.* 319), l'axe se prolonge à travers l'ovaire et donne naissance à un nouveau rameau. Ce fait se présente aussi dans l'Œillet et dans le Pommier, et comme l'anomalie ne s'oppose pas à la fructification, on trouve des pommes qui semblent traversées par une branche.

408. Fleurs incomplètes. — Les divers organes que nous venons de citer n'existent pas chez toutes les fleurs. Lorsque l'un d'eux vient à manquer, la fleur est dite *incomplète*. Il y a souvent absence de corolle (Chanvre, *fig.* 320), ou même de calice et de corolle (Frêne, *fig.* 321). Lorsque les étamines ou les pistils font défaut, comme dans le Laurier,

Fig. 320. — Fleur unisexuée sans corolle du chanvre; *s*, calice; *e*, étamines.

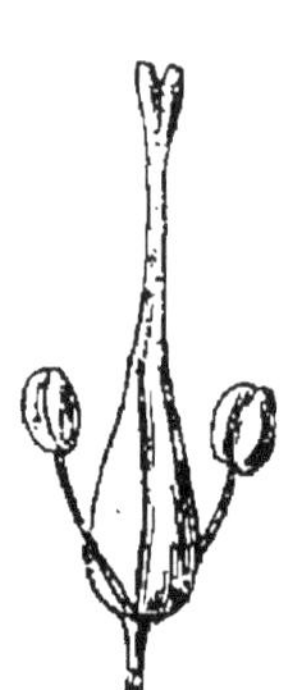

Fig. 321. — Fleur hermaphrodite sans enveloppe florale du frêne.

Fig. 322. — Fleurs unisexuées sans enveloppe florale du saule. M, fleur mâle; F, fleur femelle.

Fleurs incomplètes.

la Bryone, le Chanvre et le Saule (*fig.* 322), la fleur est dite *unisexuée*. On a appelé fleurs *mâles* les fleurs qui ont des étamines sans pistils, et fleurs *femelles* celles qui ont des pistils sans étamines. Quant aux fleurs qui réunissent ces deux sortes d'organes et sont complètes sous ce rapport, on les nomme *hermaphrodites* (*fig.* 321). On appelle *dioïques* les plantes chez lesquelles les fleurs mâles et les fleurs femelles sont portées sur des pieds différents, *monoïques* (*fig.* 323) celles chez lesquelles ces deux ordres de fleurs sont réunis sur le même pied, et *polygames* les plantes monoïques où les fleurs mâles et les fleurs femelles sont en outre accompagnées de fleurs hermaphrodites

409. Diagramme des fleurs. — La position relative des diverses parties de la fleur est importante à considérer; car on remarque que presque toutes les fleurs d'une même famille présentent la même symétrie ou, autrement dit, sont construites sur le même plan. Les botanistes donnent le nom de *diagramme* au plan figuratif indiquant la position des organes de la fleur. Ils représentent généralement les sépales par des croissants noirs, les pétales par des croissants blancs, et dans les diagrammes complets la préfloraison de ces organes est indiquée[1]. Le signe des étamines est un B dont les boucles sont dirigées vers l'intérieur si les anthères sont introrses et vers l'extérieur si elles sont extrorses (§ 399). Quant à l'ovaire, on le figure par un cercle divisé en autant de secteurs qu'il y a de loges.

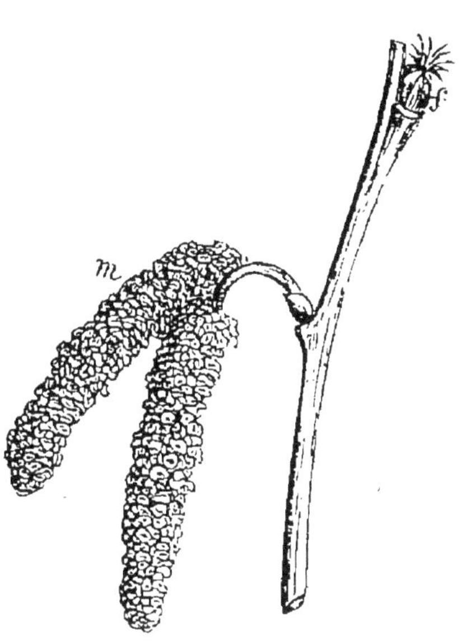

Fig. 323. — Noisetier, plante monoïque. *f*, fleur femelle; *m*, fleur mâle.

410. Symétrie de la fleur. — Les fleurs peuvent présenter une symétrie rayonnée, une symétrie bilatérale ou une asymétrie complète. Ces deux dernières dispositions sont le résultat de variations du type par des causes que nous examinerons plus tard. La structure normale est la symétrie rayonnée. Les organes sont disposés autour du centre comme les rayons d'une étoile; on peut toujours mener plusieurs diamètres qui coupent la fleur en deux parties symétriques. Dans la symétrie bilatérale, un seul diamètre peut couper régulièrement la fleur; ainsi dans le Muflier ou Gueule de lion (*fig.* 324), tous les organes floraux sont symétriques par

1. On ne l'a pas fait dans cet ouvrage, destiné à des jeunes gens qui débutent dans l'histoire naturelle, pour ne pas compliquer les figures sans un grand avantage, la préfloraison étant un caractère assez difficile à observer et dont l'utilité n'est pas considérable.

rapport à un plan dirigé d'avant en arrière; il en est de même dans le Haricot (*fig.* 325). Dans les fleurs de Valérianelle (*fig.* 326), il serait impossible de trouver une ligne symétrique quelconque; il y a asymétrie.

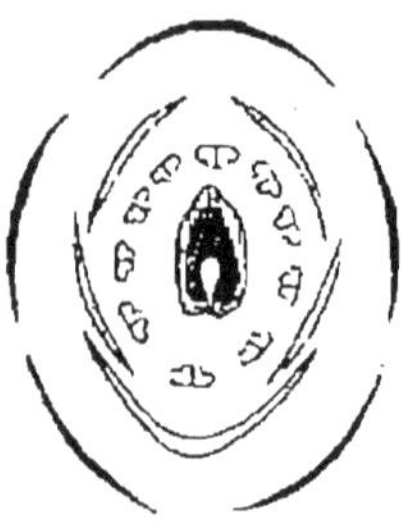

Fig. 324. — Symétrie bilatérale (Muflier).

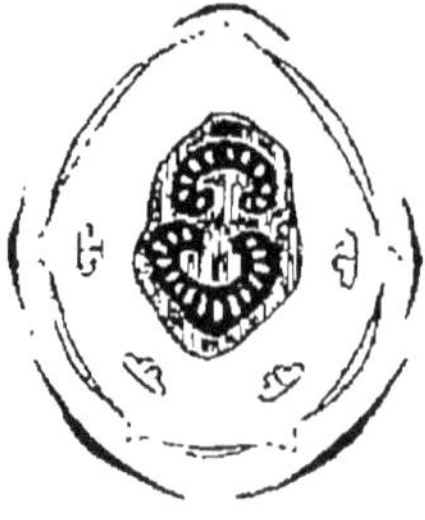

Fig. 325. — Symétrie bilatérale (Haricot).

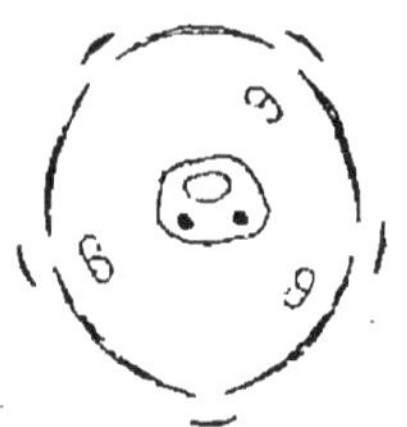

Fig. 326. — Asymétrie (Valérianelle).

La symétrie rayonnée est binaire, ternaire, quaternaire, quinaire, selon que les mêmes organes y sont au nombre de deux, de trois, de quatre, de cinq ou d'un multiple de ces nombres. Exemples :

Symétrie binaire. Circée (*fig.* 327) : deux sépales, deux pétales, deux étamines, ovaire à deux loges.

Symétrie ternaire. Iris (*fig.* 328) : trois sépales pétaloïdes, trois pétales, trois étamines, pistil à trois stigmates et trois loges à l'ovaire.

Fig. 327. — Symétrie binaire (Circée).

Fig. 328. — Symétrie ternaire (Iris).

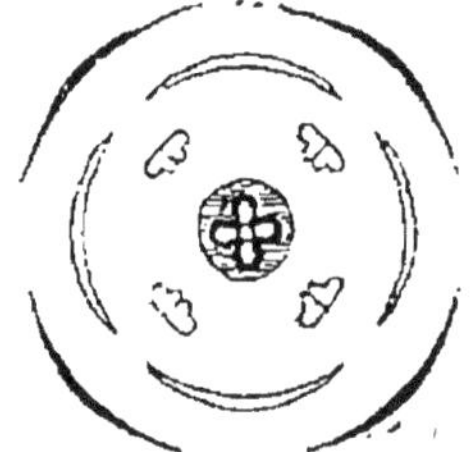

Fig. 329. — Symétrie quaternaire (Houx).

Symétrie quaternaire. Houx (*fig.* 329) : quatre sépales, quatre pétales, quatre étamines, ovaire à quatre loges, stigmate à quatre parties.

Symétrie quinaire. Lin (*fig.* 330) : cinq sépales, cinq pétales, cinq étamines, ovaire à cinq loges, cinq styles.

Il arrive souvent que la symétrie des différents organes de la fleur n'est pas la même. Dans le Lilas (*fig.* 331), la symé-

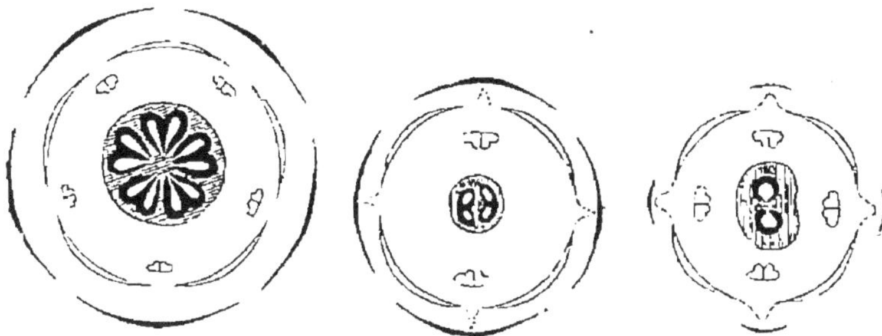

Fig. 330. — Symétrie quinaire (Lin).

Fig. 331. — Symétrie quaternaire et binaire (Lilas).

Fig. 332. — Symétrie quaternaire et binaire (Gratteron).

trie quaternaire des enveloppes florales est remplacée par une symétrie binaire dans l'androcée et le gynécée. Dans le Grat-

Fig. 333. — Symétrie quinaire et quaternaire (Bourrache).

Fig. 334. — Symétrie quinaire et ternaire (Campanule).

Fig. 335. — Symétrie quinaire et binaire (Pomme de terre).

teron (*fig.* 332), la symétrie est quaternaire pour le calice, la

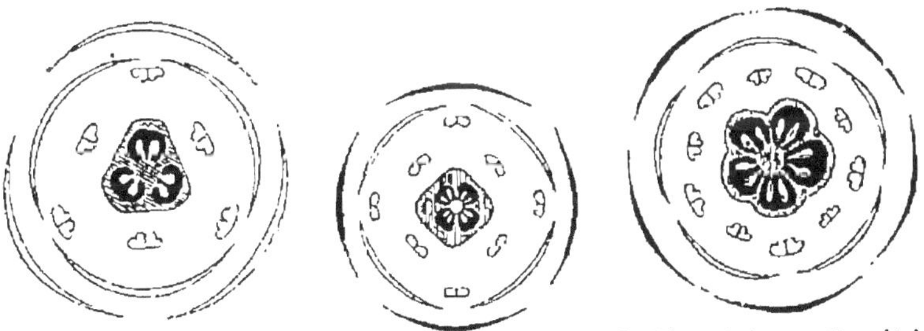

Fig. 336.—Symétrie ternaire (fleur diplostémonée (Lis).

Fig. 337. — Fleur diplostémonée (Epilobe).

Fig. 338. — Symétrie diplostémonée (Nielle).

corolle et l'androcée, elle est binaire pour le gynécée. Dans la

Bourrache, la Campanule et la Pomme de terre (*fig.* 333, 334 et 335), la symétrie du gynécée est quaternaire, ternaire, binaire, quoique celle des autres parties de la fleur soit quinaire.

411. Position des verticilles. — Lorsque les organes de même ordre sont peu nombreux, ils sont disposés en verticilles, c'est-à-dire que leurs points d'insertion sur le torus forment un cercle. Si leur nombre est un peu plus considérable, il y a plusieurs verticilles : ainsi les étamines du Lis, de l'Épilobe, de la Nielle (*fig.* 336, 337 et 338), sont sur deux verticilles. Ces fleurs à deux verticilles d'étamines sont dites *diplostémonées*, tandis que celles qui n'en ont qu'un sont *isostémonées*.

On a reconnu comme loi assez générale que les divers verticilles successifs alternent entre eux. Ainsi les pétales sont attachés vis-à-vis de l'intervalle des sépales, les étamines vis-à-vis de l'intervalle des pétales, etc. Dans les fleurs diplostémonées, où il y a deux verticilles d'étamines, tantôt le verticille extérieur alterne avec les pétales, tantôt il est placé vis-à-vis.

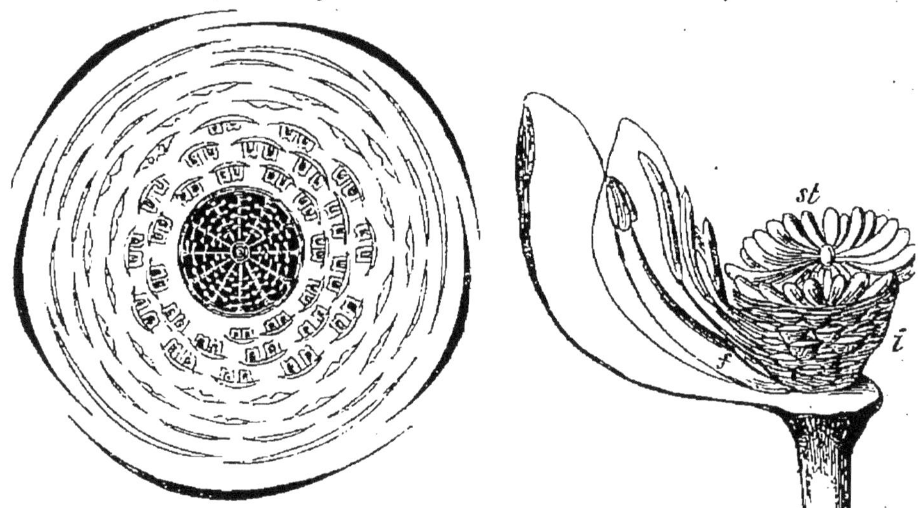

Fig. 339. — Fleur spiralée de nymphæa.

Fig. 340.— Portion de la fleur de nymphæa. *st*, stigmate discoïde ; *i*, réceptacle portant les empreintes de l'insertion des étamines disposées en spirale ; *f*, filet pétaloïde.

412. Fleurs spiralées. — Lorsque les organes de la

fleur sont très-nombreux, ils sont fréquemment disposés suivant une ligne spirale : ainsi les étamines des Nymphæa (*fig.* 339 et 340), les étamines et les pistils des Magnolia et des Renoncules.

413. Causes de la variation de la symétrie. — Nous avons dit qu'en général tous les genres d'une même famille ont des fleurs construites sur le même type ; mais diverses causes peuvent faire varier ce type. Ce sont : la *disjonction*, la *soudure*, l'*atrophie*, le *dédoublement*, l'*irrégularité* et la *métamorphose*.

1° *Disjonction.* — Dans la fleur de l'*Adoxa moschatellina*, il y a dix étamines, mais chacune d'elles n'est qu'une moitié d'étamine ; car elle ne porte qu'un seul anthère, et leurs filets sont soudés deux à deux par la base.

2° *Soudure.* — Le type de la famille des Cucurbitacées, le genre *Luffa* a cinq étamines. Le genre Concombre et la

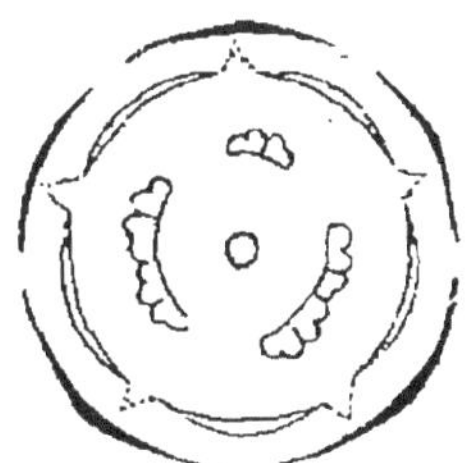

Fig. 341.
Diagramme de bryone.

Fig. 342.
Étamines doubles de Cucurbitacée.

Bryone (*fig.* 341) en ont trois ; mais deux de ces étamines sont doubles, elles ont quatre anthères (*fig.* 342) : on peut donc les considérer comme provenant de la soudure préembryonnaire de deux étamines du type primitif.

3° *Atrophie.* — Dans le Bec de grue (*Geranium Robertianum*), il y a dix étamines sur deux verticilles, dont l'extérieur est opposé aux pétales et l'intérieur est alterne avec eux. Dans la Cicutaire (*Erodium cicutarium*), plante de la même famille, il n'y a plus que cinq étamines, les cinq autres, celles du verticille extérieur étant atrophiées et réduites à de simples filaments sans anthère.

4° *Dédoublement.* — Les quatre grandes étamines des Crucifères sont le résultat d'un dédoublement qui s'est produit des deux côtés seulement de l'androcée, des deux côtés opposés les étamines sont restées simples (*fig.* 343).

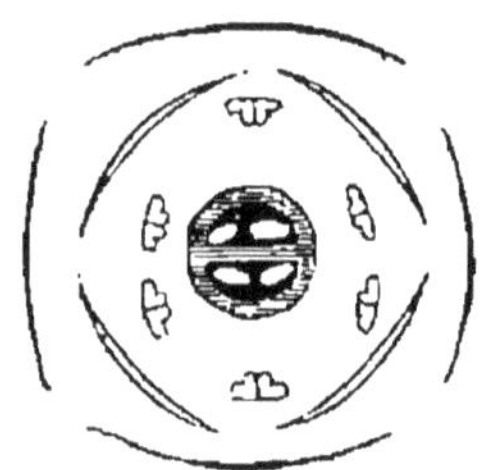

Fig. 343. — Dédoublement des étamines des crucifères.

5° *Ramification.* — On admet que dans beaucoup de cas, la multiplication des organes est le résultat d'une sorte de ramification. Ainsi les nombreuses étamines de l'oranger sont encore groupées par la base en cinq paquets, correspondant à la symétrie quinaire de la fleur.

6° *Irrégularité.* — La fleur de la Violette est simplement irrégulière : un des pétales, plus grand que les autres, se prolonge inférieurement en un cornet creux, et les filets des deux étamines voisines présentent un prolongement qui pénètre dans l'éperon. Dans le Muflier ou Gueule de lion, la corolle est à deux lèvres dissemblables; il y a quatre étamines, dont deux plus petites que les autres. L'irrégularité est donc compliquée d'un avortement, car cette fleur appartient au même type que celle de la Pomme de terre, qui est régulière et à cinq étamines. Dans le Muflier, l'étamine qui est placée contre la grande lèvre avorte. C'est un des exemples de la loi du balancement des organes, posée par Etienne Geoffroy Saint-Hilaire, et qui est applicable aussi bien à la botanique qu'à la zoologie : quand un organe prend un développement exagéré, l'organe voisin s'atrophie.

7° *Métamorphose.* — Tandis que le Lis, comme presque toutes les Monocotylédonées, a un calice pétaloïde à trois sépales, une corolle analogue au calice à trois pétales, six étamines sur deux verticilles, le Bananier ne possède que cinq étamines : la sixième s'est transformée en un filament pétaloïde que l'on appelle *staminode*. L'androcée du Balisier est bien plus métamorphosé encore. Quatre étamines sont devenues des staminodes; la cinquième n'a subi cette métamorphose que partiellement, elle conserve encore une moitié d'anthère; quant à la sixième, elle est devenue charnue et ressemble à un disque.

CHAPITRE II

FÉCONDATION.

414. Fonctions des fleurs. — La fleur a pour fonctions de donner naissance aux fruits et aux graines. L'ovaire se transforme en fruit et les ovules en graines sous l'influence fécondante du pollen.

415. Ovule. — L'ovule présente un noyau, ou *nucelle*, recouvert de deux enveloppes, la *primine* et la *secondine*. Ces enveloppes naissent autour du nucelle et grandissent plus rapidement que lui de manière à l'envelopper complétement. Néanmoins elles laissent toujours une petite ouverture, ou *micropyle*, par laquelle on aperçoit le nucelle au moins pendant la jeunesse de l'ovule. On appelle *hile* le point par lequel l'ovule s'attache au placenta, et *chalaze* le point par lequel le nucelle est fixé à ses enveloppes.

La disposition de ces diverses parties sert à caractériser les familles. Aussi est-il nécessaire d'y insister un peu.

1° L'ovule du Sarrasin présente la structure la plus simple. Son micropyle est opposé au hile; on le nomme *orthotrope* (*fig*. 344).

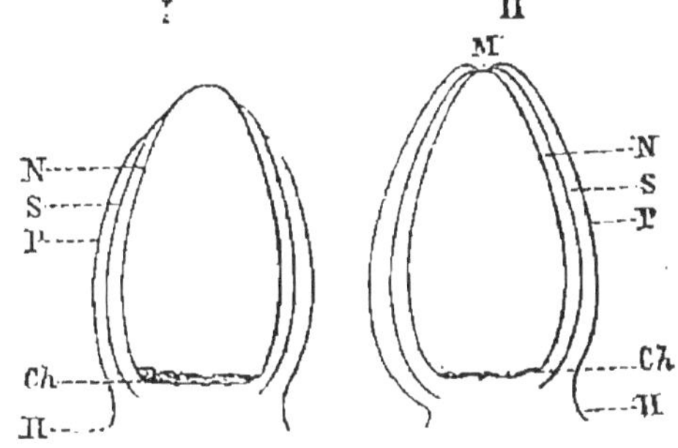

Fig. 344. — Ovule orthotrope.
I, 1re phase; II, 2e phase.
N, nucelle; S, secondine; P, primine; H, hile; M, micropyle; *Ch*, chalaze.

2° L'ovule de la Giroflée et du Haricot à mesure qu'il grandit se recourbe en forme de rein. Le micropyle se trouve ainsi rapproché du hile et de la chalaze; on nomme cet ovule *campulitrope* (*fig*. 345).

3° Chez le Prunellier, le Noisetier, etc., l'ovule se recourbe aussi et le micropyle se rapproche du hile; mais le nucelle et la secondine ne participent pas à cette courbure; ils se renversent complétement. La primine seule se recourbe et forme sur le côté une sorte de cordon nommé *funicule* ou *raphé* (F),

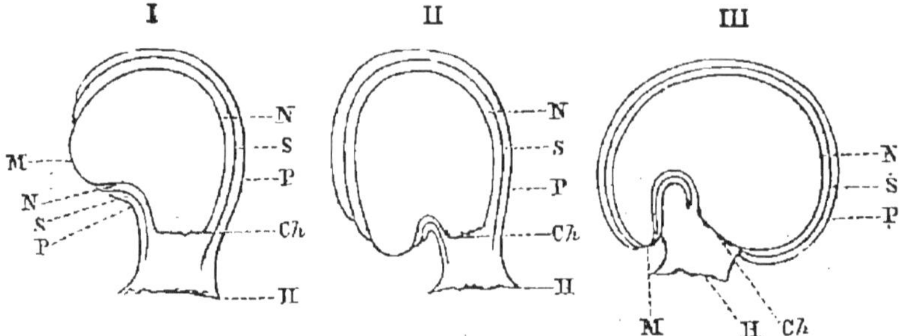

Fig. 345. — Ovule campulitrope. I, 1re phase; II, 2e phase; III, 3e phase.

de sorte que la chalaze est opposée au micropyle et au hile.

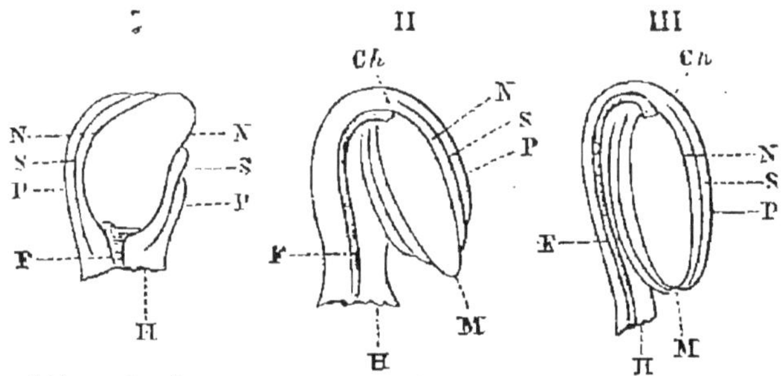

Fig. 346. — Ovule anatrope. I, 1re phase; II, 2e phase; III, 3e phase.

Cet ovule, le plus fréquent dans le règne végétal, est nommé *anatrope* (*fig.* 346).

416. Oosphère. — Lorsque l'ovule est arrivé à un certain degré de développement, une de ses cellules prend un accroissement prépondérant et finit par envahir presque tout le nucelle. Celui-ci apparaît alors comme une cavité, le *sac embryonnaire*, entourée d'une mince couche de tissu cellulaire (*fig.* 347, *se*). Bientôt, à la voûte supérieure du sac embryonnaire naît une cellule arrondie désignée sous le nom de *vésicule embryonnaire* ou *oosphère* (*fig.* 347, *c*).

417. Pollen. — Le pollen est une poussière composée de grains de grosseur et de couleur variables selon les espèces. Dans la Belle de nuit, ils ont 130 millièmes de millimètre, dans la Betterave 20, dans le Myosotis 10. Ils sont généralement jaunes, et par exception violets dans la Tulipe, noirs dans le Pavot, rouges dans l'Oranger. Chaque grain de pollen est formé de deux enveloppes et contient un liquide appelé *fovilla*. L'enveloppe extérieure, *exine*, est criblée de trous; l'enveloppe intérieure, *intine*, est continue, mince, très-extensible. Lorsque le grain de pollen est posé sur un endroit humide, il absorbe de l'eau et gonfle; la membrane intérieure passe par les trous de l'enveloppe extérieure, se prolonge en forme de doigt de gant, puis de tube ou de *boyau* rempli par la fovilla.

418. Fécondation. — Ce phénomène se produit dans la fécondation végétale: l'anthère s'ouvre, le pollen tombe sur le stigmate, dont la surface est lubréfiée d'humeur; les boyaux polliniques (*fig.* 348) se forment, s'allongent en pénétrant à travers le tissu cellulaire du style et arrivent dans l'ovaire. Le boyau se prolonge jusqu'à la rencontre des ovules, passe par le micropyle, pénètre dans le nucelle et vient s'appliquer contre la paroi du sac embryonnaire. Quelquefois même il refoule cette paroi et la perce pour se trouver à peu de distance de l'oosphère. Alors un travail se produit à l'intérieur de cette cellule, qui, par suite de la fécondation, prend le nom d'*oospore*. Elle ne tarde pas à s'allonger, de manière à donner naissance à un filet terminé à sa partie inférieure par une grosse cellule; on dirait un petit lustre suspendu à la voûte du sac embryonnaire. C'est dans cette grosse cellule, dite *vésicule germinative*, que se forme l'embryon. Elle se segmente en deux, en quatre, puis en un grand nombre d'autres cellules. Bientôt on voit s'y dessiner la forme de l'embryon. En même temps, l'ovule grossit, se transforme en graine, et l'ovaire en fruit.

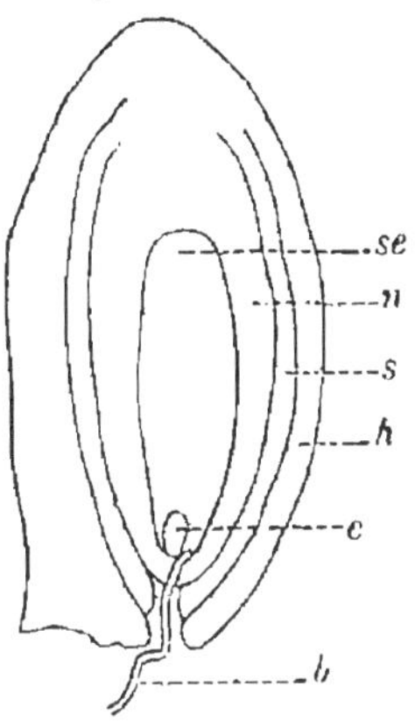

Fig. 347. — Ovule anatrope fécondé. *b*, boyau pollinique ayant pénétré par le micropyle; *c*, vésicule embryonnaire; *se*, sac embryonnaire; *n*, nucelle; *s*, secondine; *h*, primine.

419 *. Ovule des Gymnospermes. — L'ovule des Gymnospermes (Conifères et Cycadées) a une structure un peu différente. Il est *nu*, c'est-à-dire qu'il n'est pas enfermé dans un ovaire; il est simplement fixé à la surface d'une écaille qui a été comparée à une feuille carpellaire.

Il se compose d'un nucelle et d'une enveloppe ayant la forme d'un flacon à long cou largement ouvert (*fig.* 349).

Dans le nucelle il y a, comme chez les autres plantes, la cavité du sac embryonnaire ; mais sur les parois de ce sac il se produit, par une sorte de végétation, un tissu particulier qui a été désigné sous le nom d'*endosperme*. Plus tard, vers le sommet du sac embryonnaire et dans le tissu de l'endosperme se développent de grandes cellules dites *corpuscules* ou *archégones*. Puis ces archégones se divisent en deux parties : la partie supérieure est formée par plusieurs petites cellules laissant entre elles un étroit conduit ; on la désigne sous le nom de *col de l'archégone* ; et la partie inférieure est constituée par une grosse cellule dite *cellule centrale* (*fig.* 349, *a*).

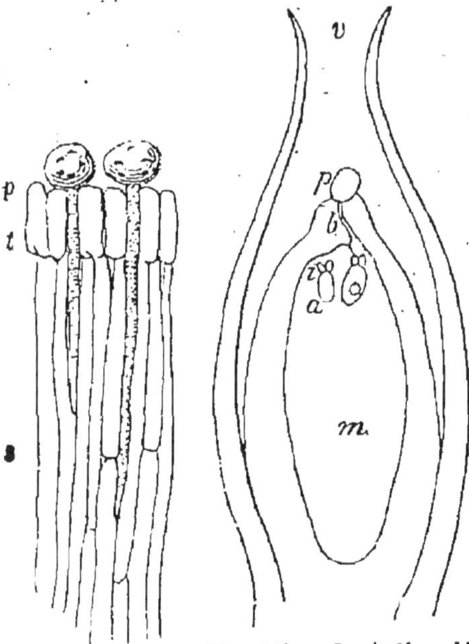

Fig. 348.—Développement des boyaux polliniques dans le tissu du style. *p*, pollen ; *t*, stigmate ; *s*, style.

Fig. 349.— Ovule fécondé de Gymnosperme. *p*, grain de pollen ; *b*, boyau pollinique ; *a*, archégone ; *i*, col de l'archégone ; *m*, endosperme remplissant la cavité du sac embryonnaire ; *v*, micropyle.

On peut comparer l'archégone à la vésicule embryonnaire, mais au lieu de naître directement des parois du sac embryonnaire, elle se forme dans le tissu de l'endosperme, qui n'a pas son analogue chez les autres Phanérogames.

420 *. Fécondation chez les Gymnospermes. — Quand le grain de pollen tombe sur l'ovule des Gymnospermes, il pénètre par la large ouverture micropylaire et atteint la surface du nucelle. C'est là que commence à se former le tube pollinique. Celui-ci s'enfonce dans le nucelle, traverse la paroi du sac embryonnaire, se prolonge dans le tissu de l'endosperme et va s'appliquer sur la surface supérieure des archégones (*fig.* 349, *b*). Quand ceux-ci sont serrés les uns contre les autres, un seul tube pollinique suffit pour les féconder tous; mais lorsqu'ils sont écartés, il faut plusieurs tubes polliniques. Quoi qu'il en soit, de la partie inférieure du tube *b* partent un ou plusieurs filaments qui pénètrent dans le col de l'archégone. Par suite de la fécondation, l'oosphère, devenue oospore, donne naissance à un ou à plusieurs embryons, et comme il y a plusieurs archégones dans un nucelle, il en résulte que chaque ovule de Gymnosperme peut contenir plusieurs embryons, mais généralement un seul se développe.

421. Nécessité de la fécondation. — L'action du pollen sur l'ovule et par conséquent sa chute sur le stigmate sont absolument nécessaires pour la production du fruit et de la graine. Une foule d'expériences ont mis ce fait hors de doute. Si on coupe les étamines d'une fleur avant son épanouissement, et qu'on la recouvre d'une gaze pour empêcher les insectes d'y pénétrer et d'y apporter le pollen d'une fleur voisine, il ne s'y développe jamais de fruit; mais si, peu de temps après son épanouissement, on vient déposer sur son stigmate du pollen pris à un pied voisin, la fleur fructifie. Lorsque les pluies sont très-abondantes au moment de la floraison du Blé, il coule et ne donne pas de grains; cela tient à ce que l'eau altère le pollen. Déposé sur une humeur visqueuse, le pollen gonfle lentement et produit des boyaux polliniques; mis en contact avec l'eau, il absorbe une si grande quantité de liquide que la membrane interne ne peut s'étendre assez rapidement, elle crève, et la fovilla se répand au dehors.

422. Fécondation chez les plantes aquatiques. — On peut se demander alors comment doit s'opérer la fécondation chez les plantes aquatiques. Beaucoup d'entre elles, comme les Nymphæa, viennent épanouir leurs fleurs à la surface de l'eau. Pour la Renoncule aquatique, il n'en est pas de même : la fleur reste au fond, il est vrai, mais au moment de son épanouissement, elle sécrète une bulle d'air qui en remplit l'intérieur et préserve le pollen du contact de l'eau.

423. Fécondation chez les fleurs unisexuées. — On a vu qu'il y a des fleurs dites unisexuées renfermant, les unes des étamines, les autres des pistils. La fécondation ne peut s'y opérer que par des intermédiaires, qui sont généralement le vent et les insectes.

Les grains de pollen, très-légers, sont facilement transportés par le vent. Les prétendues pluies de soufre ne sont autre chose que des chutes de pollen provenant de quelque forêt de pins ou de sapins, et entraîné par un courant aérien à une distance quelquefois considérable de son point de départ.

Les insectes sont, pour le pollen, des agents de transport bien plus utiles et bien plus intelligents : ils voltigent de fleur en fleur, pénétrant dans la corolle et furetant partout pour chercher quelque humeur sucrée. Lorsqu'ils vont fouillier dans une fleur mâle dont les anthères viennent de s'ouvrir, le pollen s'attache aux poils dont leur corps est couvert. S'ils se rendent ensuite dans une fleur femelle, quelques grains de pollen s'arrêteront sur la surface visqueuse du stigmate et seront suffisants pour le féconder.

Parmi les exemples de fécondation opérée par les insectes, on peut citer celle du Pistachier du Jardin des Plantes

Le Pistachier est une plante dioïque. Depuis longtemps on cultivait, au Jardin des Plantes de Paris, deux Pistachiers femelles qui, chaque année produisaient des fleurs, mais point de fruits. Quel fut l'étonnement de Bernard de Jussieu, lorsqu'il vit un jour sur ses deux Pistachiers des fruits succéder aux fleurs ; il conclut immédiatement qu'il y avait dans le voisinage quelque Pistachier mâle ; il fit des recherches à ce sujet et apprit qu'un pied de Pistachier mâle avait fleuri cette année, pour la première fois, dans la pépinière des Chartreux, près du Luxembourg. On supposa d'abord que c'était le vent qui avait soulevé quelques grains de pollen jusqu'au Jardin des Plantes, et les avait portés juste sur les stigmates des deux Pistachiers femelles. C'était assez difficile à admettre, et maintenant qu'on connaît mieux le rôle auxiliaire des insectes dans la fécondation des plantes, il semble plus probable qu'un de ces animaux, après avoir visité le Pistachier des Chartreux, se rendit sur les Pistachiers du Jardin des

Plantes, qui étaient en fleur à la même époque, et leur porta le principe vivificateur qui leur avait jusque-là fait défaut.

424. Fécondation des fleurs hermaphrodites par l'intermédiaire des insectes. — Ce n'est pas seulement pour les fleurs unisexuées que les insectes sont des agents précieux, souvent même indispensables, de la fécondation. Il est bien des fleurs hermaphrodites, où par suite de leur disposition, le pollen ne peut tomber sur le stigmate, et d'autres, où la maturation des ovules n'a pas lieu en même temps que celle des étamines. Dans ces deux cas, la fécondation serait impossible si les insectes n'apportaient le pollen provenant d'un autre pied.

Quelques naturalistes ont érigé cette nécessité des insectes en règle générale, ils ont admis qu'une fleur ne pouvait pas être fécondée par son propre pollen et devait sa fructification à l'apport d'un pollen voisin. Sans adopter une opinion aussi exagérée, il est bon de citer quelques faits à l'appui de l'utilité des insectes dans la fécondation des fleurs hermaphrodites, d'autant plus qu'on y voit un exemple des rapports harmoniques établis entre tous les êtres de la nature. Voici ce que Darwin rapporte au sujet de la fécondation du Trèfle.

« J'ai aussi découvert que les visites des abeilles sont né- » cessaires pour fertiliser quelques espèces de trèfles : par » exemple, 20 têtes de trèfle hollandais (*Trifolium repens*), » donnèrent 2,250 graines, tandis que 20 autres têtes, proté- » gées contre les abeilles, n'en donnèrent pas une ; de même » 100 têtes de trèfle rouge (*Trifolium pratense*), produisi- » rent 2,700 graines, mais le même nombre de têtes pro- » tégées n'en produisit aucune. Les bourdons visitent seuls » le trèfle rouge ; les autres mellifères n'en peuvent atteindre » le nectar. On a émis l'idée que les papillons pouvaient aider » à la fécondation des trèfles, mais je doute que ce soit pos- » sible à l'égard du trèfle rouge, leur poids ne paraissant » pas suffisant pour déprimer les ailes de la corolle ; de là » on peut inférer comme probable que, si le genre entier des » bourdons s'éteignait en Angleterre, le trèfle rouge y de- » viendrait très-rare ou disparaîtrait totalement.

» Le nombre des bourdons, en quelque district que ce

» soit, dépend beaucoup du nombre des musaraignes qui » détruisent leurs rayons et leurs nids, et M. Newmann, qui » a observé pendant longtemps les habitudes des bourdons, » croit que plus des deux tiers d'entre eux sont détruits » de cette manière en Angleterre. Maintenant le nombre » des musaraignes dépend, comme chacun sait, du nombre » des chats, et M. Newmann dit que, près des villages et » des petites villes, il a trouvé des nids de bourdons en plus » grand nombre que partout, ce qu'il attribue au grand » nombre de chats qui détruisent les musaraignes. Il est » donc probable que la présence d'un animal félin, en assez » grand nombre dans un district, peut décider, au moyen de » l'intervention des souris d'abord et ensuite des abeilles, de » la multiplication de certaines fleurs dans ce même district. »

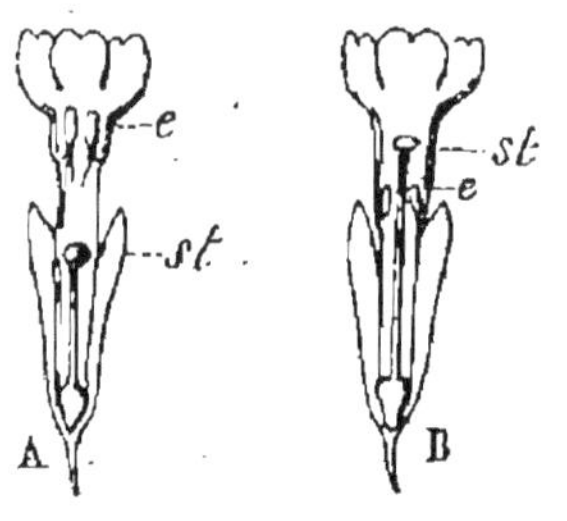

Fig. 350. — Primevère. A, fleur à court pistil; B, fleur à long pistil; e, étamines; st, stigmates.

Le même savant a démontré la nécessité de l'intervention des insectes pour la fécondation des plantes hermaphrodites *dimorphes*. On appele ainsi celles qui possèdent deux sortes de fleurs, différant entre elles par la longueur des étamines et des pistils. Telle est la Primevère qui égaie de ses fleurs jaunes les premiers jours du printemps. Les unes ont un style qui dépasse les étamines; d'autres au contraire l'ont plus court (*fig.* 350). L'expérience a prouvé que les fleurs à long pistil ne peuvent être fécondées que par le pollen des fleurs à court pistil et réciproquement.

425. Fécondation artificielle. — L'homme intervient aussi pour féconder les plantes lorsqu'il y trouve quelque intérêt pratique ou scientifique. Les dattes, qui font la principale nourriture des Arabes, proviennent de plantes unisexuées. La fécondation des fleurs femelles se fait naturellement par l'intermédiaire du vent et des insectes, mais pour ne pas laisser ainsi presque au hasard le soin de faire fructifier leurs Dattiers, les Arabes vont secouer au-dessus des fleurs femelles les rameaux des fleurs mâles au moment de la déhiscence des anthères. Quand la guerre ou quelque autre cause vient s'opposer à cette pratique agricole, la récolte des dattes est fortement compromise.

Dans ces dernières années, l'intérêt scientifique, qui s'attache à la création de races nouvelles, a fait multiplier les expériences dans le but d'obtenir des hybrides, en déposant sur le stigmate d'une plante le pollen d'une espèce voisine ; c'est ainsi que l'on a fécondé l'*Ægilops ovata* avec le pollen du *Triticum sativum*, et on a obtenu l'*Ægilops triticoïdes*. On a réussi dans une foule d'autres cas analogues à obtenir des hybrides.

426. Mouvements accompagnant la fécondation. — Au moment de la fécondation, il y a souvent production de chaleur et de mouvement dans les diverses parties de la fleur. Il a déjà été question de la chaleur propre que dégage en cette circonstance le Gouet (§ 374).

Parmi les mouvements, citons ceux de la Rue et de la Vallisnerie.

Fig. 351. — Fleur de rue montrant les étamines qui se redressent pour la fécondation.

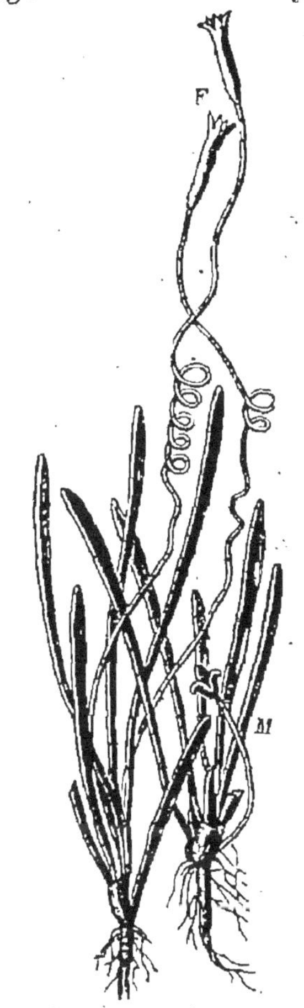

Fig. 352. — Vallisneria spiralis. M, fleur mâle ; F, fleur femelle.

La Rue (*fig.* 351) présente une corolle étalée, dont chaque pétale se termine par une sorte de capuchon. Les étamines sont couchées sur les pétales et les anthères à l'abri dans le capuchon. Au moment de la fécondation, les étamines se redressent et viennent appuyer l'anthère contre le stigmate, mais elles ne pourraient pas se relever tout d'une pièce sans être arrêtées par la voûte du capuchon. La base du filet se courbe, l'étamine se raccourcit, l'anthère se dégage du pétale, et le redressement n'a lieu qu'ensuite.

La Vallisneria (*fig.* 352), qui pousse dans le canal du Languedoc, est une plante dioïque. Les fleurs mâles sont en très-grand nombre fixées sur des épis courts au fond de l'eau. Les fleurs femelles sont attachées à l'extrémité d'une longue tige roulée en spirale. La fécondation serait impossible au fond de l'eau pour la raison précédemment mentionnée. Au moment de l'épanouissement, la longue tige femelle se déroule et permet à la fleur de venir s'épanouir à l'air. Quant aux fleurs mâles, elles se détachent de l'épi, sont amenées par leur légèreté à la surface de l'eau pour y ouvrir leur corolle, puis entraînées par le courant, elles nagent au milieu des fleurs femelles. Le vent et les insectes se chargent ensuite de transporter le pollen des unes sur le stigmate des autres.

CHAPITRE III

FRUIT ET GRAINE. GERMINATION.

427. Fruit. — La fécondation opérée, les diverses parties de la fleur qui n'ont plus aucune utilité, se flétrissent et tombent ; le style et le stigmate, les étamines et les pétales, souvent même les sépales, disparaissent. Ce n'est que dans un petit nombre de plantes que le calice persiste pour protéger le produit de la fécondation. Ce produit, but de la floraison, est le *fruit*. Il se compose du *péricarpe* et des *graines* qui y sont renfermées.

428. Péricarpe. — Il provient du développement des parois de l'ovaire ; celui-ci, qui est le résultat de la métamorphose des feuilles carpellaires, se compose, comme les feuilles, d'une couche épidermique supérieure ou interne, d'une autre couche épidermique inférieure ou externe, et d'une zone moyenne, qui est le parenchyme cellulaire. On trouvera donc ces trois couches dans le péricarpe : l'*épicarpe*, correspondant à l'épiderme extérieur, l'*endocarpe*, provenant de l'épiderme intérieur, et le *mésocarpe*, dû au développement du parenchyme.

Dans beaucoup de fruits, ces diverses parties restent ce qu'elles étaient dans l'ovaire et se dessèchent à la maturité. Dans d'autres, le péricarpe se gonfle et devient succulent; il prend alors le nom de *sarcocarpe*. Il y a donc deux catégories de fruits : les *fruits secs* et les *fruits charnus* dont les types sont le Pois et la Cerise.

429. Fruits charnus. — Dans la Cerise (*fig*. 357), l'épicarpe, toujours membraneux, est l'espèce de peau rouge qui recouvre le fruit, le mésocarpe est la partie charnue que l'on mange ; quant à l'endocarpe, il a subi aussi une transformation ; il est devenu dur et ligneux ; c'est le noyau.

Dans la Pomme (*fig*. 358), l'épicarpe (*i*) est la pelure, le mésocarpe ou sarcocarpe (*s*) est la partie charnue[1], et l'endocarpe (*o*) constitue la substance cornée qui tapisse les loges dans lesquelles sont les pepins. Au sommet du fruit, les rudiments du calice ont persisté en se desséchant : c'est ce qu'on appelle l'œil. L'endocarpe de la Nèfle acquiert la dureté du bois et devient un véritable noyau.

La partie charnue du fruit ou la pulpe, n'est pas toujours due au mésocarpe, ainsi, dans l'Orange, le péricarpe est la partie jaune odorante extérieure, le mésocarpe est la substance blanche, coriace, faisant partie de l'enveloppe, l'endocarpe est la membrane blanche qui entoure les quartiers. Quant à la pulpe qui est renfermée dans cette membrane, c'est un tissu nouveau formé dans l'intérieur de l'endocarpe pendant le développement du fruit.

Il est des fruits dont la partie comestible ne provient pas de l'ovaire. Ce que l'on recherche dans la Fraise, c'est le ré-

1. Le sarcocarpe de la pomme est traversé par une zone plus transparente (*c*) qui représente le faisceau fibro-vasculaire de la feuille carpellaire.

ceptacle des fleurs qui s'est hypertrophié et rempli de sucs pendant la fructification ; quant aux véritables fruits, ils sont représentés par les petites graines dures et indigestes qu'on voit à la surface de la Fraise. Il en est de même de la Figue, les véritables fruits sont les grains durs de l'intérieur ; toute la partie charnue provient du réceptacle des fleurs.

430. Maturation des fruits. — Les fruits charnus passent par une série de modifications que l'on peut diviser en trois périodes :

1° *Période de développement* : Les fruits ont une couleur verte et respirent comme les feuilles, en décomposant l'acide carbonique à la lumière. Ils renferment du tannin auquel ils doivent leur astringence, des acides, du sucre, de la pectose ou principe de la gelée de fruits, etc.

2° *Période de maturation :* Les fruits ont une couleur variable, ils expirent comme le font les parties du végétal *non* colorées en vert. Il se passe dans leur intérieur une combustion lente qui en modifie les principes constituants. Les acides diminuent, le tannin disparaît et avec lui l'astringence.

3° *Période de décomposition :* L'air pénètre dans le fruit; les sucres qu'il contient fermentent ; il se produit des éthers qui lui donnent son arôme ; c'est le moment où il est le meilleur. Bientôt la fermentation augmente, le sucre disparaît, les tissus s'altèrent, le fruit blétit ; puis la décomposition progressant, il pourrit. Le parenchyme se détruit, l'eau qui le gorge s'évapore avec tous les principes volatils, ou s'écoule en entrainant les matières solubles et les débris de cellules ; bientôt les graines sont mises à découvert et dépouillées de l'enveloppe au sein de laquelle elles avaient mûri.

431. Fruits secs. — Lorsque les fruits secs ne contiennent qu'une seule graine, ils s'ouvrent seulement au moment où celle-ci germe, on les dit *indéhiscents*. Quant aux fruits renfermant plusieurs graines, il est important qu'ils s'ouvrent, car toutes leurs graines tombant au même point ne pourraient y germer, ou leurs pousses s'étoufferaient mutuellement; ils sont donc *déhiscents*. Cette déhiscence se fait généralement par des fentes longitudinales. Quelquefois elle se fait par des pores situés au sommet des fruits (Pavot.

fig. 353). Chez le Mouron (*fig.* 365), le fruit, qui est arrondi, s'ouvre par une fente transversale comme une boîte à savonnette.

432. — La déhiscence du fruit a lieu quelquefois brusquement et avec des mouvements élastiques qui lancent au loin les graines. Il n'est personne qui, se promenant dans les landes pendant les grandes chaleurs de l'été, n'ait entendu des sortes de crépitations continuelles dues aux fruits de l'Ajonc ou à ceux du Genêt. Ces fruits sont formés de deux valves qui se séparent brusquement en s'enroulant sur elles-mêmes, et projettent les grains dans le voisinage. La Balsamine de nos jardins donne lieu à des faits analogues; il en est de même d'une plante voisine dont le fruit sec s'ouvre dès qu'on y touche, de là le nom que porte l'espèce, *Impatiens noli tangere* (Impatiente n'y touchez pas!) Dans un fruit de l'Amérique, le bruit produit par le déchirement subit des valves est aussi fort que celui d'un coup de pistolet. L'*Ecbalium agreste* ou Concombre d'âne, qui pousse spontanément dans les lieux arides et sur les bords des fossés du midi de la France, a des fruits semblables pour la forme au Concombre. Lorsqu'il est mûr, ce fruit s'ouvre près de la queue, en lançant au loin le mélange de graines et d'humeur liquide qui le remplissait.

Fig. 353. — Fruit sec du pavot.

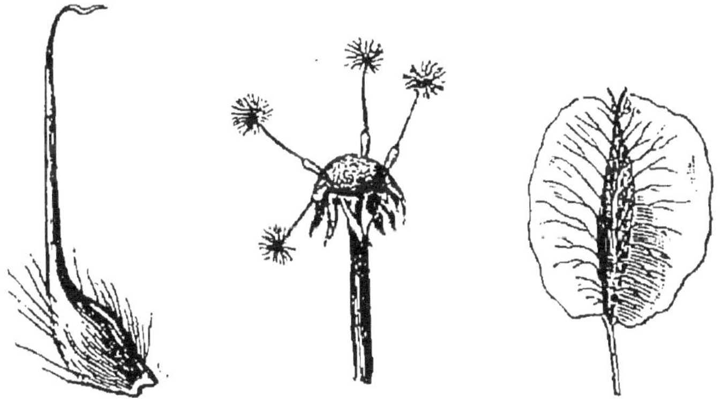

Fig. 354. — Fruit à crochet de la benoite.

Fig. 355. — Fruit à aigrette du pissenlit.

Fig. 356. — Samare de l'orme.

433. — Quant aux fruits indéhiscents, bien qu'ils ne

renferment qu'une seule graine, il importe aussi, pour la propagation du végétal, qu'ils soient disséminés sur une grande surface. Les moyens de dissémination sont nombreux. Chez la Benoîte (*fig.* 354), les styles persistent et deviennent secs ; leur extrémité, légèrement courbée, forme un crochet qui s'attache aux poils des animaux, surtout à la laine des moutons. La graine du Pissenlit (*fig.* 355) est terminée par une aigrette et s'envole sous le souffle du vent. Celle de l'Orme (*fig.* 356) est entourée d'une membrane aliforme qui permet à l'air de la transporter facilement. Dans le Sycomore, il n'y a d'aile que d'un seul côté de la graine. Ces graines aliformes portent le nom de *samare*.

434. Diverses sortes de fruits. — On remarque dans la forme et la structure des fruits des variations très-nombreuses auxquelles les botanistes se sont appliqués à donner des noms. Nous ne citerons que les plus importants, ceux que l'on rencontre dans un grand nombre de plantes.

1° FRUITS CHARNUS.

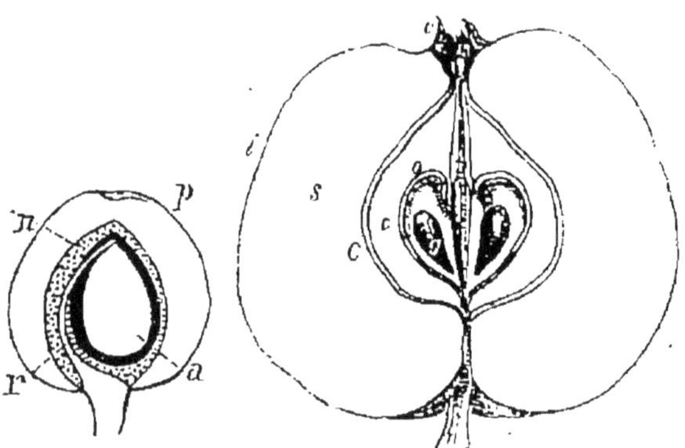

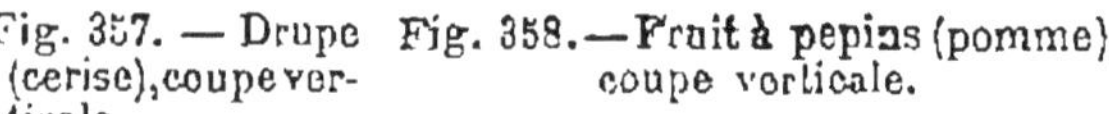

Fig. 357. — Drupe (cerise), coupe verticale.

Fig. 358. — Fruit à pepins (pomme), coupe verticale.

Fig. 359. — Baie (groseillier), coupe transversale.

Il y a trois sortes principales de fruits charnus.

La *drupe*, qui renferme un noyau unique : Cerise (*fig.* 357), Prunes, Abricot.

Le *fruit à pepins*, dont le sarcocarpe est charnu sans être pulpeux, et dont l'endocarpe est coriace ou ligneux ; il contient plusieurs graines. Ex. : Pomme (*fig.* 358), Nèfle.

La *baie,* qui contient plusieurs petites graines enveloppées d'une matière pulpeuse : Raisin, Groseille (*fig.* 359).

Parmi les fruits secs on peut mentionner :

La *gousse,* fruit sec déhiscent se séparant en deux valves

2° FRUITS SECS DÉHISCENTS.

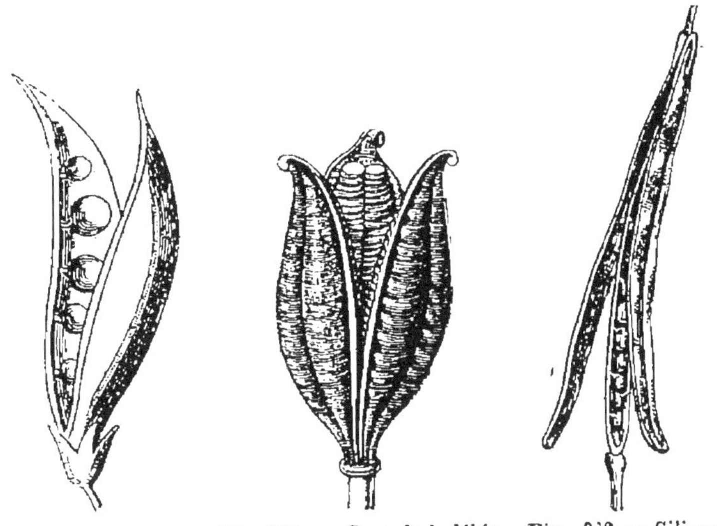

Fig. 360. — Gousse (pois). Fig. 361. — Capsule à déhiscence valvaire (tulipe). Fig. 362. — Silique (giroflée).

par deux fentes latérales ; il n'y a également qu'une seule rangée de graines. Ex. : Pois, Haricot (*fig.* 360).

La *capsule,* fruit sec déhiscent divisé en plusieurs loges et

Fig. 363. — Follicule (nigelle).

Fig. 364. — Capsule à déhiscence poricide (muflier).

Fig. 365. — Pyxide ou capsule à déhiscence transversale (mouron).

s'ouvrant de diverses manières. Généralement la capsule s'ouvre par des fentes longitudinales. Ex. : Lis, Tulipe (*fig.* 361).

La *silique*, fruit sec déhiscent se séparant en deux valves et présentant deux rangées de graines ; une fausse cloison s'étend d'une rangée à l'autre et divise la cavité du fruit en deux loges : Chou, Moutarde, Giroflée (*fig.* 362).

Le *follicule*, fruit sec déhiscent s'ouvrant en une seule valve

3° FRUITS SECS INDÉHISCENTS.

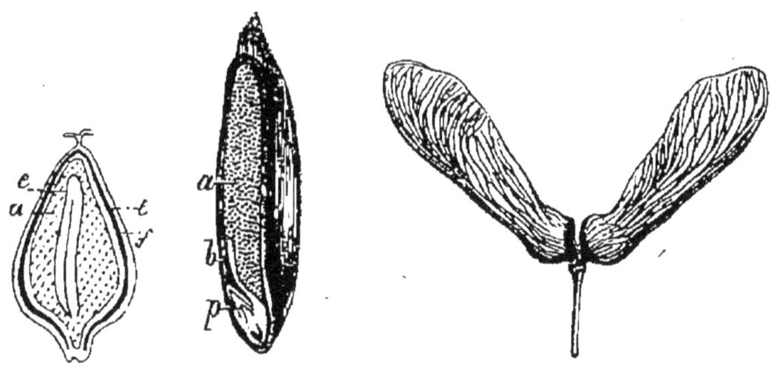

Fig. 366. Akène (sarrasin), coupe verticale.
Fig. 367. — Caryopse (blé), coupe verticale.
Fig. 368. Samare (érable).

par une seule fente latérale et ne portant de graines que sur un côté : Nigelle (*fig.* 363), Pivoine.

Dans la capsule dite *poricide* du Pavot, du Muflier (*fig.* 364),

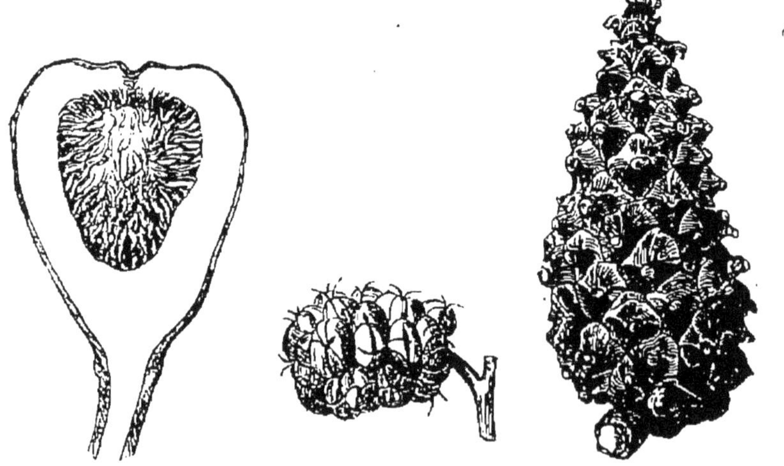

Fig. 369. — Fruit composé du figuier.
Fig. 370. — Fruit composé du mûrier.
Fig. 371. — Fruit composé du pin.

il se produit des pores dans le voisinage des stigmates.

Les capsules du Mouron (*fig.* 365) et du Plantain, qui s'ouvrent par des fentes transversales, ont reçu le nom de *pyxide*.

L'*akène*, fruit sec indéhiscent ne contenant qu'une seule graine : Sarrasin ou blé noir (*fig.* 366), Fraisier, Chêne.

La Noisette n'est qu'une variété d'akène dans lequel le péricarpe est ligneux.

Le *caryopse*, fruit sec indéhiscent chez qui le péricarpe est soudé aux téguments propres de la graine. Ex. : Blé (*fig.* 367), Avoine.

La *samare*, fruit sec indéhiscent semblable à l'akène, mais muni d'une aile membraneuse. Ex. : Frêne, Orme, Érable (*fig.* 368).

Outre les fruits simples, il y a des fruits composés agrégés, qui sont produits par plusieurs ovaires. Tels sont la Fraise et la Figue (*fig.* 369), dont les nombreux fruits secs ou akènes sont portés par un réceptacle charnu ; la Mûre (*fig.* 370) et la Framboise, formées par la réunion de petites drupes ; le *cône* du Pin (*fig.* 371) formé par un ensemble de bractées qui portent les graines à leur aisselle.

435. Graine ; sa structure. — La graine présente plusieurs parties distinctes que l'on étudiera dans les exemples suivants :

1° La graine du haricot (*fig.* 372) possède une enveloppe légèrement cornée, nommée *épisperme* (*e*), que l'on peut enlever facilement après l'avoir fait macérer dans l'eau. A sa surface extérieure, on observe sur le côté le hile (*h*), cicatrice ovale indiquant le point par où la graine était fixée au placenta ; près de là est une partie légèrement saillante à l'extrémité de laquelle il y a un petit trou (*m*) à peine visible à la loupe, c'est la trace du micropyle de l'ovule. L'épisperme se subdivise en deux parties, l'extérieure dure, lisse, légèrement cornée (*testa*), l'inférieure membraneuse, papyracée (*tegmen*).

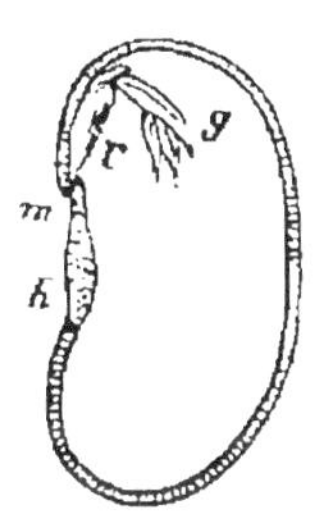

Fig. 372. Haricot.

Sous l'épisperme il y a deux masses de tissu cellulaire rempli d'amidon, ce sont les *cotylédons*. Sur le côté, on distingue une sorte de petit bec charnu qui adhère aux cotylédons et fait saillie au dehors (*r*); c'est la *tigelle*. Son extrémité libre, correspondant au micropyle, est la *radicule* qui doit donner naissance à la racine. La tigelle fait suite à la radicule et se prolonge entre les cotylédons et par une sorte de petit bourgeon ou *gemmule*, dans lequel on distingue à la loupe des rudiments de feuilles.

436. — 2° Dans l'Amande, les enveloppes sont très-minces et adhérentes ensemble; les deux cotylédons (*fig.* 373, *c*) sont ovoïdes; au petit bout de l'amande on voit une pointe formée par la tigelle et terminée par la radicule (*r*). Au-dessus de la tigelle, entre les deux cotylédons, est la gemmule (*g*). A l'extérieur de l'amande, on distingue un filament, le raphé, qui adhère d'un côté au placenta du fruit, et de l'autre côté au gros bout de la graine. Il renferme le faisceau fibro-vasculaire qui servait à nourrir celle-ci.

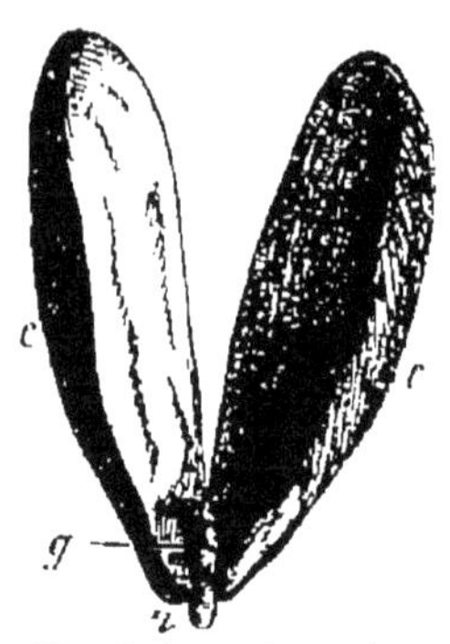

Fig. 373. — Amande dépourvue d'épisperme.

437. — 3° La graine de Sarrasin est enfermée dans un akène. On y voit au centre un embryon avec une radicule et deux cotylédons très-minces. Entre les cotylédons et l'épisperme, il y a une masse de tissu cellulaire remplie de granules d'amidon et destinée à la nourriture de la jeune plante (*fig.* 374). On la nomme *albumen*[1].

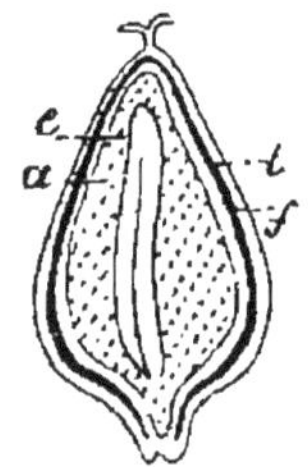

Fig. 374. — Fruit et graine de sarrasin. *f*, péricarpe; *t*, épisperme; *a*, albumen; *e*, embryon.

438. — 4° La *noix de coco* (*fig.* 375) est un fruit sec indéhiscent à mésocarpe fibreux (*f*), à endocarpe ligneux (*t*), et ne renferme qu'une seule graine ou amande (*a*), qui ne paraît pas avoir de tégument propre, parce que celui-ci est soudé à l'endocarpe. Cette amande, blanche, ferme, oléagineuse, est creusée à l'intérieur d'une cavité (*b*) remplie d'une liqueur blanche agréable à boire. C'est le lait de coco. On n'aperçoit d'abord aucun autre organe, mais dans la partie périphérique de l'amande, il

1. On lui a aussi donné les noms d'*endosperme* et de *périsperme*.

y a une petite cavité dans laquelle est caché l'embryon (*e*). Celui-ci est petit et a une apparence très-simple ; on dirait un petit cylindre s'atténuant à une extrémité. Cette extrémité amincie représente la radicule, tout le reste est le corps cotylédonaire soudé à la tigelle ; mais sur le côté, il y a une petite fente qui renferme la gemmule. Cette structure n'a rien d'anormal. Dans les exemples précédents les cotylédons représentent des feuilles opposées ; dans le Coco, la feuille cotylédonaire est engainante comme les feuilles du végétal adulte.

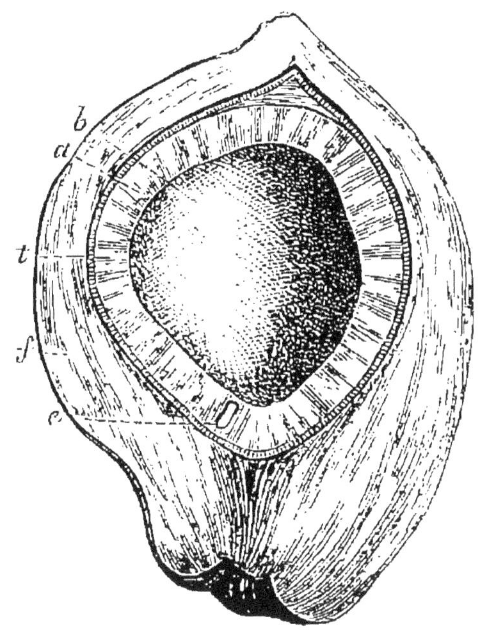

Fig. 375. — Noix de coco.

439. — 5° Le *grain de blé* (*fig.* 376) est un fruit tout entier, un caryopse, c'est-à-dire que le péricarpe est appliqué intimement sur les téguments de la graine et peut difficilement s'en séparer. Sous cette enveloppe, il y a une masse de tissu cellulaire rempli d'amidon, qui est l'albumen, et sur le côté latéral inférieur un embryon, où on distingue nettement une radicule, un cotylédon et une gemmule assez considérable située sur le côté du cotylédon.

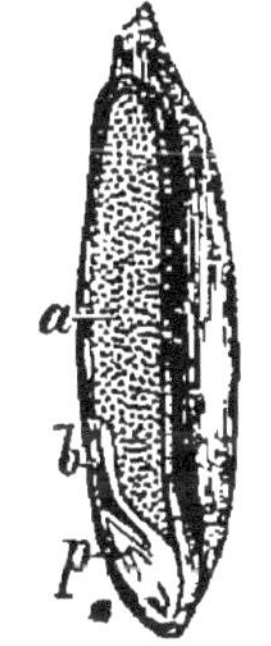

Fig. 376. — Graine du blé. *a*, albumen ; *b*, cotylédon ; *p*, gemmule.

440. Structure génerale des graines. — Dans les exemples qui viennent d'être cités, on voit la graine composée de trois parties, dont deux seulement sont essentielles.

1° L'*épisperme* formé lui-même du testa et du tegmen.

2° L'*embryon*, comprenant la radicule, la tigelle, la gemmule et le corps cotylédonaire. Dans le Haricot, l'Amande, le Sarrasin, il y a deux cotylédons; chez le Blé et le Coco, il n'y en a qu'un seul; dans le Pin (*fig.* 377) il y en a un grand nombre.

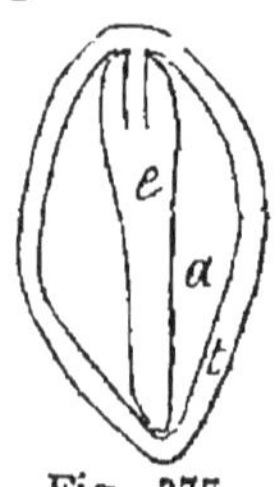

Fig. 377. Graine du pin. *t*, épisperme; *a*, albumen; *e*, embryon.

3° L'*albumen*, qui n'existe que dans un certain nombre de plantes : il manque dans l'Amande et le Haricot, tandis qu'on le trouve dans le Sarrasin, le Blé, le Coco et le Pin.

441. — Origine des diverses parties de la graine. — L'origine de ces diverses parties est intéressante à rechercher.

L'épisperme provient en général des enveloppes de l'ovule, il peut cependant être produit par la couche externe du nucelle.

L'embryon se forme de toutes pièces dans la vésicule embryonnaire, qui s'est plus ou moins développée aux dépens des parties environnantes.

Si le tissu du nucelle s'est détruit par l'agrandissement du sac embryonnaire et que l'embryon remplit le sac embryonnaire lui-même, il n'y a pas d'albumen; mais si l'embryon a pris moins de développement, l'intérieur du sac embryonnaire se remplit de substances nutritives qui constituent l'albumen. Chez certaines plantes, les Nymphéacées (*fig.* 378), par exemple, le nucelle ne se résorbant pas entièrement, se charge lui-même de matières propres à l'alimentation de la graine; il y a alors deux albumens superposés.

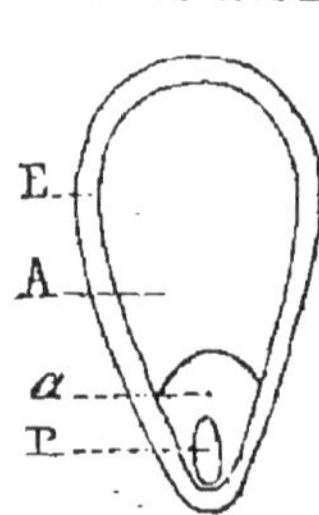

F. 378. — Graine de nymphéacée. E, épisperme; A, albumen nucellaire; *a*, albumen provenant du sac embryonnaire; P, embryon.

442. Réserve de matière nutritive contenue dans la graine. — L'albumen et les cotylédons sont essentiellement destinés à servir de réservoir aux matières nutritives nécessaires au développement de l'embryon. Ils sont formés de cellules dans l'intérieur desquelles on trouve soit de l'amidon (Blé, Haricot, Sarrasin, etc.), soit des huiles (Coco, Lin, Œillette, etc.). Les parois des cellules huileuses sont généralement minces, mais dans quelques cas, elles peuvent acquérir une dureté plus considérable et constituer une sorte de tissu corné (Café), ou même une substance comparable à l'ivoire et employé comme tel (Ivoire végétal, graine du *Phytelephas macroptera*). L'amidon et l'huile, substances hydrocarbonées, sont souvent accompagnées dans les graines de matières azotées (gluten, légumine et aleurone).

443. Arille, Caroncule, Poils. — Certaines graines présentent, en outre, des parties accessoires.

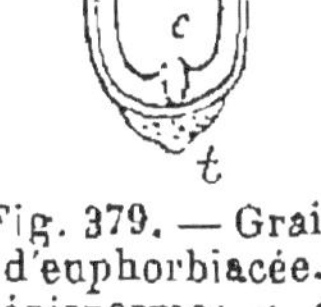

Fig. 379. — Graine d'euphorbiacée. *e*, épisperme; *a*, albumen; *c*, embryon; *t*, caroncule.

L'*arille* est une sorte d'enveloppe charnue, souvent de couleur assez vive, qui entoure plus ou moins complétement la graine; celui du Muscadier constitue le macis (*fig.* 380).

La *caroncule* est une excroissance qui, dans la graine des Euphorbiacées recouvre le micropyle (*fig.* 379).

Enfin, l'épisperme est quelquefois couvert de prolongements filamenteux. C'est à des filaments de ce genre que nous devons l'une de nos matières textiles les plus

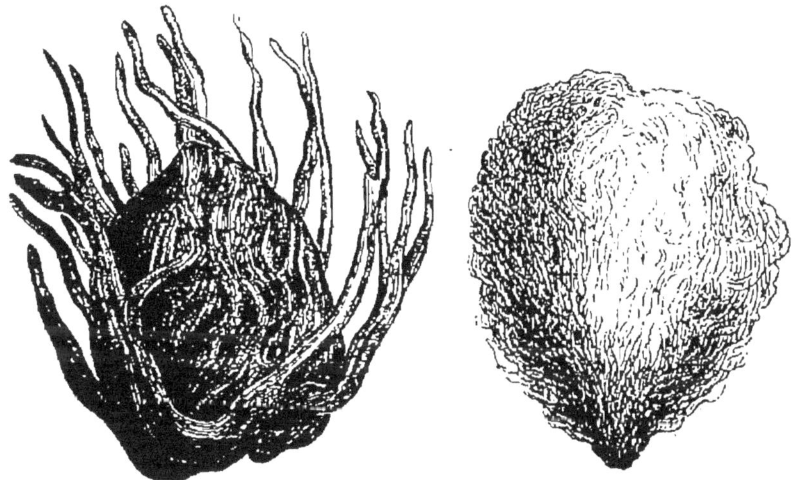

Fig. 380. — Arille de muscadier. Fig. 381. — Arille de cotonnier.

précieuses, le *coton* (*fig.* 381). On les rencontre aussi dans les graines du Peuplier, de l'Épilobe, etc. Toutes ces productions sont dues à des excroissances de certaines parties de la graine.

444. Germination. — Mise en terre, la graine se ramollit et gonfle, l'épisperme se fend, la radicule s'allonge et s'enfonce en terre, la gemmule sort des cotylédons et s'élève. L'albumen, et quand il n'existe pas, les cotylédons fournissent à l'alimentation du jeune végétal, jusqu'à ce que sa racine soit capable de puiser dans le sol les substances nécessaires à la vie de la plante. Pendant cette première période, où le végétal n'a pas encore de feuilles, il dégage de l'acide carbonique et absorbe de l'oxygène. Sa respiration est tout à fait analogue à celle des animaux. On a même comparé à la digestion animale les phénomènes qui ont pour effet de rendre l'amidon soluble. Au point où la tigelle se détache des cotylédons, il se développe une substance spéciale, la diastase, douée de la propriété de transformer l'amidon en dextrine, puis en sucre. On utilise cette circonstance dans l'industrie pour la fabrication de la bière, de l'eau-de-vie de grain, de la dextrine, etc.

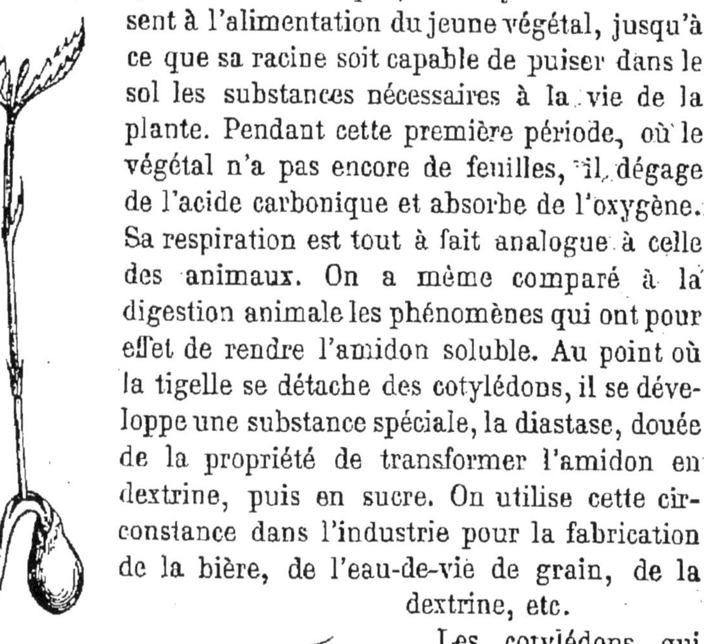

Fig. 382. — Germination du chêne.

Les cotylédons qui ont servi à la nutrition du jeune végétal se creusent, se fanent et se détruisent. Parfois la portion inférieure de la tigelle, en s'allongeant, entraîne les cotylédons hors de terre (*fig.* 182). Alors ils verdissent et deviennent les premières feuilles de la jeune plante, ce que l'on appelle des *feuilles cotylédonaires*. Malgré qu'il soit pourvu de feuilles, le jeune végétal continue pendant un certain temps à absorber de l'oxygène et à produire de l'acide carbonique.

445. — Chez les Monocotylédonées, la radicule et les premières racines adventives qui naissent de la tigelle doivent percer une sorte de germe dont les débris entourent la base des racines comme une collerette, et ont été désignés sous le nom de *coléorhize* (*fig.* 383).

446. Conditions nécessaires à la germination. — La plante, pour germer, a besoin de chaleur, d'humidité et d'air.

1° *Chaleur.* — Il y a pour toutes les graines une température minimum après laquelle elles ne peuvent germer; même lorsque cette fonction peut s'accomplir, le froid la ralentit. La température la plus favorable à la germination est de 10° à 20°; une chaleur trop considérable détruit la faculté germinative, dans certains cas, cependant, elle ne fait que la suspendre, c'est ce qui a lieu lorsque la graine est restée plongée pendant un quart d'heure dans de l'eau à une température de 50° ou a été exposée à 70° dans l'air sec.

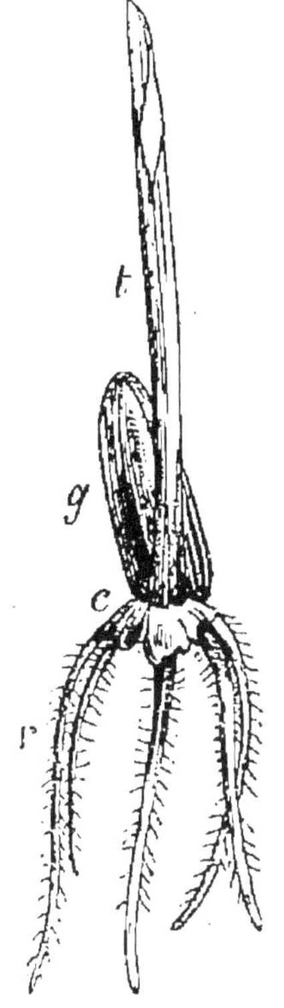

Fig. 383. — Germination d'un grain de blé. *t*, tigelle; *g*, graine; *r*, racines; *c*, coléorhize.

2° *Eau.* — Il faut à la plante un peu d'eau pour germer, mais une trop grande quantité amène la pourriture. La dessiccation arrête la germination sans détruire la faculté germinatrice, et les progrès de la jeune plante recommencent quand on lui rend de l'eau. On peut même, après avoir desséché un grain de blé, le soumettre à une température de 70° sans qu'il s'altère.

3° *Air.* — Les graines ont besoin pour germer de l'oxygène de l'air; car on a vu que pendant la première phase de sa vie, la jeune plante absorbe de l'oxygène et produit de l'acide carbonique. On comprend donc que les graines privées d'air ne puissent pas germer. On a profité de cette circonstance dans les pays chauds et secs pour conserver les grains dans des silos. Souvent il pousse sur le sol d'une forêt nouvellement défrichée des plantes qu'on n'y voyait pas précédemment. Comme leurs graines n'y ont pas été apportées, il faut admettre qu'elles préexistaient dans le sol, mais que cachées par une épaisse couche de débris végétaux, elles étaient privées d'air et ne pouvaient pas germer.

447. Durée de la faculté germinative. — Placées à l'abri de l'air humide qui les ferait germer ou pourrir, les graines conservent leur faculté germinative pendant un temps plus ou moins long. Les graines du Caféier ne germent que si on les sème aussitôt après les avoir détachées de l'arbre, tandis que celles du Haricot et du Blé peuvent être conservées pendant plus de cent ans sans perdre leurs qualités germinatives. Bien plus, des graines de Trèfle, de Bluet, de Mercuriale, de Camomille, trouvées dans des tombeaux gallo-romains ont parfaitement levé.

TABLE DES MATIÈRES

PREMIÈRE PARTIE

A

B

DEUXIÈME PARTIE

SAINT-CLOUD. — IMPRIMERIE BELIN FRÈRES.

www.ingramcontent.com/pod-product-compliance
Ingram Content Group UK Ltd.
Pitfield, Milton Keynes, MK11 3LW, UK
UKHW021848190726
13855UKWH00001B/213

9 782013 479325